# 喷滴灌优化设计

奕永庆 等 编著

中国水利水电出版社
www.waterpub.com.cn
·北京·

# 内 容 提 要

本书主要介绍喷滴灌方面的实用技术、喷滴灌优化设计方法和设计实例。全书分为8章，包括喷滴灌优化设计方法、喷滴灌常用材料及设备、喷滴灌工程造价、平原作物喷滴灌优化设计案例、山林作物喷滴灌优化设计案例、养殖场喷滴灌优化设计案例、喷滴灌工程施工质量监理、喷滴灌的功能和效益。

本书内容均为作者实践的总结，是理论联系实际、知行合一的产物，具有很强的针对性、实用性，可供喷滴灌工程设计和施工人员阅读，也可供水利、农业、林业、畜牧等领域的相关人员和高等院校、职业技术院校相关专业的师生等参考。

## 图书在版编目（CIP）数据

喷滴灌优化设计 / 奕永庆等编著. -- 北京 ： 中国水利水电出版社，2018.10
ISBN 978-7-5170-7047-4

Ⅰ. ①喷… Ⅱ. ①奕… Ⅲ. ①喷灌－最优设计②滴灌－最优设计 Ⅳ. ①S275

中国版本图书馆CIP数据核字（2018）第245262号

| 书 名 | **喷滴灌优化设计**<br>PEN－DIGUAN YOUHUA SHEJI |
|---|---|
| 作 者 | 奕永庆 等 编著 |
| 出版发行 | 中国水利水电出版社<br>（北京市海淀区玉渊潭南路 1 号 D 座　100038）<br>网址：www. waterpub. com. cn<br>E - mail：sales@waterpub. com. cn<br>电话：(010) 68367658（营销中心） |
| 经 售 | 北京科水图书销售中心（零售）<br>电话：(010) 88383994、63202643、68545874<br>全国各地新华书店和相关出版物销售网点 |
| 排 版 | 中国水利水电出版社微机排版中心 |
| 印 刷 | 北京博图彩色印刷有限公司 |
| 规 格 | 184mm×260mm　16 开本　13.75 印张　326 千字 |
| 版 次 | 2018 年 10 月第 1 版　2018 年 10 月第 1 次印刷 |
| 印 数 | 0001—3000 册 |
| 定 价 | **78.00 元** |

# 编 委 会

**主编** 奕永庆

**编委** 夏　鑫　　沈海标　　劳冀韵　　龚文杰

# 序 一

《喷滴灌优化设计》是奕永庆等作者 15 年来从事节水灌溉实践的总结，主要解决以下两方面问题：

一是解决技术问题。介绍喷滴灌工程的优化设计理论和设计实例，针对常见设计中存在的浪费现象，提供了降低工程造价的实用方法和成功案例。

二是解决认识问题。阐述推广喷滴灌技术的现实意义，总结喷滴灌技术的多种功能以及综合效益，并提供了鲜活的实例。

全书内容理论与实际相结合、图文并茂、可信度高、实用性强，对我国喷滴灌技术的推广必将起到很好的促进作用。

2017 年中央 1 号文件提出："把农业节水作为方向性、战略性大事来抓。"国家将在"十三五"期间新建喷微灌 6000 万亩，该书的出版对于落实国家农业节水战略，加快推广这项绿色技术恰逢其时。

我衷心祝贺该书出版。

**中国农业节水和农村供水协会秘书长、教授级高级工程师**

吴玉芹

# 序　二

　　《喷滴灌优化设计》是奕永庆等作者十多年来对不同模式、不同要求、不同对象的大量喷微灌工程设计和实践经验的总结，是对逐步形成的经济型喷滴灌技术的高度提炼。

　　该书总结提出了经济型喷滴灌优化设计的"八化"，即单元小型化、管材PE化、管径精准化、喷头塑料化、微喷水带化、滴灌薄壁化、过滤泵前化、控制手机化，具有很强的实用性、针对性和可操作性。

　　本书还总结了平原作物、山林作物和养殖场的 30 个喷滴灌优化设计工程案例，给出了详尽的设计说明、工程造价、设计图集等，具有很强的实践指导性。书中提到喷滴灌工程具有灌水抗旱、施肥施药、除霜除雪、淋洗沙尘、降温增湿等多种功能及综合效益，拓展了喷滴灌技术的适用范围，是对高效节水灌溉内涵的深度诠释和精准理解。

　　本书语言通俗易懂、图文并茂、深入浅出、可读性和实用性强，对从事节水灌溉技术的设计、施工、管理人员和用户而言是本难得的好教材，总结的方法、案例和经验对我国现阶段发展推广高效节水灌溉技术有很好的促进作用。

中国农业大学水利与土木工程学院<br>
院长、教授

# 序　三

　　奕永庆等作者以节水灌溉专业的深厚造诣和基层一线的丰富实践，撰写了《喷滴灌优化设计》一书。该书有以下特点：

　　（1）完整地概括喷滴灌优化设计的"八化"，是理论与实践紧密结合的独创，具有先进性、针对性。可使广大节水灌溉专业人员和农业生产经营者提高认识，从而节约喷滴灌工程的建设投资，提高经济效益。

　　（2）围绕如何实现喷滴灌优化设计，对材料及设备选型、工程造价等关键问题作了深入阐述，并提供了可资借鉴的设计范例和施工质量管控方法。文字简明扼要、数据详尽可信、图表配合得当，可读性和实用性强。

　　（3）列举大量喷滴灌技术应用实例，印证了喷滴灌技术具有节水减污、提质增产、增收节本等综合效益以及灌水抗旱、施肥施药、除霜防冻、淋洗沙尘、降温增湿等多种功能，既是喷滴灌技术拓宽应用的鲜活介绍，更是对推广喷滴灌技术富有成效的生动宣传。

　　《喷滴灌优化设计》以问题与需求为导向，案例丰富，通俗易懂，贴近工程实际，易为广大读者所接受。

　　当前，科技发展日新月异，现代农业迈步前行。广袤的田野上涌现出一片片温室大棚、一批批现代农业园区。喷滴灌是现代农业的重要技术装备，其推广应用方兴未艾。为贯彻习近平总书记"节水优先、空间均衡、系统治理、两手发力"的新时期治水方针，2017年中央1号文件提出"把农业节水作为方向性、战略性大事来抓"，对此，国家部署"十三五"期间全国新建喷微灌6000万亩，浙江省政府决策全省实施高效节水灌溉"四个百万工程"。实现国家确定的目标，需投资千亿之巨。《喷滴灌优化设计》面向基层、服务农业，针对实际解决问题，有益于提高喷滴灌工程设计质量并节约建设投资，有益于提高技术应用水平，发挥更大效益，促进现代农业的发展。为此，由衷希望该书顺利出版发行。

**原浙江省农村水利局局长、浙江省水利厅副巡视员、教授级高工**

# 前　言

　　2015 年 11 月，水利部农村水利司王爱国司长、中国灌溉排水发展中心李仰斌主任到余姚考察，他们认为经济型喷滴灌造价低，且完全符合国家标准，但为避免把"经济型"误解为"价低质次"，提出改称为"标准设计"，并鼓励笔者总结实践经验，编写《喷滴灌标准设计图集》。这对我是莫大的鞭策，又是不小的挑战，踌躇再三还是决定编写本书，但考虑到"标准"有严格的定量要求，笔者的实践和总结还达不到这个程度，而"优化"则是相对的概念，故取名为《喷滴灌优化设计》。

　　首先把"喷滴灌"与"喷微灌"的表述说明如下。

　　1982 年国际微灌会议定义，微灌包括滴灌、微喷灌和涌泉灌等。国内通常把喷灌和微灌简称为喷微灌，"微喷灌"和"喷微灌"对专家而言概念清楚，但对广大农户来说却如坠云雾，难以辨别，而且还使滴灌"隐名埋姓"。

　　笔者把微喷灌归入喷灌，把喷灌、微喷灌、滴灌三者简称为"喷滴灌"，突出了滴灌，因为滴灌是更科学的灌水方法，是以色列在沙漠中创造奇迹的"国宝"，这点连普通农民也听说过，这个"滴"字不能少。所以称"喷微灌"是规范的，称"喷滴灌"则是通俗的，笔者选择了后者。环视日常生活，把电子计算机称为"电脑"，把智能照相机称为"傻瓜机"，把无线移动电话称为"手机"，变"规范"为"通俗"的例子比比皆是，相信读者能够理解。

　　笔者与喷滴灌有缘。1982 年，从工作的第一年起，就参加浙江省水利厅举办的为期 1 个月的"喷灌设计学习班"，到 1985 年间，参与了余姚市多项喷灌工程的设计和施工，这奠定了我挚爱喷滴灌事业的基础。此后我国南方喷滴灌发展进入低谷,余姚乃至全浙江省发展几近停滞,但我仍关注国内外喷滴灌发展的动态,思考为什么这项先进技术推广这么难,并逐渐悟出主要是造价"门槛"的阻碍。跨入新世纪,随着现代农业示范区的建设,喷滴灌发展迎来了机遇,笔者聚焦于降低工程造价,把 20 世纪 90 年代自学的《创造学》《技术经济学》《优化设计》等三门新学科融会贯通,同时受飞机"经济舱"、北方"保温大棚"和俄罗斯"AK-47 自动步枪"3 个案例的启迪,在理论与实践的结合中,逐步形成了"经济型喷滴灌"技术。

习近平总书记指出:"科技创新、科学普及是实现创新发展的两翼,要把科学普及放在与科技创新同等重要的位置。"笔者早在 2008 年就拟定"三部曲",就长期从事的喷灌工作及其经济效益等编写 3 本书,用"科普"语言介绍喷滴灌技术。其中:《经济型喷微灌》重于"设计",读者对象主要为水利工程师,已于 2009 年 11 月由中国水利水电出版社出版;《经济型喷滴灌技术 100 问》定位于"科普",用通俗的文字回答"造价是怎样降低的"和"多雨的南方为什么也要搞喷滴灌"两大问题,读者对象主要为农艺师、农业大户,已于 2011 年由浙江科技出版社出版;《喷滴灌效益 100 例》定位于"推广",总结了余姚市和浙江省近 15 年推广喷滴灌技术的历程,记录了 76 位农户、100 例喷滴灌效益访谈内容,读者对象主要为分管农业的领导、农业技术干部、广大农户和农业企业家,已于 2015 年 12 月由黄河水利出版社出版。

本书从全新的视角进行总结和提炼,主要内容如下:

第一章,喷滴灌优化设计方法。总结为单元小型化、管材 PE 化、管径精准化、喷头塑料化、微喷水带化、滴灌薄壁化、过滤泵前化、控制手机化"八化",其中"单元小型化"是核心,是降低造价的基础。

第二章,喷滴灌常用材料及设备。介绍常用的聚乙烯(PE)管材和设备的性能及参数。所列内容均从生产厂家、经销商家和施工人员处调查得到,反映了当前的实际情况。

第三章,喷滴灌工程造价。介绍 PE 管道价格的形成原理;记录了水泵机组、各类阀门、过滤器、灌水器等常用设备的市场价格;调查了喷滴灌工程施工安装的劳务成本,为工程造价提供了参考依据和简便方法。

第四～第六章，喷滴灌优化设计案例。从余姚市已建工程中筛选平原、山区、养殖场各 10 例，每例包括项目简介、平面布置图、设计说明、工程造价表、工程特性表、项目照片等内容，对每个实例作了立体式介绍，是本书的核心内容。

第七章，喷滴灌工程施工质量监理。优化设计要靠施工质量来保证，本章由具有 20 年监理经历的工程师撰写，是来自工程实践的经验之谈。

第八章，喷滴灌的功能和效益。回答"南方为什么也要搞节水灌溉"的疑问，介绍喷滴灌的灌水抗旱、施肥施药、除霜防冻等多种功能，以及优质增产、节水减污、增收节本等综合效益，初次接触喷滴灌技术的读者可以先读本章。

需要说明的是，"常见设计"远远不是"常规设计"，存在很大节约空间，"优化设计"既是对"常见设计"的斧正，又是对"常规设计"的演绎。鉴于喷滴灌常规设计的内容已出版多种书籍，本书对此未作系统介绍，因此读者在读本书前应阅读水利部农村水利司组编的《喷灌工程技术》以及《微灌工程技术》等著作。

另外，为了方便广大农民读者的阅读，本书涉及管径等单位时均用农民实际应用的尺寸，而没有转换成国际通用单位，特此说明。本书产品价格为 2015—2016 年的市场参考价格，仅供广大读者参考，具体造价计算以实际市场价格为准。

由于作者能力与精力有限，书中内容难免有疏漏之处，谨请读者谅解并斧正！

2017.11

# 目　录

# 第一章
# 喷滴灌优化设计方法

## 第一节 优化设计的理论基础

经济型喷滴灌的本质是优化设计、避免浪费，是 20 世纪 90 年代成熟的创造学、技术经济学、优化设计学三门新学科在喷滴灌设计中的应用。这些新学科内涵丰富，但笔者"任凭弱水三千，我只取一瓢饮"，并把其融入设计思维。

创造学，一个重要观点是："简单的往往是先进的"。从控制论原理来看，多一个环节就多一分出错的概率，工程系统唯有简单，才能减少故障，提高可靠性。即使原理复杂，使用一定要简单，例如"傻瓜相机"是原理很复杂的智能相机，但使用很简单，"你只要按一下"。当代创新巨匠乔布斯坦言："我的秘诀就是聚焦和简单，简单比复杂更难，你的想法必须努力变得清晰、简洁，让它变得简单。因为你一旦做到了简单，你就能移动整座大山。"

技术经济学，就是学技术的人学经济，搞设计的人算造价。设计的同时作成本分析，设计方案受成本约束，成本超过预期就改变设计思路，使功能和成本两者之间互相照应，随时比选，以"性价比"选优，而不是设计和造价脱节。其核心是在保证功能的前提下，使材料设备成本、运行成本、劳力成本最低。其目标是在技术先进前提下的经济合理，又是在经济合理基础上的技术先进，使技术的先进性和经济的合理性完美结合。

优化设计学，是对传统"安全设计"思想的扬弃，传统设计思想是"越安全越好"或"安全点总不会错"，但如果按照这个传统观念设计飞机，飞机根本飞不起来，即使勉强能飞也飞不快。优化设计是一种全新理念，"够安全就好""过度安全就是浪费"，是在满足功能的前提下避免浪费！优化设计主要解决两类问题：一类是从大量可行方案中选出最优方案；另一类是为已确定的设计方案选定可行的最优参数。

经济型喷滴灌设计理念的形成，还受到以下 3 个实例的启发：

（1）飞机经济舱。飞机的基本要求第一是安全，第二是快。一架现代化的客机 95% 的座位是经济舱，且经常客满；商务舱不到总座位的 5%，却常常空闲。两者的功能完全相同，但前者的价格仅为后者价格的 40%，经济实惠。人们喜欢"经济型"，这是最好的证明。

（2）北方保温大棚。20世纪不少地方从国外引进了先进的自动化温室，但几乎没有一处是盈利的，成为"盲目引进"的反面教材。与此形成鲜明对比的是，山东寿光市农村党支部书记王乐义，在总结当地农民经验的基础上发明了"保温大棚"。由于其造价低、保温效果好，"保温大棚"在大半个中国得到推广。农民喜欢"经济实惠"，这是很好的典型。

（3）俄罗斯AK-47步枪。俄罗斯枪械师卡拉什尼科夫1947年设计出极具传奇色彩的AK-47步枪，其特点是价格亲民，用起来顺手，成为全球使用范围最广、产量最大的突击步枪，已超过1亿支。卡拉什尼科夫因此被誉为"世界枪王"，两度荣获"社会主义劳动英雄"称号，其著作之一就是《一切所需皆是简单》。这证明，平民价格、经济实用是普世价值观。

# 第二节　优化设计的主要内容

优化设计的特点，一是逆向思维，"先定结果方案，后算中间参数"，即先根据灌区的总面积和水源条件划分灌溉单元，根据单元面积确定轮灌面积、水泵参数、工作制度等结果数据。例如单元面积为150亩左右，水泵口径为65mm，流量为36m³/h，扬程为55m，功率为11kW，轮灌区面积为7~8亩等。然后根据结果优化管道规格，选择合适的灌水器、过滤器、施肥器、阀门等中间数据。二是造价约束，如十多年前大田喷灌的造价约束在每亩1000元以内，目前则一般不超过每亩1500元。选择材料和设备的过程中，随时用"性价比"这把"尺子"确定方案取舍。

喷滴灌优化设计方法是在实践中不断丰富的，笔者总结为"八化"。

## 一、单元小型化

灌溉单元，即一座泵站控制的灌溉面积。喷滴灌工程中管道成本占50%以上，优化设计应首先着眼于管道的优化，抓住这个主要矛盾。在管道造价中，干管成本占比较大。干管的成本与管径成正比，而干管直径与轮灌面积成正比，由轮灌面积决定。所以灌溉单元小型化（150亩左右为宜），既是减小轮灌面积的基础，也是优化设计的核心。

## 二、管材PE化

地埋管道应该用塑料管材，各种材质分析如下，以聚乙烯（PE）材料最理想。

（1）聚乙烯（PE）材料，具有良好的柔韧性，在使用中尚未发现爆破情况，而且价格较低，应优先选用。

（2）聚氯乙烯（U-PVC）材料，具有硬脆性，而且生产过程中容易掺加碳酸钙原料，使质量存在严重隐患，爆破事故常有发生，尽管价格很低，也应避免选用。

（3）聚丙烯（PP-R）材料，特点是耐热性好，适用于热水管道。但其具有冷脆性，不宜用于喷滴灌工程，而且价格较高，不应选用。

（4）镀锌钢管，存在易锈蚀的缺点，地埋管道中不宜选用，仅在喷头竖管和局部裸露地段采用。

### 三、管径精准化

笔者提出"管道允许水力损失"的概念及其参数 $h_{g允}$ 的计算公式。首先确定喷滴灌系统总扬程，例如平原灌区扬程为 55m，减去喷头工作压力（25～35m）和喷头至水面垂直高差（3～5m），并预留支管允许水力损失（5m），余下的为干管允许水力损失（10～15m），并根据允许水力损失推导出精确计算管道直径的公式。

### 四、喷头塑料化

喷头又称为水枪，有塑料和金属两种材质。影响喷头寿命的主要因素是弹簧疲劳失效，而不同材质喷头的弹簧均为不锈钢材料，疲劳寿命相同，所以两种喷头的寿命基本相同。塑料喷头的价格仅为金属喷头的 1/5 左右，且金属喷头往往遭到偷窃，有时"寿命"仅 1～2 天，故应尽量选用塑料喷头，只有在性能不能满足时才用金属喷头。

### 五、微喷水带化

常规微喷灌的喷头安装有两种形式：一种是悬挂式，只能在大棚或有架子的地方使用；另一种是地插式，影响农户田间操作，而且造价是喷灌的 2 倍，一般在 3000 元/亩左右，应用的局限性很大，难以大面积推广。微喷水带是在薄壁 PE 管上打许多直径 1mm 左右的小孔，当水注满时成为水管，丝丝水流从小孔喷出，灌溉两边作物，达到微喷灌的效果，水放完后恢复扁状，故称为水带。水带微喷灌每亩投入 200（全移动）～500（半移动）元，而且有不易堵塞的优点，适宜在平原灌区大面积推广。

### 六、滴灌薄壁化

滴灌管（带）的价格与其壁厚成比例，但寿命并不与壁厚和价格成正比。决定滴灌管寿命的主要是滴头的堵塞，而不是管壁的厚度。因此在目前对过滤设备投入不足，水质难以达到滴灌要求的状况下，选用管壁很厚的管材，是对投资的浪费。但壁厚小于 0.2mm 的"一次性"滴灌带会引起土壤塑料污染，因此提倡壁厚 0.4～0.6mm 为宜。

### 七、过滤泵前化

常见的过滤系统设计为在水泵出水管上安装几个至十几个过滤设备，都是泵后过滤。但泵后过滤使过滤器处于被动状态，即大量杂物吸入水泵会导致过滤器不堪重负、影响寿命，且清理任务繁重，水质难以符合要求。优化设计则是泵前过滤，即在水泵进水管口设置过滤网箱，把 95% 以上漂浮物、悬浮物拦截在水泵外面，使泵后过滤器得到"解放"，仅承担"查漏补缺"、精密过滤的作用，不仅水质更优，而且工作寿命延长。自制 1.5m×1.5m×1.5m 过滤网箱的成本约为 700 元/个，仅相当于直径 80mm 叠片式过滤器的价格，但其截污容积却超过后者百倍。

### 八、控制手机化

现代农业的发展对喷滴灌工程提出了自动控制要求。常见的自动化设备成本达 1000～

2000 元/亩，农民难接受，推广有困难。优化设计是不断朝"简单"方向努力，现在已发展到了用手机直接控制电磁阀，再没有体积庞大的控制柜，也没有复杂的线路，利用手机就可实现远程无线控制，规模化（100 亩以上）安装成本可降至 500 元/亩以内，成为"农民用得起的自动化"。

综上所述，经济型不是降低标准，而是优化设计、避免浪费，是力求"性价比"最大化。

# 第三节　确定灌溉单元和轮灌面积

管道成本占喷滴灌工程造价的 50% 以上，所以降低管道成本是优化设计的重点。管道的成本取决于长度、直径和壁厚 3 个要素，相对而言，长度是常量，例如固定喷灌，采用中型喷头（射程 14m、间距 16m），每亩需管长约 45m，能够节约的空间不大；而干管直径与轮灌面积成正比，即由轮灌面积决定，有很大的节约潜力。以"灌溉单元小型化"为基础，使轮灌面积适当小，则是减小管径、降低成本的关键，见表 1-1。

表 1-1　　　　　　　　　　轮灌面积与干管成本的关系

| 轮灌面积/亩 | 5 | 10 | 20 | 30 | 40 | 50 |
|---|---|---|---|---|---|---|
| 干管流量/(m³·h⁻¹) | 18 | 36 | 72 | 108 | 144 | 180 |
| 干管直径/mm | 75 | 90～110 | 125 | 160 | 180 | 200 |
| 干管单价/(元·m⁻¹) | 14 | 20 | 32 | 50 | 63 | 77 |
| 干管造价/(元·亩⁻¹) | 180 | 250 | 400 | 600 | 800 | 1000 |

注　1. 干管材料为 PE100 级，工作压力 0.6MPa，长度以 8.5m/亩计。
　　2. 干管造价中包括管道成本、安装费和间接费用。

从表 1-1 可以看出，轮灌面积每扩大 10 亩，干管造价大致增加 200 元/亩，可见干管成本由轮灌面积决定，干管可节约的空间很大。

## 一、灌溉单元

灌溉单元，即一座泵站或一套水泵机组控制的面积。其应尽可能小，使轮灌面积减小，从而把干管直径控制在 110mm 以内，使管道的成本降低。所以设计伊始就要把灌溉单元划得适当地小，即"灌溉单元小型化"，尽量在 150 亩左右。

## 二、轮灌面积

在灌区小型化的基础上，把轮灌区划得适当地小，控制在 10 亩以内，参见表 1-2。

表 1-2　　　　　　　　　　合 理 的 轮 灌 面 积

| 水泵口径/mm | 灌溉单元/亩 | 轮灌面积/亩 | 轮灌数/次 |
|---|---|---|---|
| 40 | 30 | 1～2 | 15 |
| 50 | 75 | 3～4 | 20 |
| 65 | 150 | 7～8 | 20 |

"灌溉单元小型化"，轮灌面积不超过 10 亩时，还有以下连锁效应：

（1）避免电网配套费用。优化设计使平原灌区水泵电机功率不超过 15kW，即可以利用现有的农灌电力线路，避免架高压线、配变压器的投资，可节约配套费用 300～500 元/亩。

（2）实现合理的"管理半径"。考虑到农民管理的需要，从泵站到最远的控制阀或喷头的行走距离应在 400～500m 以内，这是他们步行的心理承受距离，笔者取名为"管理半径"，150 亩左右的灌溉单元正好符合农民的需求。

"灌溉单元小型化"应以水源为基本条件。实践和调查证明，无论在南方河网灌区、山地灌区，还是北方渠灌区、井灌区，以 100～200 亩为灌溉单元。2011 年全国水利普查时发现，平原水稻灌区原口径 300mm 的水泵，灌溉面积 400～500 亩，大都改为口径 150～200mm 水泵，灌溉面积多为 100～150 亩，已经自觉"小型化"，证明水源条件是客观具备的，也说明小型化是"人心所向"。有人担心"大灌区怎么办"，笔者强调：灌区和灌溉单元是两个概念，即使灌区是成千上万亩的，只要有水源，灌溉单元同样可以是小的，正如我国是 13 亿多人的大国，但我们家庭单元也是"小型化"的，98% 以上的家庭仅有 3～4 人。

# 第四节　灌溉类型的选择

常见的喷滴灌类型有喷灌、微喷灌、水带微喷灌、滴灌 4 种。还有一种渗灌，国内应用较少，笔者尚无实践，故暂不论及。各种类型的喷滴灌见表 1-3。

表 1-3　　　　　　　　　　　喷滴灌类型简介

| 类　型 | 灌溉质量 | 造价/(元·亩⁻¹) | 节水性 | 水肥同灌 | 适用范围 |
|---|---|---|---|---|---|
| 喷灌 | 一般 | 1200～1500 | 较好 | 较难 | 大田 |
| 微喷灌 | 较好 | 1500～2500 | 较好 | 较好 | 大棚 |
| 水带微喷灌 | 比较好 | 300～500 | 较好 | 较好 | 大田 |
| 滴灌 | 最好 | 1200～2000 | 最好 | 很好 | 大田、大棚 |

## 一、喷灌

喷灌模拟自然降雨，是给植物"洗淋浴"，不但湿润土壤，还能淋洗植物茎叶表面尘埃，促进叶面光合作用，还可用于除霜防冻和防御沙尘暴对农作物的灾害。

1. 优点

（1）造价比通常的微喷灌和滴灌低，近几年固定管道式喷灌系统造价，南方地区一般为 1200～1500 元/亩，北方地区一般为 800～1200 元/亩。

（2）喷嘴直径一般不小于 3mm，对水中杂质过滤的要求比微喷灌和滴灌低，可不装设过滤设备，但水泵进水管口必须安装过滤网箱（自制），这是优化设计的亮点之一。

2. 缺点

（1）雨点较大，不适用于幼嫩的作物。

（2）表土普遍湿润，促使地面杂草疯长，增加了除草成本，不得不说也是喷灌的"负面影响"。

（3）受风力的影响较大。

3. 适用性

喷灌是目前南方应用面积较大的形式。原则上讲，凡是喜雨的作物都可以用喷灌。从对水质过滤要求较低考虑，在水资源并不十分紧缺的灌区，大田作物中应优先安装喷灌。

## 二、微喷灌

顾名思义，微喷灌是水滴微小的喷灌，是给植物下"毛毛雨"，除了给土壤灌水，还能湿润小范围内的空气。

1. 优点

（1）雨点细微，打击力小，符合纤嫩植物的要求。

（2）微喷灌工作压力为 15～25m，通常比喷灌的低 10m 左右，符合节能要求。

（3）单个微喷头湿润面积大多为 3～10m²，可实现局部灌溉，比喷灌更节水。

2. 缺点

（1）喷嘴直径仅 1mm 左右，容易堵塞，因此对水质要求高，需增加过滤设备投入。

（2）造价高于喷灌，且每亩有数十个微喷头，插在地上影响作业，空中悬挂需要棚架，难以大面积应用。

（3）对部分植物来说，小气候湿度过高容易引发病害。

3. 适用性

微喷灌适用于：工厂化大棚育苗，如菜秧、水稻秧苗等；小面积娇嫩植物；马路两边的绿化带；特别适用于畜禽养殖场降温和消毒。

## 三、水带微喷灌

水带微喷灌是在壁厚仅 0.2～0.4mm 的 PE 管上打一排排直径 1mm 左右的小孔，当水充满水管时向两边射出细水丝，湿润宽度 1～6m，效果相当于微喷灌，无水时水管呈带状。

1. 优点

（1）造价低，仅 300～500 元/亩。

（2）小孔不易堵塞。

（3）灌溉季节结束以后水带可回收入库，不影响农机作业。

2. 缺点

（1）只能用于平地，不能用在坡地。

（2）水带敷设和回收需用大量人力。

（3）水带寿命较短，一般 2～3 年。

（4）作物长高后阻挡水丝，影响湿润宽度。

（5）受风的影响较大。

3. 适用性

水带微喷灌适用于矮秆植物，如大田蔬菜、草皮绿地等。

## 四、滴灌

形象地说，滴灌是给植物"挂盐水、打点滴"。从某种意义上讲，滴灌是最节水、最科学的灌水技术。因为灌水速度慢，不会把植物根部土壤的空气挤走，使根系既有水分、又有氧气，水、气、热、土四相协调，促进植物生长。以色列农业95%是用滴灌，也由此创造了从沙漠农业到"欧洲厨房"的奇迹！

**1. 优点**

水量准确、位置准确，真正实现精准灌溉，相对来说，是最科学的灌溉。

**2. 缺点**

(1) 减压流道曲折，滴头容易堵塞。

(2) 过滤设备投入大，用于密植作物时造价比喷灌高。

(3) 水质差易引起堵塞，滴灌管（带）寿命较短。

**3. 适用性**

滴灌适用于大田、稀植的果树、密植的高附加值植物，以及道路两旁的带状或线状绿化带。

# 第五节　喷灌设计要点

## 一、管道的分级

**1. 手动控制**

目前大部分工程采用手动控制，则可简单设置干管、支管两级管道。支管直接从干管接出，每根支管设 1 个阀门，控制 5～7 个喷头。如水源很近，干管直径一般不会超过110mm，支管直径取50mm左右，这样管道成本最低，但阀门多、操作人员劳动强度大。

**2. 自动控制**

采用自动控制须设置三级管道，即增加一级分干管，每根分干管配 1 个电磁阀，控制 3～4 根支管组成一个轮灌区。这样每亩需增加直径 75mm 的管道 5～6m，提高造价 110～130 元/亩。以 1 个电磁阀代替 3～5 个手动阀，需增加造价 80～120 元/亩，但能节约劳力。

## 二、竖管材料的选择

竖管高度需"因作物制宜"。如果作物是蔬菜，竖管长 1m 即可，地面以下 0.4m，地面以上 0.6m，喷头高 0.15m，则喷嘴离地高度约 0.75m，能满足喷洒要求。材料可用管壁尽量厚、刚性好的直径 32mm PVC 管。大多数果树作物，竖管长 2～2.5m 即可，材料选直径 25mm（1in ❶）钢管。山区竹笋的竖管长也取 1m，能湿润土壤即可。但杨梅的竖管应高至 3～6m，因为其喷灌的目的之一是淋洗沙尘，而且应适当增加管径以提高刚性，选用直径 40～50mm（1.5～2in）的钢管。

## 三、竖管安装要求

竖管的垂直度是喷灌工程最直观的质量标志，须在竖管根部设 0.3m×0.3m×0.3m

---

❶　1in＝25.4mm。

混凝土镇墩，保证垂直。对于高度超过 3m 的竖管，还需用攀线固定。

### 四、喷头的选择和间距

30 多年来因过量使用化肥，土壤缺少有机质，团粒结构遭到破坏，喷灌强度远低于国家规范中的标准值，南方壤土喷灌强度一般不大于 8mm/h。故应选用中低压力（25～35m）、小流量喷头（嘴径 3～6mm）；喷头间距宜为射程的 1.1 倍，间距太近也不合理。喷头采用矩形布置，虽然三角形布置理论上喷洒更均匀，但实践中存在两个问题：①靠近田头的第一排喷头只旋转 180°，须用角度可控式喷头，故障较多；②第一排喷头喷洒面积减少一半，喷灌强度增加一倍，会造成局部喷水不均。

### 五、过滤问题

喷头的喷嘴直径相对较大（不小于 3mm），不必安装常规的过滤器，但水泵进水口必须安装过滤网箱，采用不锈钢丝网，密度以 40 目为宜。

# 第六节 微喷灌设计要点

### 一、强化过滤配置

"过滤泵前化"就是在河渠、水库、塘坝等地表水源地，在水泵进水口设置过滤网箱，可使泵后过滤器（常规）负担大大减轻，事半功倍。微喷头喷嘴直径仅 1mm 左右，水质直接影响微喷头寿命。应根据水质情况采用 2 级或 3 级过滤，即"网箱—叠片式过滤器"或"网箱—离心式（或砂石）—叠片式过滤器"组合，网箱密度为 100 目。用过滤水井（图 1-1）代替过滤网箱可避免网箱反冲驱污，还可使水质更加稳定。

图 1-1 过滤水井

### 二、重视水泵质量

微喷灌灌溉单元一般较小，多用口径仅 25～40mm 的小水泵。市场上水泵质量良莠不齐，其实际性能往往达不到标牌上的设计参数，如水量、水压不足等，影响雾化质量。要注意甄别，最可靠的是经用户使用后推荐质量可靠的产品。

### 三、校核喷灌强度

注意校核喷灌强度，不能因"微"而轻视。有的喷头流量高达 100L/h，如果间距 3m，喷洒在 9m² 土地上，每小时灌水量大于 10mm，水来不及下渗到根系层，地表就会产生径流。应注意选用流量较小（30～40L/h）的微喷头，就灌溉质量而言，灌水速度慢一些，延续时间长一些是科学的。

### 四、水稻育秧不用轮灌

微喷灌用于水稻大棚育秧时，为防止"烧苗"，对灌溉时间有严格要求。因此微喷灌设计中不宜采用轮灌，而应采用一次性同时灌溉，水泵功率配置大致为每亩 1kW。

### 五、水泵配套变频器

微喷头用于灌溉时应适当降低水压（15～25m），以增大"雨点"，有利于落地。微喷头用于喷药和降温时应提高水压（25～35m），雨点细、雾化好，则消毒和降温的效果更好。因此提倡水泵配套变频器，通过变频实现电机变速、系统变压，但水压也不是越高越好。

## 第七节　水带微喷灌设计要点

水带微喷灌对水质的要求略低，但也必须设置过滤网箱和叠片式过滤器。微喷水带的应用可以有以下三种形式：

### 一、半移动模式

半移动模式是干管固定、水带移动、水泵可固定也可移动。干管用普通 PE 管，埋在田头地面以下 0.4m，管上按水带间距设置出地套件（三通、短管、弯头、球阀等），露出地面 0.15m。灌溉季节水带铺设在田间，灌溉季节后回收入库。水泵可以建泵站，也可以采用移动机组。这种模式的造价为 400～500 元/亩，适用于面积达数百亩的灌区。

### 二、全移动模式

全移动模式是干管、水泵、水带全部移动。干管采用薄壁（1～2mm）PE 软管，PE 三通（带阀门）、接头等专用附件由水带厂配套生产。包括水泵、电机在内造价为 200 元/亩左右，但铺设和回收带子的人力成本较高，适用于面积在几十亩的灌区。

### 三、小家庭模式

小家庭模式是把 300～500m 水带和一台汽油机水泵（1.1～2.2kW）直接发给农户，也是全移动模式，由农户自己保管。整套设备成本 600～700 元，灌溉一个家庭 2～3 亩地，成本 200～300 元/亩，这种模式适宜于小家庭规模。

# 第八节 滴 灌 设 计 要 点

## 一、高度重视过滤器

水质是决定滴灌管使用年限的最主要因素，过滤设备是滴灌系统最关键部分。过滤设备的配套应最完整，一般应有三级过滤，即过滤网箱、离心式（或砂石）过滤器、叠片式过滤器（多个并联）组合。

## 二、滴灌的设计趋势

目前滴灌的发展趋势是：①滴头流量趋小，从 3～4L/h 减小至 1～2L/h；②滴灌管直径趋大，从 12～16mm 扩大至 20～30mm。这样不仅能提高水滴的均匀性，而且可以增加滴灌带的铺设长度，从 50～100m 延长至 200～300m，从而减少支管用量，总体上降低工程造价。

## 三、滴灌管的适宜铺设长度

实现水肥一体化以后，滴灌管前端和末端的出水量明显不均会导致农产品个体大小不一、影响外观质量。相关国家标准规定，滴头流量的偏差率低于5%为优秀，低于10%为合格。根据10%这个边界条件，综合考虑滴灌管直径、滴头流量、滴孔距离等参数，从而确定铺设长度。流量偏差率为10%时普通滴灌管最大允许使用长度见表1-4，供参考。表1-4是工作压力为10m时的流量，实际上随着工作压力变化流量也相应增减，见表1-5。

表 1-4　　　　　　　　　　普通滴灌管最大允许使用长度　　　　　　　　　单位：m

| 管径 /mm | 滴头流量 /(L·h⁻¹) | 最大允许使用长度 | | | | | | | |
|---|---|---|---|---|---|---|---|---|---|
| | | $l=30$cm | $l=40$cm | $l=50$cm | $l=75$cm | $l=100$cm | $l=125$cm | $l=150$cm | $l=175$cm |
| 16 | 1.7 | 80 | 102 | 142 | 178 | 189 | | | |
| | 2.2 | 53 | 78 | 95 | 119 | 126 | 147 | 168 | 189 |
| | 4.2 | 36 | 53 | 50 | 75 | 86 | 99 | 116 | 130 |
| 20 | 1.5 | 148 | 186 | 212 | 293 | 348 | | | |
| | 2.5 | 80 | 101 | 115 | 155 | 189 | 216 | 242 | 270 |
| | 3.8 | 61 | 77 | 88 | 118 | 144 | 165 | 185 | 207 |

注　1. 选自姚振宪、何松林的《滴灌设备与滴灌系统规划设计》。
　　2. $l$ 为滴头间距，cm。

表 1-5　　　　　　　　　　　滴头压力流量变化表

| 工作压力 /m | 滴头流量 | | | | | |
|---|---|---|---|---|---|---|
| | 1L/h[①] | 2L/h[①] | 4L/h[①] | 1L/h[②] | 2L/h[②] | 4L/h[②] |
| 5 | 1.1 | 1.6 | 2.9 | 1.0 | 1.6 | 2.6 |
| 10 | 1.7 | 2.2 | 4.2 | 1.5 | 2.5 | 3.8 |

| 工作压力 /m | 滴 头 流 量 | | | | | |
|---|---|---|---|---|---|---|
| | 1L/h① | 2L/h① | 4L/h① | 1L/h② | 2L/h② | 4L/h② |
| 15 | 2.1 | 2.8 | 5.2 | 1.9 | 3.0 | 4.7 |
| 20 | 2.5 | 3.2 | 6.1 | 2.2 | 3.6 | 5.5 |
| 25 | 2.8 | 3.6 | 6.8 | 2.5 | 4.1 | 6.1 |
| 30 | 3.1 | 4.1 | 7.6 | 2.7 | 4.5 | 6.8 |

注　选自姚振宪，何松林的《滴灌设备与滴灌系统规划设计》。

① 管径为 16mm。

② 管径为 20mm。

# 第二章
# 喷滴灌常用材料及设备

## 第一节 管 道 材 料

正确选择管道材料可以显著降低工程造价，选材应从材质、直径、压力三方面考虑。

### 一、材质的选择

#### 1. PE 管

聚乙烯（PE）管具有柔韧性，能适应复杂的地形和基础轻度沉陷，使爆破的概率接近于零。地下管道以 PE 管最为理想。PE 管分为 PE63 级、PE80 级、PE100 级，分别表示每平方厘米能承受的应力，随着数值变大，其特性由"柔"变"刚"，也代表了 PE 材料发展的历程。目前 PE63 级仅用于加工微喷水带，以利用其"柔"性；考虑到生产工艺和安装需要，PE80 级一般用于加工直径不大于 50mm 的管子；直径大于 50mm 的管子大多用 PE100 级材料，以尽量发挥其"刚"性。相关国家标准中 PE100 级材料没有 DN63、DN75、DN90 等小口径的规格，但只要在实践中需要，且工程中也证明可以用，则可以要求相关工厂专门为之生产。PE100 级原料价格一般比 PE80 级高 200～300 元/t，但有时价格基本相同。相同压力等级、相同口径的管子，PE100 级管壁薄一个等级，即重量轻 20% 左右，价格也同比例降低，故应优先选用。

#### 2. PVC 管

聚氯乙烯（PVC）管，由于本身存在"脆性"特点，而且其中掺入的碳酸钙容易引起爆破，现已逐渐被性能更好的 PE 管取代。

目前上水管道（自来水、喷滴灌）均用 PE 管，下水管道（排水管）用 PVC 管，PP-R 管只在热水管中使用。近年来，从燃气管道到排污管均采用 PE 管材。

#### 3. 钢管

钢管价格是 PE 管的 2 倍以上，且易锈蚀、寿命短、影响水质，在地埋管道中一般不使用，但安装喷头的竖管和跨沟的悬空管必须使用，因为其"刚性"更好。

## 二、直径的计算

干管直径可以按1.5倍水泵口径估算,例如水泵直径65mm,则干管直径为97.5mm,向上取为100mm,再计及管壁厚度,选择外径为110mm的管。水在泵内的流速是3m/s左右,直径放大1.5倍,管道断面扩大2.25倍,管内流速会降至1.3m/s,这是水在管道内的"经济流速",先估算把握方向,然后计算校核。

塑料管道的公称直径均指外径,每种外径有6种以上壁厚规格,相应有不小于6种内径,这样简化了管道附件的规格。

### 1. 管道允许水力损失

受材料力学上"材料许用应力"概念的启发,笔者提出"管道允许水力损失"的新概念,并得出其计算公式为

$$h_{g允} = H - h_p - Z - h_{g支}$$ (2-1)

式中  $H$——喷滴灌系统总扬程,m;

   $h_p$——喷头或滴头工作压力,m;

   $Z$——喷头至水面高差,m;

   $h_{g支}$——预留支管允许水力损失,m。

### 2. 管径精准计算公式

常规设计中管道沿程损失的计算公式为

$$H_f = f \frac{LQ^m}{d^b}$$ (2-2)

将式(2-2)再变形为

$$d = \sqrt[b]{\frac{fLQ^m}{h_{g允}}}$$ (2-3)

式中  $d$——管径,mm;

   $b$——塑料管径指数,$b=4.77$;

   $f$——塑料管摩阻系数,$f=0.948 \times 10^5$;

   $Q$——管中流量,$m^3/h$;

   $m$——塑料管流量指数,$m=1.77$。

则式(2-3)可直接表示为

$$d = \sqrt[4.77]{\frac{0.948 \times 10^5 LQ^{1.77}}{h_{g允}}}$$ (2-4)

式(2-4)中已知管道长度$L$、管中流量$Q$、允许水力损失$h_{g允}$ 3个参数,可得出管径的精确结果,实现从定性的"经济管径"到定量的"精准管径",避免了管道材料和水泵电机功率等的浪费。管径的计算也可以直接查表(附录三)。从附表三中可以看出,管中流速在1~1.5m/s是经济的,每百米主管允许水力损失控制在2m以内是合理的。

## 三、确定管道压力

喷灌系统工作总扬程为55m(平原),一般不超过60m,所以管道压力选0.6MPa,

微喷灌和滴灌设计总扬程一般不大于 45m，因此管道压力选 0.4MPa。由于管路系统设有安全阀、减压阀，而且管道材料短时间内具 1.5 倍耐压安全裕量，即使系统在运行中短时间内有水锤产生，也不会发生爆破。1977 年我国定型设计的喷灌专用水泵，把主要泵型的扬程确定为 55m 和 45m，如今看来是十分正确的。PE 管材常用规格参数见表 2-1 和表 2-2，管道经济流量见表 2-3，$SDR$ 为外径与壁厚之比。

表 2-1 HDPE80 管材常用规格参数

| 外径 /mm | $SDR=33.0$（0.4MPa） | | $SDR=26.0$（0.6MPa） | | $SDR=17.6$（0.8MPa） | |
|---|---|---|---|---|---|---|
| | 壁厚 /mm | 重量 /(kg·m$^{-1}$) | 壁厚 /mm | 重量 /(kg·m$^{-1}$) | 壁厚 /mm | 重量 /(kg·m$^{-1}$) |
| 20 | (2.0) | (0.13) | (2.0) | (0.13) | (2.0) | (0.12) |
| 25 | (2.0) | (0.16) | (2.0) | (0.16) | 2.0 | 0.15 |
| 32 | (2.0) | (0.20) | (2.0) | (0.20) | 2.0 | 0.20 |
| 40 | (2.0) | (0.26) | 2.0 | 0.25 | 2.3 | 0.28 |
| 50 | 2.0 | 0.32 | 2.0 | 0.32 | 2.8 | 0.42 |
| 63 | 2.0 | 0.4 | 3.0 | 0.57 | 3.6 | 0.6 |
| 75 | 2.3 | 0.54 | 3.6 | 0.82 | 4.3 | 1.0 |
| 90 | 2.8 | 0.78 | 4.3 | 1.2 | 5.1 | 1.5 |
| 110 | 3.4 | 1.2 | 5.3 | 1.8 | 6.3 | 2.2 |

注 1. 本表选自《节水灌溉工程实用手册》（ISBN 978-7-5084-3151-2）。

2. 国家标准中没有壁厚薄于 2mm 的管材，主要考虑管道在熔接工艺上的难度。

3. 括号内数据为笔者按 $SDR$ 计算所得，国标中没有规定，但企业有能力生产。

表 2-2 HDPE100 管材常用规格参数

| 外径 /mm | $SDR=26$（0.6MPa） | | $SDR=21$（0.8MPa） | | $SDR=17.6$（1.0MPa） | |
|---|---|---|---|---|---|---|
| | 壁厚 /mm | 重量 /(kg·m$^{-1}$) | 壁厚 /mm | 重量 /(kg·m$^{-1}$) | 壁厚 /mm | 重量 /(kg·m$^{-1}$) |
| 63 | (2.4) | (0.47) | (3.0) | (0.57) | (3.6) | (0.69) |
| 75 | (2.9) | (0.66) | (3.5) | (0.88) | 4.3 | 1.0 |
| 90 | (3.5) | (0.96) | 4.3 | 1.2 | 5.1 | 1.5 |
| 110 | 4.2 | 1.5 | 5.3 | 1.8 | 6.3 | 2.2 |
| 160 | 6.2 | 3.1 | 7.6 | 3.8 | 9.5 | 4.6 |
| 200 | 7.7 | 4.8 | 9.6 | 5.9 | 11.4 | 7.2 |

注 1. 本表选自《节水灌溉工程实用手册》。

2. 括号内数据为笔者按 $SDR$ 计算所得，国标中没有规定，但企业有能力生产。

按经济型设计，主管每百米允许水力损失不大于 2m，支管每百米允许水力损失不大于 4m 计算，得到常用管道允许流量，见表 2-3。

表 2 - 3

PE 管常用管道允许流量

| 管　径 | | 主　管 | | 支　管 | |
|---|---|---|---|---|---|
| mm | in | 流速 /(m·s⁻¹) | 流量 /(m³·h⁻¹) | 流速 /(m·s⁻¹) | 流量 /(m³·h⁻¹) |
| 25 | 3/4 | | | 0.7 | 0.8 |
| 32 | 1 | | | 0.84 | 1.7 |
| 40 | 1¼ | | | 0.94 | 3.1 |
| 50 | 1½ | 0.76 | 3.0 | 1.04 | 5.4 |
| 63 | 2 | 0.9 | 7.6 | 1.35 | 11.5 |
| 75 | 2½ | 1.05 | 13.3 | | |
| 90 | 3 | 1.18 | 22.0 | | |
| 110 | 4 | 1.37 | 37.8 | | |

注　主管中间没有出口，支管中间均布多个出口，已考虑平均多口系数为 0.4。

# 第二节　水　　泵

南方喷滴灌常用水泵有普通离心泵、喷灌泵、多级泵三类，主要性能及适用范围见表 2 - 4。

表 2 - 4

常用水泵性能及适用范围

| 类　型 | 代表性型号 | 优　点 | 缺　点 | 适用灌区 | 价格比较 |
|---|---|---|---|---|---|
| 普通离心泵 | ISW65 - 200 | 扬程范围广、价格低 | 高扬程时效率低 | 低扬程 | 最低 |
| 喷灌泵 | 65BPZ - 55 | 中扬程时效率高 | 扬程范围小 | 中扬程 | 居中 |
| 多级泵 | 80D - 12×5 | 各种扬程效率均高 | 价格高、体积大 | 高扬程 | 最高 |

水泵选择主要考虑流量、扬程、功率 3 个参数。

（1）流量。流量取决于轮灌区面积，优化设计建议，轮灌面积为 8 亩时，选用 20 个低压喷头，每个喷头流量为 $1.8 m^3/h$，则水泵流量必须达到 $36 m^3/h$。

（2）扬程。优化设计推荐，平原喷灌系统总扬程为 55m，水泵扬程就选 55m。山区扬程则由平原的 55m 加上灌区山地高程（制高点）与水泵安装高程的高差。

（3）功率。简单地估计，扬程与流量的乘积除以 200，即可得出所需功率，就近向上取值确定电机额定功率。如平原扬程 55m，流量 $36 m^3/h$，两者乘积再除以 200 得 9.9（kW），就近选 11kW 电机。如山区高差是 55m，那么总扬程就是 110m，功率就得 22kW，如当地只有 11kW 功率的动力线路，就要把轮灌面积减小至 4 亩，把水泵流量减至 $18 m^3/h$，并把干管直径从 110mm 减至 90mm。

## 一、普通离心泵

IS 型泵是最普通的离心泵、最常见的高扬程水泵，价格最便宜。ISW 型、ISG 型是它的"升级版",前者为卧式、后者为立式,性能完全相同。水泵与电动机"一体化",使体积减小、噪声降低、安装方便,一般县城都能买到,外形见图 2-1 和图 2-2。其优点是性能域宽、规格多,扬程从十几米至 130 多米,口径为 25～300mm;缺点是水泵随扬程提高效率迅速降低,以 IS 50-250B 为例,当扬程为 35m 时,效率降至 60% 以下,当扬程升至 130m 时,效率跌至 38%,所以普通离心泵适用于扬程较低的微灌。

图 2-1 IS 型泵

图 2-2 ISW 型（一体化）泵

ISW 型离心泵性能参数见表 2-5。

表 2-5　　　　　　　　　　　ISW 型离心泵性能参数表

| 型　号 | 流　量 | | 扬程 /m | 效率 /% | 功率 /kW | 必需汽蚀余量 /m | 重量 /kg |
|---|---|---|---|---|---|---|---|
| | $m^3/h$ | L/s | | | | | |
| 40-160 | 4.4 | 1.22 | 33 | 35 | 2.2 | 2.3 | 50 |
| | 6.3 | 1.75 | 32 | 40 | | | |
| | 8.3 | 2.31 | 30 | 40 | | | |
| 40-160A | 4.1 | 1.14 | 29 | 34 | 1.5 | 2.3 | 45 |
| | 5.9 | 1.64 | 28 | 39 | | | |
| | 7.8 | 2.17 | 26.3 | 39 | | | |
| 40-160B | 3.8 | 1.06 | 25.5 | 34 | 1.1 | 2.3 | 40 |
| | 5.5 | 1.53 | 24 | 38 | | | |
| | 7.2 | 2.0 | 22.5 | 37 | | | |
| 40-200 | 4.4 | 1.22 | 51 | 26 | 4 | 2.3 | 76 |
| | 6.3 | 1.75 | 50 | 33 | | | |
| | 8.3 | 2.31 | 48 | 32 | | | |
| 40-200A | 4.1 | 1.14 | 45 | 26 | 3 | 2.3 | 64 |
| | 5.9 | 1.64 | 44 | 31 | | | |
| | 7.0 | 2.17 | 42 | 30 | | | |
| 40-200B | 3.7 | 1.03 | 38 | 29 | 2.2 | 2.3 | 54 |
| | 5.3 | 1.47 | 36 | 24 | | | |
| | 7.0 | 1.94 | 34.6 | 28 | | | |

续表

| 型 号 | 流 量 | | 扬程 /m | 效率 /% | 功率 /kW | 必需汽蚀余量 /m | 重量 /kg |
|---|---|---|---|---|---|---|---|
| | m³/h | L/s | | | | | |
| 40－250 | 4.4 | 1.22 | 82 | 28 | 7.5 | 2.3 | 108 |
| | 6.3 | 1.75 | 80 | 24 | | | |
| | 8.3 | 2.31 | 74 | 28 | | | |
| 40－250A | 4.1 | 1.14 | 72 | 27 | 5.5 | 2.3 | 100 |
| | 5.9 | 1.64 | 70 | 23 | | | |
| | 7.8 | 2.17 | 65 | 27 | | | |
| 40－250B | 3.8 | 1.05 | 61.5 | 26 | 4 | 2.3 | 80 |
| | 5.5 | 1.53 | 60 | 55 | | | |
| | 7.0 | 1.94 | 56 | 62 | | | |
| 40－250C | 8.8 | 2.44 | 13.2 | 60 | 1.1 | 2.3 | 36 |
| | 12.5 | 3.47 | 12.5 | | | | |
| | 16.3 | 4.53 | 11.3 | | | | |
| 50－160 | 8.8 | 2.44 | 33 | 45 | 3.0 | 2.3 | 60 |
| | 12.5 | 3.47 | 32 | 52 | | | |
| | 16.3 | 4.53 | 30 | 51 | | | |
| 50－160A | 8.2 | 2.28 | 29 | 44 | 2.2 | 2.3 | 52 |
| | 11.7 | 3.25 | 28 | 51 | | | |
| | 15.2 | 4.22 | 26 | 50 | | | |
| 50－160B | 7.3 | 2.38 | 23 | 50 | 1.5 | 2.3 | 48 |
| | 10.4 | 2.89 | 22 | | | | |
| | 13.5 | 3.75 | 20.5 | | | | |
| 50－200 | 8.8 | 2.44 | 52 | 38 | 5.5 | 2.3 | 104 |
| | 12.5 | 3.47 | 50 | 46 | | | |
| | 16.3 | 4.53 | 48 | 46 | | | |
| 50－200A | 8.3 | 2.31 | 45.8 | 37 | 4 | 2.3 | 82 |
| | 11.7 | 3.25 | 44 | 45 | | | |
| | 15.3 | 4.25 | 42 | 45 | | | |
| 50－200B | 7.5 | 2.08 | 37 | 44 | 3 | 2.3 | 69 |
| | 10.6 | 2.94 | 36 | | | | |
| | 13.8 | 3.83 | 34 | | | | |
| 50－250 | 8.8 | 2.44 | 82 | 29 | 11 | 2.3 | 163 |
| | 12.5 | 3.47 | 80 | 38 | | | |
| | 16.3 | 4.53 | 77.5 | 40 | | | |

续表

| 型 号 | 流 量 | | 扬程 /m | 效率 /% | 功率 /kW | 必需汽蚀余量 /m | 重量 /kg |
|---|---|---|---|---|---|---|---|
| | m³/h | L/s | | | | | |
| 50-250A | 8.2 | 2.28 | 71.5 | 38 | 7.5 | 2.3 | 116 |
| | 11.6 | 3.22 | 70 | | | | |
| | 15.2 | 4.22 | 68 | | | | |
| 50-250B | 7.6 | 2.11 | 61.4 | 37 | 7.5 | 2.3 | 114 |
| | 10.8 | 3.00 | 60 | | | | |
| | 14.0 | 3.89 | 58 | | | | |
| 50-250C | 7.1 | 1.97 | 53.2 | 36 | 5.5 | 2.3 | 108 |
| | 10.0 | 2.78 | 52 | | | | |
| | 13.1 | 3.64 | 50.4 | | | | |
| 65-160 | 17.5 | 4.86 | 34.4 | 54 | 4.0 | 2.5 | 77 |
| | 25 | 6.94 | 32 | 63 | | | |
| | 32.5 | 9.03 | 27.5 | 60 | | | |
| 65-160A | 16.4 | 4.56 | 30 | 54 | 4.0 | 2.5 | 77 |
| | 23.4 | 6.5 | 28 | 62 | | | |
| | 30.4 | 8.44 | 24 | 59 | | | |
| 65-160B | 15.0 | 4.17 | 26 | 58 | 3.0 | 2.5 | 64 |
| | 21.6 | 6.0 | 24 | | | | |
| | 28 | 7.78 | 20.6 | | | | |
| 65-200 | 17.5 | 4.86 | 52.7 | 49 | 7.5 | 2.5 | 110 |
| | 25 | 6.94 | 50 | 58 | | | |
| | 32.5 | 9.03 | 45.5 | 59 | | | |
| 65-200A | 16.4 | 4.56 | 46.4 | 48 | 7.5 | 2.5 | 109 |
| | 23.5 | 6.53 | 44 | 57 | | | |
| | 30.5 | 8.47 | 40 | 58 | | | |
| 65-200B | 15.2 | 4.22 | 40 | 55 | 5.5 | 2.5 | 101 |
| | 21.8 | 6.06 | 38 | | | | |
| | 28.3 | 7.86 | 34.5 | | | | |
| 65-250 | 17.5 | 4.86 | 82 | 39 | 15.0 | 2.5 | 185 |
| | 25 | 6.94 | 80 | 50 | | | |
| | 32.5 | 9.03 | 76.5 | 52 | | | |
| 65-250A | 16.4 | 4.56 | 71.5 | 39 | 11.0 | 2.5 | 173 |
| | 23.4 | 6.5 | 70 | 50 | | | |
| | 30.5 | 8.47 | 67 | 52 | | | |

| 型　号 | 流　量 | | 扬程 /m | 效率 /% | 功率 /kW | 必需汽蚀余量 /m | 重量 /kg |
|---|---|---|---|---|---|---|---|
| | m³/h | L/s | | | | | |
| 65-250B | 15.2 | 4.17 | 61 | 38 | 11.0 | 2.5 | 173 |
| | 21.6 | 6.0 | 60 | 49 | | | |
| | 28 | 7.78 | 57.4 | 54 | | | |
| 80-160 | 35 | 9.72 | 35 | 63 | 7.5 | 3.0 | 107 |
| | 50 | 13.9 | 32 | 71 | | | |
| | 65 | 18.1 | 28 | 70 | | | |
| 80-160A | 32.7 | 9.1 | 30.6 | 62 | 7.5 | 3.0 | 107 |
| | 46.7 | 13.0 | 28 | 70 | | | |
| | 61 | 16.9 | 24 | 69 | | | |
| 80-160B | 30.3 | 8.4 | 26 | 69 | 5.5 | 3.0 | 99 |
| | 43.3 | 12.0 | 24 | | | | |
| | 56.3 | 15.6 | 21 | | | | |
| 80-200 | 35 | 9.72 | 53.5 | 55 | 15.0 | 3.0 | 177 |
| | 50 | 13.9 | 50 | 67 | | | |
| | 65 | 18.1 | 46 | 68 | | | |
| 80-200A | 32.8 | 9.1 | 47 | 54 | 11.0 | 3.0 | 166 |
| | 47 | 13.1 | 44 | 66 | | | |
| | 61 | 16.9 | 40 | 67 | | | |
| 80-200B | 30.5 | 8.5 | 40.6 | 65 | 7.5 | 3.0 | 116 |
| | 43.5 | 12.1 | 38 | | | | |
| | 56.6 | 15.7 | 33.4 | | | | |
| 80-250 | 35 | 9.72 | 83 | 52 | 22.0 | 3.0 | 245 |
| | 50 | 13.9 | 80 | 59 | | | |
| | 65 | 18.1 | 72 | 60 | | | |
| 80-250A | 32.5 | 9.0 | 73 | 52 | 18.5 | 3.0 | 215 |
| | 46.7 | 13.0 | 70 | 59 | | | |
| | 61 | 16.9 | 63 | 60 | | | |
| 80-250B | 30 | 8.3 | 62 | 58 | 15.0 | 3.0 | 187 |
| | 43.3 | 12.0 | 60 | | | | |
| | 56 | 15.6 | 54 | | | | |

注　转速均为2900r/min。

## 二、喷灌泵

1977 年，我国创新设计了自吸式喷灌专用泵，此后又经多次优化，效率更高，在 55m 左右扬程，填补了其他离心泵的空白，且在同口径泵中流量最大，是平原喷灌的优选泵型，外形如图 2-3 所示。第 4 代常用喷灌泵性能见表 2-6。

图 2-3　喷灌专用泵

表 2-6　　　　　　　　　　　　　第 4 代常用喷灌泵性能表

| 型　号 | 流量 /(m³·h⁻¹) | 扬程 /m | 配套功率 | | 效率 /% | 适　用 |
|---|---|---|---|---|---|---|
| | | | kW | HP | | |
| 50BPZ-45 | 20 | 45 | 5.5 | 6 | 60 | 75 亩左右喷灌 |
| 65BPZ-55 | 36 | 55 | 11 | 12 | 64 | 150 亩左右喷灌 |
| 65SZB-55 * | 40 | 55 | 11 | 12 | 68.5 | 150 亩左右喷灌 |
| 80SZB-75 | 40 | 75 | 15 | 18 | 62 | 小于 30m 山区喷灌 |

＊　手动泵加引水，效率高，同口径泵中流量最大。

## 三、多级泵

多级泵的特点是扬程高，可以高达 200m 以上。优点是同等口径的泵，不论扬程高低，水泵效率不变。缺点是：①价格较高，是相同功率普通离心泵的 2 倍；②体积较大，如卧式 80D12×5 型泵，电机 11kW，泵身长 1.44m，占地面积很大。故应尽量选用立式多级泵，占地不足卧式的 1/3（图 2-4 和图 2-5）。在山丘灌区，当扬程高于 55m 时选用多级泵最适宜。

图 2-4　卧式多级泵

图 2-5　立式多级泵

常用卧式多级泵规格及参数见表 2-7 和表 2-8。

表 2-7　　　　　　　　　　80D-12 型多级泵规格及参数表

| 级数 | 流　量 | | 扬程 | 功率/kW | | 效率/% |
|---|---|---|---|---|---|---|
| | m³/h | L/s | /m | 轴功率 | 电机功率 | |
| 3 | 32.4 | 9 | 34 | 4 | 5.5 | 75 |
| 4 | 32.4 | 9 | 45 | 5.4 | 7.5 | 75 |
| 5 | 32.4 | 9 | 57 | 6.7 | 7.5 | 75 |
| 6 | 32.4 | 9 | 68 | 8 | 11 | 75 |
| 7 | 32.4 | 9 | 79 | 9.4 | 11 | 75 |
| 8 | 32.4 | 9 | 91 | 10.7 | 15 | 75 |
| 9 | 32.4 | 9 | 102 | 12.1 | 15 | 75 |
| 10 | 32.4 | 9 | 113 | 13.4 | 15 | 75 |
| 11 | 32.4 | 9 | 125 | 14.7 | 18.5 | 75 |
| 12 | 32.4 | 9 | 136 | 16 | 18.5 | 75 |

注　1. 本表选自浙江水泵总厂产品说明书；型号意义：80—进水口直径，mm；D—多级泵；12—每级叶轮扬程 12m。

　　2. 当扬程在±15%范围内变化时，流量相应在±7.2m³/h 内变化。

表 2-8　　　　　　　　　　50D-12 型多级泵规格及参数表

| 级数 | 流　量 | | 扬程 | 功率/kW | | 效率/% |
|---|---|---|---|---|---|---|
| | m³/h | L/s | /m | 轴功率 | 电机功率 | |
| 3 | 18 | 5 | 29 | 2.3 | 3 | 62 |
| 4 | 18 | 5 | 38 | 3 | 4 | 62 |
| 5 | 18 | 5 | 48 | 3.8 | 5.5 | 62 |
| 6 | 18 | 5 | 57 | 4.5 | 5.5 | 62 |
| 7 | 18 | 5 | 67 | 5.3 | 7.5 | 62 |
| 8 | 18 | 5 | 76 | 6 | 7.5 | 62 |
| 9 | 18 | 5 | 85.5 | 6.75 | 7.5 | 62 |
| 10 | 18 | 5 | 95 | 7.5 | 11 | 62 |
| 11 | 18 | 5 | 104.5 | 8.25 | 11 | 62 |
| 12 | 18 | 5 | 114 | 9 | 11 | 62 |

注　1. 当扬程在±20%范围内变化时，流量相应在±5.4m³/h 内变化。

　　2. 本表选自浙江水泵总厂产品说明书；型号意义：50—进水口直径，mm；D—多级泵；12—每级叶轮扬程 12m。

# 第三节　喷　　头

## 一、喷头的选择

喷灌最常用的是摇臂喷头。喷头选择主要考虑材质、喷嘴直径、压力、流量、射程等。
（1）材质。喷头材质有塑料和金属两大类，提倡用塑料喷头。30 年前影响喷头寿命的主要是摇臂断裂和弹簧疲劳失效。15 年来笔者使用过的喷头没有遇到过摇臂断裂的现象，说明工程塑料性能和金属铸造工艺已经成熟，而无论是塑料喷头还是金属喷头，其弹簧都是同一种不锈钢，疲劳寿命相同，所以两种喷头的寿命几乎相同。

塑料喷头的价格仅为金属喷头的 1/4~1/6，且金属喷头往往易被偷盗，有时"寿命"只有 1~2d，故应尽量选用塑料喷头。只有在射程、流量不能满足要求时，才选用金属喷头。

（2）喷嘴直径。喷嘴直径简称嘴径，为了控制喷灌强度，嘴径倾向于小一些，如 5mm×2.5mm，6mm×2.5mm，7mm×3.5mm，并应该用双喷嘴，喷洒更均匀。

（3）压力。无论从节能的大趋势，还是从喷水的均匀性出发，均提倡用中低压喷头，工作压力在 30m 左右，情况允许时提倡 25m、20m。

（4）流量。喷嘴直径和工作压力确定后，流量也随之确定，在小喷嘴和中低压条件下，流量一般为 1.5~4.5m³/h。

（5）射程。喷嘴直径和工作压力确定后，射程也随之确定。在上述同样条件下射程一般为 14~21m。笔者发现在一定范围内，喷头射程与其进口空心轴流道直径成正比，如进口直径 10mm、15mm、20mm、30mm，相应喷头射程分别是 10m、15m、20m、30m 左右。笔者用得最多的是 20PYS$_{15}$ 型塑料喷头，喉管直径 15mm、喷嘴直径 5mm×2.5mm、压力 30m 时，射程为 15m。

现把两种常用喷头介绍如下：

图 2-6　20PYS$_{15}$ 塑料摇臂式喷头

## 二、20PYS$_{15}$ 塑料喷头

20PYS$_{15}$ 塑料喷头俗称 6 分喷头、3/4in 喷头，型号中 20 表示接口尺寸为 20mm，PY 表示摇臂喷头，S 表示塑料喷头，15 表示进口流道直径为 15mm，外形见图 2-6，30m 水压时射程为 15m，喷洒面积 1 亩，喷灌强度 2.76mm/h，规格性能见表 2-9。

表 2-9　　　　　　　　　20PYS$_{15}$ 塑料喷头规格性能表

| 接头型式 | 喷嘴直径 /mm | 工作压力 /kPa | 流量 /(m³·h⁻¹) | 射程 /m | 喷嘴颜色 |
|---|---|---|---|---|---|
| ZG3/4 外螺纹 | 4×2.5 | 200 | 1.12 | 12.0 | 黑色 |
| | | 300 | 1.41 | 14.0 | |
| | | 400 | 1.62 | 14.5 | |
| | 5×2.5 | 200 | 1.62 | 13.0 | 橘色 |
| | | 300 | 1.95 | 15.0 | |
| | | 400 | 2.25 | 16.5 | |
| | 6×2.5 | 200 | 2.01 | 13.5 | 红色 |
| | | 300 | 2.65 | 16.5 | |
| | | 400 | 3.10 | 17.5 | |

续表

| 接头型式 | 喷嘴直径<br>/mm | 工作压力<br>/kPa | 流量<br>/(m³·h⁻¹) | 射程<br>/m | 喷嘴颜色 |
|---|---|---|---|---|---|
| ZG3/4<br>外螺纹 | 7×2.5 | 200 | 2.88 | 14.0 | 绿色 |
| | | 300 | 3.40 | 17.0 | |
| | | 400 | 3.90 | 17.5 | |

注　本表数据由余姚市广绿喷灌设备公司提供。

### 三、30PYS₂₀塑料喷头

30PYS₂₀塑料喷头俗称 1in 喷头，外形见图 2-7，射程为 17.5～24.0m，流量为 2.9～7.3m³/h，其中代表性工作点为：喷嘴直径 7.0mm×3.0mm、水压 30m 时，流量为 4.0m³/h，射程为 19m，雨点覆盖面积近 1.7 亩，性能见表 2-10。

图 2-7　30PYS₂₀塑料摇臂式喷头

表 2-10　　　　　　　　　　30PYS₂₀塑料喷头性能表

| 型　　号 | 喷嘴直径<br>/mm | 工作压力<br>/kPa | 喷头流量<br>/(m³·h⁻¹) | 接管口径<br>/in | 射程<br>/m |
|---|---|---|---|---|---|
| PYS₂₀ | 6.5×3.0 | 300 | 3.16 | ZG1 | 18.5 |
| | | 350 | 3.41 | | 19.0 |
| | | 400 | 3.65 | | 19.5 |
| | 7.0×3.0 | 300 | 4.01 | ZG1 | 19.0 |
| | | 350 | 4.33 | | 19.5 |
| | | 400 | 4.63 | | 20.5 |
| | 7.5×3.5 | 300 | 4.22 | ZG1 | 19.5 |
| | | 350 | 4.56 | | 20.0 |
| | | 400 | 4.88 | | 21.0 |
| | 8.0×3.5 | 300 | 4.70 | ZG1 | 20.0 |
| | | 350 | 5.08 | | 21.0 |
| | | 400 | 5.43 | | 22.0 |

注　本表选自水利部农村水利司与中国灌溉排水发展中心合编的《节水灌溉工程实用手册》。

# 第四节　微　喷　头

常见的微喷头有旋转式、折射式、离心式三种，近几年新增了一种无遮挡式。

## 一、旋转式微喷头

旋转微喷头最常用,优点是射程远,一般为 2.5～4.5m,雨点较均匀,造价在各种微喷灌中最低,应用面积最大;缺点是水滴相对较大。旋转式微喷头分为悬挂式和地插式两种,悬挂式只适用于大棚内或有棚架的小区;地插式也有局限,即对田间操作有影响,只能因地制宜选用,性能参数见表 2－11 和表 2－12。

表 2－11　　　　　　　　　　　悬挂式旋转微喷头性能参数

| 编　号 | 1101－A | | 1102－A | | 1103－A | | 1104－A | | 1105－A | |
|---|---|---|---|---|---|---|---|---|---|---|
| 喷嘴颜色 | 黑色 | | 蓝色 | | 绿色 | | 红色 | | 黄色 | |
| 实物图 | | | | | | | | | | |
| 水压 /kPa | $d＝0.8$mm | | $d＝1.0$mm | | $d＝1.2$mm | | $d＝1.4$mm | | $d＝1.6$mm | |
| | 流量 /(L·h⁻¹) | 半径 /m | 流量 /(L·h⁻¹) | 半径 /m | 流量 /(L·h⁻¹) | 半径 /m | 流量 /(L·h⁻¹) | 半径 /m | 流量 /(L·h⁻¹) | 半径 /m |
| 150 | 23 | 3.0 | 37 | 3.2 | 54 | 3.7 | 72 | 3.9 | 97 | 4.0 |
| 200 | 27 | 3.0 | 44 | 3.5 | 64 | 4.0 | 86 | 4.3 | 115 | 4.3 |
| 250 | 30 | 3.0 | 50 | 3.7 | 74 | 4.2 | 98 | 4.5 | 130 | 4.5 |
| 300 | 34 | 3.0 | 57 | 4.0 | 82 | 4.4 | 110 | 4.7 | 145 | 4.8 |

注　1. 倒挂时喷头离地 1.8m,在室外无风条件下测试。为达到较理想的喷洒均匀度,建议在 200kPa 以上水压使用。

　　2. 数据由余姚市乐苗灌溉用具厂提供。

　　3. $d$ 为喷嘴直径,mm。

表 2－12　　　　　　　　　　　地插式旋转微喷头性能参数

| 编　号 | 1101－B | | 1102－B | | 1103－B | | 1104－B | | 1105－B | |
|---|---|---|---|---|---|---|---|---|---|---|
| 喷嘴颜色 | 黑色 | | 蓝色 | | 绿色 | | 红色 | | 黄色 | |
| 实物图 | | | | | | | | | | |
| 水压 /kPa | $d＝0.8$mm | | $d＝1.0$mm | | $d＝1.2$mm | | $d＝1.4$mm | | $d＝1.6$mm | |
| | 流量 /(L·h⁻¹) | 半径 /m | 流量 /(L·h⁻¹) | 半径 /m | 流量 /(L·h⁻¹) | 半径 /m | 流量 /(L·h⁻¹) | 半径 /m | 流量 /(L·h⁻¹) | 半径 /m |
| 150 | 23 | 2.4 | 37 | 2.8 | 54 | 2.8 | 72 | 3.0 | 98 | 3.2 |
| 200 | 27 | 2.5 | 44 | 3.0 | 64 | 3.0 | 86 | 3.2 | 115 | 3.4 |
| 250 | 30 | 2.6 | 50 | 3.1 | 74 | 3.2 | 98 | 3.4 | 130 | 3.7 |
| 300 | 34 | 2.8 | 56 | 3.2 | 82 | 3.4 | 110 | 3.5 | 145 | 3.8 |

注　1. 地插喷头离地 0.4m,在室外无风条件下测试。为达到较理想的喷洒均匀度,建议在 200kPa 以上水压使用。

　　2. $d$ 为喷嘴直径,mm。

## 二、折射式微喷头

折射式微喷头的优点是无转动件、可靠性好、使用寿命较长；缺点是射程较短，仅 1m 左右，最远的不超过 1.5m。性能参数见表 2-13。

表 2-13　　　　　　　　　　折射式微喷头性能参数

| 编号 | 1201 | | 1202 | | 1203 | | 1204 | | 1205 | |
|---|---|---|---|---|---|---|---|---|---|---|
| 喷嘴颜色 | 黑色 | | 蓝色 | | 绿色 | | 红色 | | 黄色 | |
| 实物图 | | | | | | | | | | |
| 水压/kPa | $d=0.8$mm | | $d=1.0$mm | | $d=1.2$mm | | $d=1.4$mm | | $d=1.6$mm | |
| | 流量/(L·h⁻¹) | 半径/m | 流量/(L·h⁻¹) | 半径/m | 流量/(L·h⁻¹) | 半径/m | 流量/(L·h⁻¹) | 半径/m | 流量/(L·h⁻¹) | 半径/m |
| | | 悬挂 地插 | | 悬挂 地插 | | 悬挂 地插 | | 悬挂 地插 | | 悬挂 地插 |
| 150 | 23 | 悬挂 1.0~1.1 / 地插 0.9~1.0 | 37 | 悬挂 1~1.2 / 地插 1~1.1 | 54 | 悬挂 1~1.3 / 地插 1~1.2 | 72 | 悬挂 1.2~1.3 / 地插 1~1.2 | 97 | 悬挂 1.2~1.4 / 地插 1.1~1.3 |
| 200 | 27 | | 44 | | 64 | | 86 | | 115 | |
| 250 | 30 | | 50 | | 74 | | 98 | | 130 | |
| 300 | 34 | | 56 | | 82 | | 110 | | 145 | |

注　1. 悬挂时喷头离地 1.8m，地插时喷头离地 0.4m，在室外无风条件下测试。为达到较理想的喷洒均匀度，建议在 200kPa 以上。
　　2. $d$ 为喷嘴直径，mm。

另有一种螺口式折射喷头，结构更简单，用螺纹连接到毛管上即可，性能见表 2-14。

表 2-14　　　　　　　　　　螺口式折射喷头性能

| M5 螺纹，$\phi$1.4 孔径 | | 水压/kPa | 150 | 200 | 250 | 300 |
|---|---|---|---|---|---|---|
| | | 流量/(L·h⁻¹) | 76 | 90 | 100 | 110 |
| | | 半径/m | 1.0~1.2 | | | |

还有一种简易雾化喷头，通过一个连接件可插在毛管上，使用很方便，但其喷洒面不是全圆，而是两个扇形，根系只能局部湿润，也可满足生长需要，其性能参数见表 2-15。

表 2-15　　　　　　　　　　简易雾化喷头性能

| 颜色：蓝色 | | 水压/kPa | 150 | 200 | 250 | 300 |
|---|---|---|---|---|---|---|
| | | 流量/(L·h⁻¹) | 40 | 47 | 53 | 55 |
| | | 半径/m | 1.0~1.1 | | | |

## 三、离心式微喷头

离心式微喷头又称为四出口或五出口的微喷头，性能参数见表 2-16。突出优点是水滴雾化性好，可悬浮在空中，下降缓慢，特别适用于畜禽养殖场降温、消毒；缺点是射程仅 1m 左右，布置密度高，300~400 个/亩，故造价较高。

表 2-16　　　　　　　　　　四出口雾化喷头性能参数

| 嘴径 1.0mm，黑色 | | 水压/kPa | 250 | 300 | 350 | 400 |
|---|---|---|---|---|---|---|
| | | 流量/(L·h⁻¹) | 32 | 35 | 38 | 40 |
| | | 半径/m | 0.9～1.0 | | | |
| 嘴径 0.8mm，灰色 | | 水压/kPa | 250 | 300 | 350 | 400 |
| | | 流量/(L·h⁻¹) | 24 | 27 | 28 | 30 |
| | | 半径/m | 0.9～1.0 | | | |

注　半径是在和喷嘴同一平面上测试的值。

### 四、无遮挡式微喷头

无遮挡式微喷头是近年针对上述微喷头存在"滴水"这一弊病开发的新产品，优点是消除了滴水这个"顽症"，给工厂化育苗带来了福音，特别适用于水稻育秧，避免了喷头下因连续滴水引起的烂秧。缺点是流量较大，大部分在 100～200L/h。流量最小的一种性能参数见表 2-17。

表 2-17　　　　　　　　　　无遮挡式微喷头性能参数

| 悬挂式 FJW3003-1 | | | | | | |
|---|---|---|---|---|---|---|
| 地插式 FJW3003-2 | | | | | | |
| 喷嘴颜色 | 白色 | 黄色 | 粉色 | 绿色 | 蓝色 | 红色 |
| 嘴径 | 0.8mm | 1.0mm | 1.2mm | 1.4mm | 1.6mm | 1.8mm |
| 水压/kPa | 150/200 /250/300 | 150/200 /250/300 | 150/200 /250/300 | 150/200 /250/300 | 150/200 /250/300 | 150/200 /250/300 |
| 流量/(L·h⁻¹) | 26/29/30/36 | 38/44/49/59 | 40/48/54/63 | 60/72/80/90 | 70/84/90/105 | 90/114/129/147 |
| 倒挂射程/m | 2.5/2.7 /2.9/3.2 | 2.5/2.7 /2.9/3.2 | 2.6/2.8 /3.0/3.3 | 2.6/2.8 /3.0/3.3 | 2.8/3.0 /3.2/3.5 | 2.8/3.0 /3.2/3.5 |
| 地插射程/m | 1.5 | 1.5 | 1.6 | 1.6 | 1.8 | 1.8 |

注　倒挂射程是以喷嘴离地 2m 所测。地插射程是以喷嘴离地 0.5m 所测。

## 第五节　微　喷　水　带

微喷水带外形见图 2-8，有多种规格，性能参数见表 2-18。价格为 0.35～1.2 元/m，每亩用带 150～600m，投资 200～500 元/亩，水带平均寿命 2～3 年，最长的已用到 8 年。

图 2-8　微喷水带

表 2-18　　　　　　　　　　　微喷水带性能参数

| 规　格 | | 内径/mm | 壁厚/mm | 孔距/mm | 孔径/mm | 最大使用长度/m | 水压5m时流量/(L·h⁻¹·m⁻¹) | 重量/(g·m⁻¹) |
|---|---|---|---|---|---|---|---|---|
| 微喷水带 | N35 异二孔 | 22 | 0.17 | 200 | 0.8 | 20 | 50 | 12 |
| | N45 异二孔 | 29 | 0.19 | 200 | 0.8 | 40 | 50 | 17 |
| | N50 斜五孔 | 32 | 0.22 | 330 | 0.8 | 35 | 75 | 22 |
| | N65 斜五孔 | 41 | 0.25 | 330 | 0.8 | 50 | 75 | 30 |
| 主管带 N80 | | 50 | 0.40 | — | — | — | — | 64 |

注　1. 本表由金华雨润喷灌设备公司提供。

　　2. 表中所称滴灌带，实际上是膜下喷水带。

为了保证微喷的灌水均匀，每根水带从进水口至末端出水小孔的流量偏差应控制在15%以内，流量偏差达到15%时能够使用的水带长度称为最大使用长度。表 2-18 为理论计算的结果。笔者的实践经验如下：

（1）N45 带为 10 孔/m，孔径 0.8mm，水压 10m 时，最大使用长度 50m，喷洒宽度 1.5m。

（2）N45 带为 3 孔/m，孔径 0.8mm，水压 10m 时，最大使用长度 200m，喷洒宽度 0.8～1.0m。

（3）N65 带为 20 孔/m，孔径 0.8mm，水压 20m 时，最大使用长度 140m，喷洒宽度 4～5m。

# 第六节　滴　灌　管（带）

常用的滴灌管（带）有内镶式滴灌管（带）、迷宫式滴灌带、压力补偿滴灌带和流量可调式滴头。

## 一、内镶式滴灌管（带）

内镶式滴灌带是把滴头与毛管制成一个整体，即把滴头镶嵌在毛管内壁上。滴头有片式和管式两种，设计很科学，壁厚不大于 0.4mm 的称为滴灌带，大于 0.4mm 的称为滴灌管，见图 2-9。

(a) 滴灌带                    (b) 滴灌管

图 2-9　内镶式滴灌管（带）

1. 优点

性价比高，且安装方便。价格比同样壁厚的毛管仅加 0.05 元/m 左右的滴头成本，目前应用最广泛。价格与管壁厚度成正比，如口径 16mm 的滴灌管（带），不同壁厚价格有 0.25～1.05 元/m 不等。但寿命不是越厚越长，在目前水质没有严格过滤的情况下，滴灌管选壁厚 0.6mm 比较经济。

2. 缺点

使用寿命受水质影响大。从管材的力学特性而言应该是壁越厚寿命越长，但在实际使用中影响滴灌管寿命的并不是管材的破损，而是滴头的堵塞。堵塞问题是滴灌管的"致命伤"，不论管壁厚薄，只要其滴头结构是相同的，堵塞的概率也是相等的，并且早在管壁破损以前就会堵塞，厚壁的优势远远没有发挥。所以提倡用薄壁管，价格可以便宜 40％ 左右，而使用寿命并不短，性能见表 6-19 和表 6-20。

表 2-19　　　　　　　　　　　　　　　内镶式滴灌管规格性能

| 管径 /mm | 壁厚 /mm | 滴头间距 /m | 最大工作压力 /m | 流量 /(L·h$^{-1}$) |
| --- | --- | --- | --- | --- |
| 16 | 0.5 |  | 14 | 1.2、1.75、2.75 |
| 16 | 0.63 | 0.3～1.5 | 20 | 1.2、1.75、2.75 |
| 16 | 0.9 |  | 35 | 1.2、2.00、3.00 |
| 20 | 0.9 |  | 30 | 1.2、2.00、3.00 |

表 2-20　　　　　　　　　　　　　　　内镶式滴灌带规格性能

| 公称外径 | 壁厚 /mm | 滴头间距 /m | 额定流量 /(L·h$^{-1}$) | 工作压力 /m |
| --- | --- | --- | --- | --- |
| 12、16、20 | 0.20、0.30、0.40、 0.50、0.60 | 0.1～1.5 | 0.8、1.3、2.0、 3.0、3.5 | 6～12 |

注　1. 执行标准 GB/T 19812.3—2008《塑料节水灌溉器材　内镶式滴灌管、带》。

　　2. 滴头间距可由用户选定，滴头流量由供需双方商定。

以余姚易美园艺设备有限公司滴灌带为例，其具有以下优势：

（1）流道指数小于 0.4。滴头流道采用优化设计，水流趋于全素流状态，加大流道截面，加长流道，增大过滤窗总面积。流道深度不小于它的最小宽度。经严格检测，流态指数小于 0.4，使普通滴头具有一定压力补偿式性能，在市场已有滴头中较为少见。

（2）抗堵塞能力强。流道采用特殊的结构设计，使水流在流道内处于涡流状态，有较强的微粒携带能力，实现了较好的抗压力扰动性能和抗堵塞性能。

（3）制造偏差小。凭借先进的模具工艺优势，通过原材料的把控和生产工艺的优化，流量偏差系数即制造偏差达到不大于 0.05。

## 二、迷宫式滴灌带

迷宫式滴灌带出水流道呈迷宫状，壁厚仅 0.18mm，毛管与流道、滴孔一次成型，外形见图 2-10。这是我国具有知识产权的创新成果，与地膜结合形成的棉花膜下滴灌已在新疆及西北地区应用数千万亩。

图 2-10 迷宫式滴灌带

### 1. 优点

（1）成本低，带子价格 0.20 元/m 左右，移动式滴灌系统每亩 200 元以下，包括固定的干管、支管、水泵，每亩造价 500 元左右。

（2）有较宽的迷宫流道，且有多个进水口，具有很好的防堵能力，性能参数见表 2-21。

表 2-21 迷宫式滴灌带主要参数

| 规 格 | 内径/mm | 壁厚/mm | 孔距/mm | 公称流量/(L·h⁻¹) | 平均流量/(L·h⁻¹) | 铺设长度/m |
|---|---|---|---|---|---|---|
| 200 - 2.5 | 16 | 0.18 | 200 | 2.5 | 2.0 | 87 |
| 300 - 1.8 | | | | 1.8 | 1.4 | 124 |
| 300 - 2.1 | | | | 2.1 | 1.6 | 116 |
| 300 - 2.4 | 16 | 0.18 | 300 | 2.4 | 1.9 | 107 |
| 300 - 2.6 | | | | 2.6 | 2.1 | 102 |
| 300 - 2.8 | | | | 2.8 | 2.3 | 96 |
| 300 - 3.2 | | | | 3.2 | 2.7 | 85 |
| 400 - 1.8 | 16 | 0.18 | 400 | 1.8 | 1.4 | 154 |
| 400 - 2.5 | | | | 2.5 | 2.0 | 130 |

注 1. 本表选自黄河水利出版社出版的《微灌工程技术》（水利部农村水利司、中国灌溉排水发展中心组编）。
  2. 此表为进口压力 10m，坡度为 0°时的工作参数。

### 2. 缺点

迷宫式滴灌带是一次性产品，寿命短，回收困难，由此引起的土壤污染成为推广这个廉价产品的瓶颈。

## 三、压力补偿滴灌管

将特殊设计（流道内有弹性胶片，使过水断面与水压成反比）的压力补偿式滴头熔贴在毛管内壁，或镶嵌于毛管外，组成稳流效果的滴灌管，能按照管内压力变化自动调节滴头流量大小，规格参数见表 2-22。

### 1. 优点

在水压变化 10～30m 范围内，各个滴头出口流量基本均匀，适宜在山区坡地使用，

第二章 喷滴灌常用材料及设备

也可以增加平原滴灌管的铺设长度。

表 2-22　　　　　　　　　　　压力补偿式滴灌管

| 型式 | 公称外径/mm | 壁厚/mm | 滴头间距/m | 额定流量/(L·h⁻¹) | 压力/m | 铺设长度/m |
|---|---|---|---|---|---|---|
| 内镶 | 12 | 0.4 | 0.1~1.5 | 3.0 | 6~45 | 60~450 |
|  | 16 | 0.5 |  |  |  |  |
|  | 20 | 0.6 |  | 3.5 |  |  |
| 管上 | 12 | 0.4 | 0.1~1.5 | 4.0 | 6~45 | 60~450 |
|  | 16 | 0.5 |  | 6.0 |  |  |
|  | 20 | 0.6 |  | 8.0 |  |  |

注　1. 执行标准 GB/T 19812.2—2005《塑料节水灌溉器材　压力补偿式滴头及滴灌管》。
　　2. 滴头间距可由用户任选，滴头流量可由供需双方商定。
　　3. 铺设长度根据进口水压与水压损失确定。

2. 缺点

成本较高。单价在 1 元/m 以上，提高了单位面积布设滴灌管的成本。当然滴灌管铺设长度加长，可使支管密度降低、用量减少，可抵偿部分滴灌管成本的提高，关键看对水肥均匀性的要求。

补偿式滴头见图 2-11。

图 2-11　补偿式滴头

## 四、流量可调式滴头

滴头从外面插到毛管上，拧动滴头外壳可调节间隙，即调节流量。理论上看很完美，但实践中发现不理想。

1. 优点

流量大小可根据需要调节，发生堵塞时可调大间隙把杂质冲走，调整间隙可把滴灌转变成微喷灌或小管出流。

2. 缺点

成本高且调节麻烦。每亩数千个滴头，材料成本加安装费用之和是内镶式滴灌管的 2~3 倍；更大的问题是一个灌溉单元有数万个滴头，逐个调节流量劳力成本很高，且流量很难准确调节，所以农民不是很欢迎。

# 第七节　过　滤　器

## 一、过滤网箱

过滤网箱是在水泵进水口外面设置一个大容积的网箱，把水中95％以上的漂浮物、悬

30

浮物等杂质拦截在水泵外面，从而大大减轻常规过滤器的负荷，减少反冲、清污的工作量，延长过滤器的寿命。

市场尚无现成产品，需要安装时就地制作，设计参数见表 2-23 和表 2-24。

表 2-23　　　　　　　　　　　　　过 滤 网 面 积

| 序号 | 水泵口径 /mm | 水泵流量 /(m³·h⁻¹) | 滤网面积 /m² | 圆　形 | | 方　形 | |
|---|---|---|---|---|---|---|---|
| | | | | 网箱尺寸/m | | | |
| | | | | 直径 | 高 | 边长 | 高 |
| 1 | 25 | 5 | 0.6 | 0.5 | 0.5 | 0.4 | 0.5 |
| 2 | 32 | 9 | 1.0 | 0.6 | 0.6 | 0.5 | 0.6 |
| 3 | 40 | 14 | 1.6 | 0.8 | 0.8 | 0.6 | 0.8 |
| 4 | 50 | 20 | 2.4 | 0.9 | 0.9 | 0.7 | 0.9 |
| 5 | 65 | 36 | 4.0 | 1.2 | 1.2 | 1.0 | 1.2 |
| 6 | 80 | 54 | 6.0 | 1.5 | 1.5 | 1.5 | 1.5 |

注　1. 滤网面积是网箱四周的面积，制作时还应加上顶面和底面的面积，网布 6 面全封闭。

　　2. 网箱形状可以是圆柱形或方形。

表 2-24　　　　　　　　　　　　　过 滤 网 密 度

| 种　类 | 灌水器孔径 /mm | 要求孔径 /μm | 选择目数 /目 | 相应孔径 /mm |
|---|---|---|---|---|
| 微灌 | 0.5 | 83 | 200 | 0.074 |
| | 0.6 | 100 | 150 | 0.105 |
| | 0.7 | 117 | 120 | 0.125 |
| | 0.8 | 133 | 120 | 0.125 |
| | 1.0 | 167 | 100 | 0.152 |
| | 2.0 | 333 | 40 | 0.420 |
| 喷灌 | 4.0 | 667 | 20 | 0.711 |
| | 5.0 | 883 | 20 | 0.711 |
| | 6.0 | 1000 | 15 | 0.889 |

注　1. 网箱框架可以用 $\phi$10~16 钢筋焊接，也可用 D15~25mm 钢管连接。

　　2. 网箱应固定悬在水中，网底离地 0.5~1.0m，防止污泥吸入泵内。

## 二、叠片式和网式过滤器

叠片式过滤器体积小，过滤精度高，在喷滴灌系统中广泛应用。还有一种网式过滤器，两种滤器外形相同，只有滤芯不同，两者相比叠片式可靠性更好，后者逐渐少用，两种过滤器的性能见表 2-25。某系列过滤器的水力损失见表 2-26，笔者在设计时一般取 3m。

表 2-25                                         叠片式和网式过滤器性能

| 螺口尺寸<br>/in | 过滤精度<br>/目 | 最大流量<br>/(m³·h⁻¹) | 过滤器外形 | 滤芯外形 | |
| --- | --- | --- | --- | --- | --- |
| | | | | 片式 | 网式 |
| 3/4 | 80～150 | 3 | | | |
| 1 | 120～150 | 5 | | | |
| 1¼ | 120 | 8 | | | |
| 1½ | 120 | 12 | | | |
| 2 | 120 | 15 | | | |
| 3 | 120 | 30 | | | |
| 4 | 120 | 60 | | | |

**注** 表中数据由余姚市乐苗灌溉用具厂提供。

表 2-26                                过滤器水力损失参考值（150 目）

| 1in 过滤器 | | 2in 过滤器 | |
| --- | --- | --- | --- |
| 流量<br>/(m³·h⁻¹) | 水力损失<br>/m | 流量<br>/(m³·h⁻¹) | 水力损失<br>/m |
| 0.5 | 0.13 | 5 | 0.25 |
| 1 | 0.38 | 10 | 0.86 |
| 2 | 1.13 | 15 | 1.83 |
| 4 | 2.20 | 20 | 3.05 |
| 6 | 5.00 | 26 | 4.6 |

**注** 本表选自水利部农水司、中国灌排发展中心组编的《微灌工程技术》。

以宁波格莱克林流体设备有限公司叠片式过滤器（图 2-12）为例，全自动叠片过滤器由过滤部分和控制器部分组成，当过滤系统拦截到一定杂质后，控制器会给每个过滤单元所配套的电磁头一个信号，使过滤系统的两位三通阀进行进出水方向的切换，以自动实现整个过滤系统的反冲洗，把过滤器内部拦截的杂质通过提排污管道排走。控制器通过时间、压差等控制过滤系统的反冲洗，因此可以 24 小时不间断工作，不需要人工经常拆开清洗。

叠片过滤器的性能及特点如下：

（1）由尼龙加玻璃纤维注塑而成，有很强的抗腐蚀、抗紫外线、抗老化、耐磨和耐承压（测试压力 23～25kg）性能。

（2）过滤效果好。可以拦截各种杂质，如泥沙，大的微生物、漂浮物等。所有叠片过滤器精度以上颗粒物的拦截率为 95% 以上。

（3）适应能力强。适应多种水源的过滤，如地表水、黄河水、湖水等。

图2-12 叠片式过滤器

（4）精确过滤。有50$\mu$m、100$\mu$m、130$\mu$m、200$\mu$m等。

（5）水头损失小，正常过滤的压力损失为1～5m。

（6）便于实现反冲洗，反冲洗效率高，耗水率在0.5％以下。

（7）使用寿命长。在正常的工况下使用寿命可以达到10年左右，而且整个产品里面没有易损件，但随着使用年限延长叠片的过滤数度会更高。

（8）应用范围广。可以应用到工业水处理、市政水处理、农业灌溉、废水污水处理及应急情况过滤等领域。

### 三、离心式过滤器

离心式过滤器又称为旋流水砂分离器，是利用旋流和离心力使水与砂粒分离，泥沙在重力作用下沉淀排出，而清洁水上升进入灌溉系统。优点是分离水砂效果很好，能够分离的砂粒数量相当于200目网式过滤器清除量的98％，但对比重小于水的颗粒不能清除，一般作为过滤系统的第一级处理设备，技术参数见表2-27。实践中常与叠片式过滤器组合使用，各取所长、效果完美，外形见图2-13。

### 四、砂过滤器

图2-13 离心式—叠片式
过滤器组合

砂过滤器，简称砂滤，是最传统的过滤方法。其纳污容量大，过滤效果好，自来水厂大都用砂滤作为第一级过滤就是最好的例证。当然由于体积大，用钢材多，价格相对其他过滤器高，所以只有水源杂质多、浊度高的情况下选用，技术参数见表2-28。

表 2-27 离心式过滤器技术参数

| 型 号 | LX-50 | LX-80 | LX-100 | LX-125 |
|---|---|---|---|---|
| 规格 | 50 (2) | 80 (3) | 100 (4) | 150 (5) |
| 连接方式 | 螺纹 | 螺纹 | 法兰 | 法兰 |
| 流量/(m³·h⁻¹) | 5～20 | 10～40 | 30～70 | 60～120 |
| 质量/kg | 21 | 51 | 90 | 180 |

注 1. 本表选自水利部农水司、中国灌排发展中心组编的《微灌工程技术》。
　　2. 规格中括号外的单位为 mm，括号内的单位为 in。

表 2-28 砂过滤器技术参数

| 型 号 | SS-50 | SS-80 | SS-100 | SS-150 |
|---|---|---|---|---|
| 规格 | 50 (2) | 80 (3) | 100 (4) | 150 (6) |
| 连接方式 | 螺纹 | 法兰 | 法兰 | 法兰 |
| 流量/(m³·h⁻¹) | 5～17 | 10～35 | 30～70 | 50～100 |
| 质量/kg | 120 | 250 | 480 | 780 |

注 1. 本表选自水利部农水司、中国灌排发展中心组编的《微灌工程技术》。
　　2. 规格中括号外的单位为 mm，括号内的单位为 in。

# 第八节 施 肥 (药) 器

利用喷滴灌设备施肥、施药，实现水、肥、药一体化，这是现代农业的要求。在多雨的南方，施肥的次数往往还多于灌水。对于施肥（药）器，不能迷信几万元、甚至十几万元一套的复杂设备。人体是世间"最精密的机器"，但输液设备仅 0.8 元/套，是靠 1.5m 的自然落差把各种药液、营养液输入体内，这是典型的"水、肥（营养）、药一体化重力式滴灌"。所以对施肥（药）器应该正本清源、解放思想，下面介绍 3 种简单的方法。

## 一、负压吸入法

即利用水泵进水管的负压吸入肥（药）液，简称"泵吸"。只需在进水管上打 1 个小孔，焊上口径 10mm 的接头，接上球阀、塑料软管，在软管进口处配上过滤网罩，放入搅拌好的溶液桶内即可。药桶和软管设备配 2 套，在出水管上也同样打孔接软管为另一侧桶加水，以轮流搅拌、连续供药，成本不足百元，凡是用水泵加压的喷滴灌系统都可以用这种方式。图 2-14 是这种装置的示意图。这是创造学上"简单的往往是先进的"理念的范例，《美国灌溉手册》中也推荐这种水泵负压吸入法，并有类似的示意图。

在浙江省台州市的机电设备市场上，出售微喷灌专用的汽油机一体化水泵，其进水管上都已为农民打好小孔，并配有加肥的接口、塑料软管、球阀等，作为水泵附件，使用非常方便。口径 50mm、配 3kW 电机，整套水泵机组的价格不超过 500 元，有了这样的简约设备，就不必购置昂贵的肥（药）器了。

在小面积的单元，还有更简单的方法：塑料软管用虹吸原理吸出药液，把软管的一端放在药液桶内，另一端放入小水泵进水管口，药液随水进入水泵，这是农民的创造，简单至极！

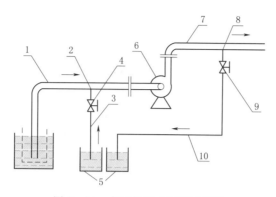

图 2-14　水泵负压式加药示意图

1—进水管；2—吸液接口；3—吸液管；4—吸液球阀；5—溶液桶；6—水泵；

7—出水管；8—加水出口；9—加水球阀；10—加水管

## 二、文丘里施肥器

当不用水泵、没有进水管负压可利用时，可以用文丘里施肥器。其原理是文丘里管内有一个水射喷嘴，口径很小，射出的水流速度很高，根据流体力学的特性，高速流体附近会产生低压区，正是利用这个低压吸入肥（药）液。文丘里施肥器见图 2-15。

### 1. 优点

构造简单，使用方便，造价低廉，整套设备的单价约 50～100 元。同时，肥液和干管内水量比例稳定。

### 2. 缺点

文丘里施肥器直接装在干管道上，利用控制阀两边的压力差使文丘里管内产生高速水流，此时阀产生的水力损失达 7～14m，故只适合小管道、小流量。在干管不小于 63mm 时应该将其与主管道并联安装（图 2-16），用微型水泵加压。

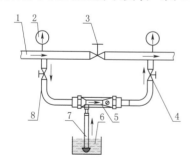

图 2-15　文丘里施肥器

1—主管；2—压力表；3—调节阀；4—支管阀；

5—施肥器；6—液桶；7—吸肥管；8—支管阀

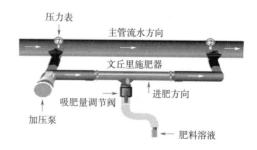

图 2-16　并联安装的文丘里施肥器

文丘里施肥器规格有 20mm、25mm、32mm、50mm、63mm 5 种。

## 三、注肥泵

注肥泵是用微型水泵把肥（药）液注入喷滴灌系统内，流量可以按需要调节，并且有显示和记录功能，外形见图2-17。

目前注肥泵成本相对较高，其可靠性尚待在应用中检验。

图2-17 注肥泵

# 第 九 节 　 手 机 控 制 系 统

本节以余姚富金园艺灌溉设备有限公司智能灌溉手机控制系统为例，介绍其组成及功能。

## 一、智能系统

智能系统为有线控制，在没有因特网的条件下，利用局域网络操作。适用于人烟稀少、尚无因特网覆盖的灌区，如边缘山区、沙漠或新围垦的海涂，大田或大棚均可，只要有电源就可应用。缺点是一旦线路损坏，修理复杂。150亩的灌区，若用20~30个电磁阀，造价为600~800元/亩。示意见图2-18。

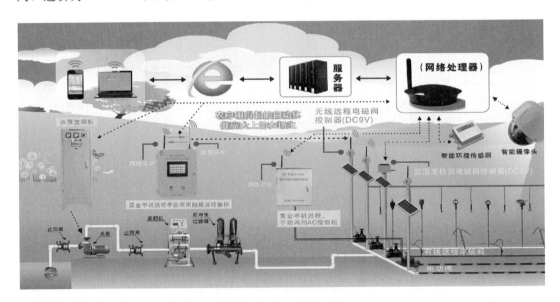

图2-18 智能系统示意图

## 二、易控系统

易控系统为无线控制，安装简便、操作简单、成本更低，配套摄像头可以实现远程可视化。适用于有因特网的灌区，局限性是有时信号不稳定。150亩的灌区，若用20～30个电磁阀，造价为500～600元/亩。易控系统示意见图2-19。

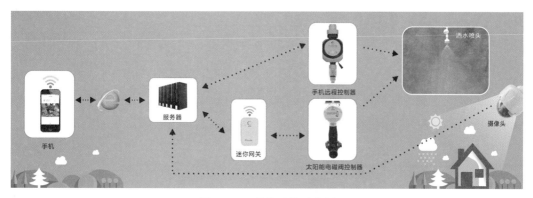

图2-19　易控系统示意图

## 三、云联系统

云联系统也是无线控制，不需要WIFI网络，不需要电源线和数据线。它是借助中国移动、电信、联通等通信基站，信号更稳定，只要有手机信号的地方就可以用，没有电源的地方也可以用。较前面两个系统，省去了"控制盒"，结构很简单，性能更完美，造价更低，为400～500元/亩。云联系统示意见图2-20。

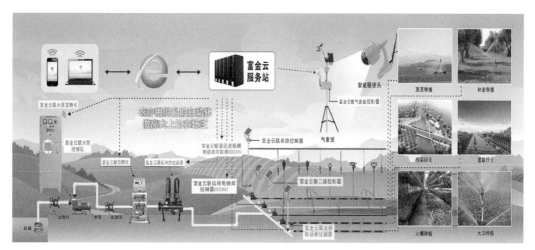

图2-20　云联系统示意图

# 第十节　电磁流量计

为了计算喷滴灌工程的节水量、分析作物需水量，从而指导科学灌溉，计量农业灌溉即使不收水费也必须装设水表，以真实记录灌溉水量。在各种流量计中电磁流量计技术比较成熟，其优点是仪表内没有转动的叶轮，从而避免水草缠绕；表头可以显示流量的瞬时值和累计值；可以储存并远程传输，适合信息化管理。高效节水灌溉工程"PPP项目"的实施，也需要计量可靠且具有自动记录功能的电磁流量计，见图2-21。

（a）法兰一体式ZB智能转换器　　　（b）法兰分体式ZB智能转换器

图2-21　电磁流量计

以余姚市银环流量仪表有限公司电磁流量计为例，产品有如下特点：

（1）产品口径覆盖范围广，最小口径为10mm，最大口径为2200mm。

（2）仪表制造精度高，管径为DN10～600mm的，精度达到0.2级。

（3）流体下限流速低，一般达到0.3m/s，部分可达0.15m/s。

（4）有低功耗电池供电型产品，适合无大电网供电的场地。

（5）可提供两线制4～20mA电信号远传输出的产品，也可提供带GPRS无线传输功能产品。两者均可用于多台仪表组网运行，实现流量数据的远程实时显示，便于监视和储存。

（6）转换器瞬时流量显示的稳定时间短，可少至2～3s。

# 第十一节　电　磁　阀

以宁波耀峰液压电器有限公司IrriRich牌电磁阀为例，其产品特点如下：

（1）水力损失低。同是2in阀，流量为30m³/h时，国内一般产品的水力损失为12.8m，美国Hunter的水力损失为8.7m，以色列Bermad的水力损失为6.5m，耀峰IrriRich的水力损失为2.9m，以色列Dorot的水力损失为2.8m。

（2）功耗低。如电磁铁工作电流0.13A，而常规美国系列为0.23A。

（3）功能多。兼有减压阀、持压阀、泄压阀等功能，比美国系列阀门多。

（4）可选用电压等级广。有12V、24V、110V、220V等电压等级，且交流、直流均可。

# 第三章
# 喷滴灌工程造价

为使造价有可比性，必须界定计价的范围。本书工程造价从水泵开始，水源和电源不包括在内。由于喷滴灌工程施工由业主直接管理，故间接费用中仅保留设计费和监理费两项。

## 第一节 管材和管道附件

管材成本占喷滴灌工程造价的 50% 以上，所以应明确其成本构成，才能尽量降低成本。

### 一、PE 管材

塑料管材定价与钢材类似，即按重量计算，PE 管材价格很透明，中国塑料协会每月向社会提供参考价，即

$$出厂价＝PE 原料＋加工费$$

其中，加工费为 4700 元/t，如 PE 原料为 11000 元/t，则管材价格为 15700 元/t。PE 管出厂价大致为：2000 年 12 元/kg，至 2008 年较高时为 20 元/kg，2011 年以来政府采购招标价基本稳定在 14.0～15.7 元/kg，2017 年略高，1—6 月一直在 16 元/kg。

常用 PE 原料有 80 级和 100 级两种，后者刚性高，同样尺寸的管材，100 级比 80 级高一个承压等级，换言之，同样压力等级的管子，100 级管材的壁厚和价格都低 20%。但 100 级原料的价格相差不大，有时比 80 级高 200～300 元/t，有时相同，有时还"倒挂"。计算时查到每米管材的重量和每千克管材的价格，如 0.6MPa、DN63 管，重量 0.58kg/m，价格为 16 元/kg 或 9.28 元/m。0.6MPa PE 管的价格见表 3-1。

### 二、钢管

喷灌工程一般用焊接热镀锌钢管，防锈性能更好，价格按重量计，如天津利达管 2017 年上半年厂家直销价为 3850 元/t，计入 10% 采购成本为 4300 元/t，即 4.3 元/kg，如 D50（俗称 2in）管重 4.88kg/m，单价为 21 元/m。常用规格及价格见表 3-2。

表 3 - 1                 PE80 级、PE100 级价格比较表

| 外径 /mm | PE80 级（0.6MPa） | | | PE100 级（0.6MPa） | | |
|---|---|---|---|---|---|---|
| | 壁厚 /mm | 重量 /(kg·m⁻¹) | 价格 /(元·m⁻¹) | 壁厚 /mm | 重量 /(kg·m⁻¹) | 价格 /(元·m⁻¹) |
| 25 | 2.0 | 0.15 | 2.4 | | | |
| 32 | 2.0 | 0.20 | 3.2 | | | |
| 40 | 2.0 | 0.25 | 4.0 | | | |
| 50 | 2.0 | 0.32 | 5.1 | | | |
| 63 | 3.0 | 0.58 | 9.3 | 2.4 | 0.47 | 7.52 |
| 75 | 3.6 | 0.82 | 13.1 | 2.9 | 0.66 | 10.6 |
| 90 | 4.3 | 1.2 | 19.2 | 3.5 | 0.96 | 15.4 |
| 110 | 5.3 | 1.8 | 28.8 | 4.2 | 1.5 | 24.0 |
| 125 | 6.0 | 2.3 | 36.8 | 4.8 | 2.0 | 32.0 |

注   价格按 2016 年市场价格 16 元/kg 计。

表 3 - 2                 普通钢管规格及价格表

| 序号 | 公称直径 /mm | 外径 /mm | 壁厚 /mm | 理论重量 /(kg·m⁻¹) | 参考价格 /(元·m⁻¹) |
|---|---|---|---|---|---|
| 1 | 20 | 26.8 | 2.75 | 1.63 | 7.0 |
| 2 | 25 | 33.5 | 3.25 | 2.42 | 10.4 |
| 3 | 32 | 42.3 | 3.25 | 3.13 | 13.5 |
| 4 | 40 | 48.0 | 3.50 | 3.84 | 16.5 |
| 5 | 50 | 60.0 | 3.50 | 4.88 | 21.0 |
| 6 | 65 | 75.5 | 3.75 | 6.64 | 28.6 |
| 7 | 80 | 88.5 | 4.00 | 8.34 | 35.9 |
| 8 | 100 | 114.0 | 4.00 | 10.85 | 46.7 |
| 9 | 125 | 140.0 | 4.50 | 15.04 | 64.7 |
| 10 | 150 | 165.0 | 4.50 | 17.81 | 76.6 |

注   价格按 2016 年市场价格 16 元/kg 计。

## 三、管道附件

    管道附件有弯头、三通、变径接头等 100 余种规格，PE 管附件价格见表 3 - 3。逐个计算造价比较费时间，一般沿用计算给水工程造价的思路，以管道材料的 20%～25% 估算，但喷滴灌工程的附件密度比自来水工程低得多，导致这部分造价偏高。笔者提倡初学设计者按照附件逐个计算 3～5 个项目，待有了经验积累后即能得出客观的比例，就可以合理估算。笔者综合多个项目计算的结果，塑料管道附件金额仅占管道材料的 3%～5%，考虑到管道附件品种繁多，而采购成本相对较高，造价以 10% 估算是保守的。

表 3－3　　　　　　　　　　　承插式（PE）管附件价格表

| 名称 | 规格/mm | 单价/(元·个<sup></sup>) | 名称 | 规格/mm | 单价 | 名称 | 规格/mm | 单价 | 名称 | 规格/mm | 单价 |
|---|---|---|---|---|---|---|---|---|---|---|---|
| 90°弯头 | 20 | 0.40 | 管套 | 20 | 0.22 | 异径管套 | 25×20 | 0.29 | 异径三通 | 25×20 | 0.66 |
| | 25 | 0.67 | | 25 | 0.36 | | 32×20 | 0.48 | | 32×20 | 1.13 |
| | 32 | 0.95 | | 32 | 0.60 | | 32×25 | 0.49 | | 32×25 | 1.22 |
| | 40 | 1.50 | | 40 | 0.87 | | 40×20 | 0.70 | | 40×20 | 1.31 |
| | 50 | 2.79 | | 50 | 1.29 | | 40×25 | 0.78 | | 40×25 | 1.46 |
| | 63 | 4.73 | | 63 | 2.30 | | 40×32 | 0.88 | | 40×32 | 1.76 |
| | 75 | 7.43 | | 75 | 3.81 | | 50×20 | 1.00 | | 50×20 | 2.06 |
| | 90 | 13.50 | | 90 | 6.00 | | 50×25 | 1.03 | | 50×25 | 2.19 |
| | 110 | 17.97 | | 110 | 10.37 | | 50×32 | 1.09 | | 50×32 | 2.39 |
| 正三通 | 20 | 0.44 | 管帽 | 20 | 0.23 | | 50×40 | 1.24 | | 50×40 | 2.79 |
| | 25 | 0.74 | | 25 | 0.32 | | 63×20 | 1.01 | | 63×20 | 3.56 |
| | 32 | 1.23 | | 32 | 0.39 | | 63×25 | 1.75 | | 63×25 | 3.61 |
| | 40 | 2.10 | | 40 | 0.63 | | 63×32 | 1.86 | | 63×32 | 3.99 |
| | 50 | 3.23 | | 50 | 1.17 | | 63×40 | 1.93 | | 63×40 | 4.40 |
| | 63 | 5.96 | | 63 | 2.30 | | 63×50 | 1.96 | | 63×50 | 5.10 |
| | 75 | 8.89 | | 75 | 3.52 | | 75×50 | 4.13 | | 75×32 | 7.49 |
| | 90 | 13.87 | | 90 | 8.60 | | 75×63 | 4.22 | | 75×40 | 7.60 |
| | 110 | 24.60 | | 110 | 10.94 | | 90×40 | 6.25 | | 75×50 | 7.74 |
| 90°弯头 | 20 | 0.34 | | | | | 90×50 | 6.57 | | 75×63 | 9.12 |
| | 25 | 0.52 | | | | | 90×63 | 6.65 | | 90×50 | 13.68 |
| | 32 | 0.82 | | | | | 90×75 | 6.67 | | 90×63 | 13.87 |
| | 40 | 1.51 | | | | | 110×50 | 9.35 | | 90×75 | 14.47 |
| | 50 | 2.78 | | | | | 110×63 | 9.56 | | 110×40 | 21.85 |
| | 63 | 4.73 | | | | | 110×75 | 9.58 | | 110×50 | 22.06 |
| | 75 | 6.94 | | | | | 110×90 | 9.63 | | 110×63 | 22.23 |
| | 90 | 12.92 | | | | | | | | | | |
| | 110 | 17.29 | | | | | | | | | | |

注　表中数据为 2015 年宁波市场调查所得。

# 第二节　水　泵　机　组

目前水泵和电机都是整体组装，故称机组，价格上也是以"组"为单位。2010 年以来，制造企业的劳力成本提高，但钢材等材料成本降低，故机电产品价格大致稳定。

## 一、普通离心泵

这里是指水泵与电机一体化的 ISW 型泵，其在各类水泵中低扬程优势明显，性价比最高。从实践中得出规律，水泵机组价格与机组的重量成正比，近 5 年中市场价格大致在 25 元/kg。只需从性能参数表（表 2-5）中查出重量就可得出大致价格。ISW 为普通卧式，ISG 为管道式，价格计算方法相同，后者基座小，轻一些，价格也低一些。

## 二、喷灌专用泵

与功能接近的普通离心泵相比，价格约高 50%，但其扬程优势及自吸优点突出，参考价格见表 3-4。

表 3-4　　　　　　　　　　　　　常用喷灌专用泵机组价格

| 型 号 | 50BP-35（3kW） | 50BP-45（5.5kW） | 65BP-55（11kW） | 80SB-75（15kW） |
|---|---|---|---|---|
| 参考价格/（元·套⁻¹） | 3400 | 3936 | 4685 | 6480 |

注　1. 型号说明：以 50BP-35 为例，50—口径（mm）、BP—喷灌泵、35—扬程（m）。
　　2. 价格由浙江萧山水泵总厂提供。

## 三、多级离心泵

多级离心泵机组很重，接近普通离心泵的 2 倍，所以价格也大致是后者的 2 倍，但它具有高扬程优势，无泵可替代。多级泵也有卧式和立式两种，性能相同，卧式泵占地面积大，立式泵占地小、底盘轻，价格略低。性能参数见表 2-8 和表 2-9，表中有"重量"一栏，据此乘以 25 元/kg 计，可以得出价格。

# 第三节　灌　水　器

灌水器包括喷头、微喷头、微喷水带、滴灌管（带）等多种。

## 一、20PYS₁₅塑料喷头

字母 S 表示塑料喷头，下标 15 表示进水空心轴内径 15mm，俗称 6 分喷头，几万只批量订货时价格每只仅 6~7 元，小批量市场价为 10~12 元/只。性能参数见表 2-10。

## 二、30PYS₂₀塑料喷头

进水喉道直径 20mm，俗称 1 寸喷头，市场价约 15 元/只。性能参数见表 2-11。

## 三、微喷头

微喷头包括旋转式、折射式、离心式整套配件，含喷嘴组合、软管、插杆、重锤、防滴器、接头等，价格 4.5~5.5 元/套，参数性能分别见表 2-12 和表 2-13。另有一种阻尼式微喷头，水压 20~30m 时，流量 100~120L/h，射程 7~8m，价格 12.8 元/只。外插的简易折射式微喷头价格仅 0.3 元/个。

## 四、微喷水带

微喷水带有不同宽度、壁厚、孔数，规格较多，也是按重量计算价格（PE 料比重是

0.94）。只要查出或算出每米带长的重量，乘以 18 元/kg，就可得出价格。如 N45 带子，重 17g/m，即价格是 0.31 元/m；又如 N60 带子，重 30g/m，价格就为 0.48 元/m。这是出厂价，经过销售环节提高 15%，0.55 元/m，不能再压价，否则就是迫使厂家用回料，降低产品质量。性能参数见表 2-19，出厂价格见表 3-5。

表 3-5　　　　　　　　　　　微 喷 水 带 价 格

| 规格（扁径×壁厚）/mm | N35×0.17 | N45×0.19 | N50×0.22 | N60×0.25 | N80×0.40 |
|---|---|---|---|---|---|
| 价格/(元·m⁻¹) | 0.22 | 0.30 | 0.40 | 0.54 | 1.15 |

### 五、滴灌管（带）

滴灌管（带）也可按重量计算，先算出每米毛管重量，按 18 元/kg 计，加上滴头成本，就可得出不同直径、壁厚滴灌管的价格。如内镶式滴灌管，直径 16mm 的管子，在 PE 原料价格 11500 元/t 时，大致是壁厚 0.1mm，成本 0.1 元/m，加滴头成本 0.05 元/m，例如壁厚 0.6mm 的滴灌管价格为 0.65 元/m，这是能保证质量的最低价格，不能盲目压价。性能参数见表 2-20 和表 2-21。直径 16mm、20mm 滴灌管大致出厂价格见表 3-6。

表 3-6　　　　　　　　　滴灌管（带）壁厚与价格的关系

| 壁厚/mm | | 0.2 | 0.4 | 0.6 | 1.0 | 1.2 |
|---|---|---|---|---|---|---|
| 参考价 /(元·m⁻¹) | 16mm 管径 | 0.25 | 0.45 | 0.65 | 1.05 | 1.25 |
| | 20mm 管径 | 0.35 | 0.60 | 0.85 | 1.35 | 1.60 |

# 第四节　过　滤　器

### 一、过滤网箱

过滤网箱需要自制，取 D40 钢管为框架，配 80 目不锈钢丝网，包括 1m 长的"底脚"，经计算得出 3 种规格的价格见表 3-7，从计算结果可见，网箱容积适当大些经济性好。

表 3-7　　　　　　　　　　　过滤网箱成本估算

| 规格/m | 价格/元 | 过滤面积/m² | 单价/(元·m⁻²) |
|---|---|---|---|
| 1.0×1.0×1.0 | 500 | 5 | 100 |
| 1.5×1.5×1.5 | 750 | 11.25 | 67 |
| 2.0×2.0×1.5 | 1000 | 16 | 63 |

### 二、叠片式过滤器

6 种常用叠片式规格价格见表 3-8。网式过滤器规格不大于 2in 的，价格与叠片式相同，2in 以上已少用，故不另述。

表 3 - 8                                  叠 片 式 过 滤 器 价 格

| 规格 | mm | 25 | 30 | 40 | 50 | 80 | 100 |
|---|---|---|---|---|---|---|---|
|  | in | 1 | 1¼ | 1½ | 2 | 3 | 4 |
| 价格/元 | | 40 | 125 | 125 | 850 | 1100 | 1800 |

**注** 此价格 2017 年由余姚市乐苗灌溉用具厂提供。

### 三、离心式过滤器

又称水砂分离器，适用于分离水中比重大于 1 的颗粒，市场调查价格见表 3 - 9。

表 3 - 9                                  离 心 式 过 滤 器 价 格

| 规格/mm | 50 | 75 | 100 |
|---|---|---|---|
| 价格/元 | 460 | 580 | 660 |

**注** 此价格 2017 年 8 月由山东莱芜市提供。

### 四、砂过滤器

外壳是钢制的压力容器，体积大、截污能力最大，适用于分离水中有机和无机颗粒，市场调查价格见表 3 - 10。

表 3 - 10                                  砂过滤器市场调查价格

| 规格/mm | 50 | 80 | 100 |
|---|---|---|---|
| 价格/元 | 3800（单） | 5700（双） | 6000（双） |

**注** 此价格 2017 年 12 月由杭州奥普特灌溉公司提供。

# 第五节  各 种 阀 门

喷滴灌系统中常用的阀门有闸阀，球阀，逆止阀，减压阀，安全阀，进、排气阀等。

### 一、铸铁闸阀

闸阀适用于不需经常启闭，而且保持全开或全闭的工况，不适合作为调节流量使用；口径 50mm 及以下的用螺纹连接，大于 50mm 用法兰连接。优点是：①铸铁闸阀制造寿命较长；②水流阻力小，且可以双向流动；③启闭速度较慢，不会引起水锤。缺点是：结构复杂，闸阀内部的阀槽上宽下窄，水草和杂物容易进入，阀门难以插至底部，影响其密封性。

因材料和加工精度不同，价格相差很大，表 3 - 11 所列为中等价格。

表 3 - 11                                  铸 铁 阀 门 价 格

| 规格/mm | 25 | 40 | 50 | 65 | 80 | 100 |
|---|---|---|---|---|---|---|
| 价格/元 | 45 | 90 | 120 | 220 | 260 | 350 |

**注** 此价格是 2017 年 8 月宁波市场询价。

## 二、塑料球阀

球阀构造简单，各种阀门中体积最小，对水的阻力也最小，因而使用较广。开启太快时容易产生水锤，即水流被突然截断瞬间，管道内由水流撞击引起的压力升高，因此干管上不宜采用球阀，多应用于支管。优点是：①启闭速度快；②密封性好；③价格较低。缺点是：在开启和关闭速度快时，容易产生水锤，因此操作须缓慢。球阀材料有铜质和塑料两种，前者价格昂贵，喷滴灌系统中一般用塑料球阀，见图 3-1。

图 3-1　塑料球阀

球阀种类很多，价格也相差很远，表 3-12 所列是比较低的。

表 3-12　　　　　　　　　　塑 料 球 阀 价 格

| 规格/mm | 20 | 25 | 32 | 40 | 50 | 65 | 80 | 100 |
|---|---|---|---|---|---|---|---|---|
| 价格/元 | 2.8 | 3.8 | 5.4 | 8.7 | 23 | 48 | 66 | 129 |

注　此价格为 2015 年 6 月由无锡柯巴尔阀门公司提供。

## 三、逆止阀

逆止阀能自动阻止水体回流的阀门，又称单向阀或止回阀。逆止阀装在水泵出水口，防止管路存水倒流，既避免叶轮倒转，保护水泵，又能防止肥药溶液回流污染水源，还可防止管内水的浪费。传统的逆止阀体积大，水力损失也大，目前市场上有一种新型的不锈钢法兰对夹式逆止阀，见图 3-2。优点：一是结构简单、体积小、阻力也小；二是价格低廉，价格见表 3-13。

表 3-13　　　　　　　　　　对 夹 式 逆 止 阀 价 格

| 规格/mm | 50 | 65 | 80 | 100 |
|---|---|---|---|---|
| 价格/元 | 290 | 400 | 460 | 485 |

注　此价格是 2017 年 8 月宁波市场询价。

(a) 拍门式　　　　　　　　　　　(b) 弹簧式

图 3-2　对夹式逆止阀

## 四、减压阀

减压阀是利用节流原理把水体的进口压力降低，并能自动保持在某一需要的出口压力的调节阀，原理类似电路中的降压变压器。有的进、出口各装有一只水压表，操作时直观方便，见图 3-3。山区坡地喷滴灌干管上需要安装减压阀，以避免下部压力过高。笔者的实践证明，减压阀在使用中比较可靠，可以替代传统的调压水池。一个口径 80mm 的减压阀目前市场价 420 元左右，而建一只 30m³ 的水池需 2 万多元，经济性是显而易见的。价格见表 3-14。

表 3-14　　　　　　　　　　　　　　　　减 压 阀 价 格

| 规格/mm | 50 | 65 | 100 | 150 |
|---|---|---|---|---|
| 价格/元 | 330 | 390 | 450 | 720 |

注　此价格是 2017 年 8 月宁波市场询价。

## 五、安全阀

安全阀用于释放管路中突然产生的高压，如同家用高压锅盖上的排气阀，见图 3-4。锅炉用的安全阀质量可靠、价格较高，价格见表 3-15。

表 3-15　　　　　　　　　　　　　　　　安 全 阀 价 格

| 规格/mm | 50 | 65 | 80 | 100 |
|---|---|---|---|---|
| 价格/元 | 650 | 1200 | 1750 | 1900 |

注　此价格是 2017 年 8 月宁波市场询价。

图 3-3　减压阀

图 3-4　安全阀

## 六、进、排气阀

喷滴灌系统开始进水时，管道内"气往上跑"，管路"驼峰"处气团集聚，会影响水流通过，须及时排气；而当管路排水时，管内会产生负压，须迅速补气。因此必须在管道主要的"制高点"安装进、排气阀，外形见图 3-5，选用规格以管道直径的 1/4 为宜。规格口径 25mm、50mm 的市场价分别为 30

图 3-5　进、排气阀

元/个、50 元/个。近年又有一种增加了一个副排气孔的排气阀，其功能是随时可以排出管道中产生的少量气体，性能更完美，单价增加 10 元/个左右。

# 第六节 施 肥（药）器

## 一、负压吸入式施肥（药）器

负压吸入式施肥（药）器并不是一个设备，而是由接头、塑料软管、球阀等小配件组成，吸液和拌液各一套，每套价格不超过 100 元。

## 二、文丘里施肥器

文丘里施肥器价格见表 3-16。

表 3-16　　　　　　　　　　　　　文 丘 里 施 肥 器 价 格

| 规格 | mm | 25 | 32 | 50 | 63 |
|---|---|---|---|---|---|
|  | in | 3/4 | 1 | 11/2 | 2 |
| 价格/元 |  | 30 | 40 | 60 | 100 |

注　此价格 2015 年 6 月由金华雨润喷灌设备公司提供。

## 三、注肥泵

没有实时显示功能的国产注肥泵价格为 600 元左右，能显示流量的国产单泵价格为 1500 元，进口的价格为 2300 元左右。

# 第七节 计 量 设 备

## 一、电磁流量计

电磁流量计的技术含量和成本主要是在转换器，所以价格与规格大小不敏感，见表 3-17。

表 3-17　　　　　　　　　　　　电磁流量计参考价格

| 口径/mm | 50 | 65 | 80 | 100 | 125 | 150 |
|---|---|---|---|---|---|---|
| 价格/元 | 9450 | 9750 | 10000 | 10400 | 11000 | 11400 |

注　此价格 2016 年由余姚银环流量仪表公司提供。

## 二、农灌水表

农灌专用水表防水草缠绕的性能比普通自来水表好，价格也高一些，见表 3-18。

表 3-18 农 用 灌 溉 水 表 价 格

| 规格/mm | 50 | 65 | 80 | 100 | 150 | 200 |
|---|---|---|---|---|---|---|
| 价格/元 | 560 | 650 | 660 | 760 | 1200 | 1810 |

**注** 此价格 2017 年由宁波水表股份有限公司提供。

# 第八节 安 装 费

## 一、喷灌工程

喷灌工程主要是地埋管道安装费，2000—2005 年期间为 4 元/m，包括管道安装、土方挖填和喷头安装，当时用 1in 喷头，安装间距 22m，每亩管道 38m，加上首部安装费（设备费的 10%），安装费 160 元/亩左右，约占总造价的 22%。2010 年以来劳动力成本基本翻一倍，管道安装费 8 元/m，基本上用 6 分喷头，安装间距 16.5m，亩管道用量增加至 46m，每亩安装费为 380 元左右，约占总造价的 27%。

## 二、微喷灌工程

微喷灌工程一般面积较小，安装费以面积（$m^2$）计，安装费根据喷头多少不同。旋转式微喷头，安装间距 3m，微喷头 75 个/亩，2010 年前 0.75 元/$m^2$，目前为 1.5 元/$m^2$；离心式微喷头，安装间距 1.5m，微喷头 300～400 个/亩，以前 1 元/$m^2$，此后则为 2 元/$m^2$，约占总造价的 30%。

## 三、水带微喷灌

首部比喷灌多个过滤器，地埋管道每亩 15m 左右，按目前劳力价格 8 元/m 计，135元/亩，加水带 230～660m/亩，铺设费 0.15 元/m，合计 170～235 元/亩。

## 四、滴灌工程

首部设备比喷灌工程多了过滤器，地埋管道每亩 15m 左右，内镶式滴管铺设也是0.15 元/m，以滴灌管布置长度 660m 计，每亩为 235 元。如果是外镶式压力补偿滴灌管，则铺设费为 0.3 元/m，安装费为 335 元/亩。

# 第九节 设计费和监理费

## 一、设计费

采用优化设计，使工程造价降低 30%～50%，如果设计费按常规的 2.5%计算，不利于发挥设计工程师创新的积极性，宜提高至 4%～5%，使设计费不因优化设计而降低，而仍保持在 50～60 元/亩较为合理。

## 二、监理费

按相关规定，500 万元以下项目监理费按工程投资的 3.3％计算，其中政府补助项目均由政府财政统一支付，以利于监理工作的独立性和权威性，故不列入造价。

# 第四章
# 平原作物喷滴灌优化设计案例

## 第一节 大田蔬菜喷灌

### 一、项目简介

泗门镇小路下村喷滴灌工程（图4-1）位于杭州湾冲积平原，北距海塘约8km，是平原第一个经济型喷滴灌项目，建于2000年，面积527亩。其中蔬菜喷灌170亩、葡萄滴灌90亩，采用电脑集中控制；梨树喷灌267亩，为手动控制。本设计是其中的蔬菜喷灌部分，造价14.8万元（未包括电脑控制部分），亩均869元。2001年8月全省"农田水利促进效益农业现场会"70多名代表到现场参观；同年12月水利部农村水利司姜开鹏副司长陪同台湾水利会36位同行、2002年3月广东省水利厅组织的38名同行曾考察这个项目。

图4-1 小路下村大田喷灌（2001年）

## 二、工程特性表

| 类　别 | 名　称 | 单　位 | 数　量 | 备　注 |
|---|---|---|---|---|
| 概况 | 面积 | 亩 | 170 | 375m×300m |
| | 造价 | 万元 | 14.78 | 869元/亩 |
| | 代表性 | | | 平原蔬菜喷灌 |
| 管道 | PE80级 | MPa | 0.8 | |
| | 干管 | m | 1600 | 9.4m/亩（含分干管） |
| | 支管 | m | 3900 | 23m/亩 |
| 水泵 | 65BPZ-55 | 套 | 2 | |
| | 流量 | m³/h | 36 | |
| | 扬程 | m | 55 | |
| | 功率 | kW | 11 | |
| 喷头 | 20PY₂-30° | 只 | 180 | 间距为25m×25m |
| | 压力 | m | 35 | 压力范围为30～40m |
| | 流量 | m³/h | 3.4 | 流量范围为2.9～3.7m³/h |
| | 射程 | m | 19 | 射程范围为17.5～19.5m |
| 轮灌制度 | 轮灌区数 | 个 | 12 | |
| | 轮灌面积 | 亩 | 15、9 | 15亩9个灌区、9亩3个灌区 |
| | 灌水时间 | 时/区 | 2～3 | |
| | 轮灌一遍 | 时 | 24～36 | |
| | 灌溉周期 | 日 | 4 | |

## 三、设计说明

（1）本设计为平原蔬菜喷灌，系矮秆作物，竖管露出地面1.2m。

（2）选用65BPZ-55型喷灌泵机组2套，流量36m³/h，扬程55m，功率11kW。开16个喷头时2泵同时运行，水泵工况点为：流量27m³/h，扬程57m。开12个喷头时，开1台泵，此时水泵工况点为：流量40m³/h，扬程53m。

（3）选用20PY₂-30°型喷头，喷嘴直径6mm×3mm，工作压力35m时，流量3.4m³/h，射程19m。

（4）喷头间距25m×25m，正方形布置，灌溉水利用系数按0.9计，组合喷灌强度4.9mm/h。

（5）为保持竖管垂直，竖管基础采用0.3m×0.3m×0.3m混凝土加固。

（6）地埋管道采用80级PE塑料管，工作压力0.6MPa。为保证喷头工作压力，干管水力损失控制在15m以内，主管直径均为110mm。

（7）灌水采用轮灌方式，共12个轮灌小区，一次只喷一个小区。

（8）水泵进水口设置过滤网箱，网箱为边长1.5m的正方体，密度40目。

## 四、工程造价表

| 序号 | 费用名称 | 单位 | 单价/元 | 数量 | 复价/万元 | 备注 |
|---|---|---|---|---|---|---|
| 1 | 65BPZ-55 水泵机组（含 11kW 电机） | 套 | 2500 | 2 | 0.5500 | 为自吸式水泵机组 |
| 2 | 20PY₂-30°金属喷头 | 个 | 45 | 180 | 0.8100 | G1in 内接口 |
| 3 | 1in 镀锌钢管＋管帽 | m | 13＋3 | 300 | 0.4800 | 喷头竖管 |
| 4 | 竖管镇墩（0.3m×0.3m×0.3m） | 个 | 10 | 300 | 0.3000 | |
| 5 | DN110×5.3（PE80-0.6MPa） | m | 23 | 700 | 1.6100 | 干管 |
| 6 | DN63×3.0（PE80-0.6MPa） | m | 13 | 900 | 1.1700 | 分干管 |
| 7 | DN50×2.4（PE80-0.6MPa） | m | 9 | 3900 | 3.5100 | 支管 |
| 8 | 2in 内螺纹平接头 | 只 | 5 | 575 | 0.2875 | |
| 9 | 2.5in 内螺纹平接头 | 只 | 6 | 185 | 0.1110 | |
| 10 | 4in 内螺纹平接头 | 只 | 23 | 122 | 0.2806 | |
| 11 | 2in 伸缩节 | 只 | 9 | 66 | 0.0594 | |
| 12 | 2.5in 伸缩节 | 只 | 15 | 18 | 0.0270 | |
| 13 | 4in 伸缩节 | 只 | 35 | 19 | 0.0665 | |
| 14 | 2in×2in 三通 | 只 | 6 | 132 | 0.0792 | |
| 15 | 2in×2.5in 三通 | 只 | 8 | 22 | 0.0176 | |
| 16 | 2.5in×2.5in 三通 | 只 | 8 | 19 | 0.0152 | |
| 17 | 4in×4in 三通 | 只 | 15 | 6 | 0.0090 | |
| 18 | 2.5in×4in 大小头 | 只 | 35 | 8 | 0.0280 | |
| 19 | 各种口径弯头 | 只 | 9 | 79 | 0.0711 | |
| 20 | DN65 闸阀（螺纹式） | 只 | 100 | 14 | 0.1400 | 2in |
| 21 | 0～0.9MPa 水压表、D100 水表 | 只 | | 各1 | 0.0400 | |
| 22 | 泵房（5m×3m） | 座 | | 1 | 1.5000 | |
| 23 | 过滤网箱 | 只 | | 1 | 0.0400 | |
| 24 | 安装费（管 5500m×5 元＋首部 1200 元） | | | | 2.8900 | |
| 25 | 设计费（以上 1～24 项合计的 5%） | | | | 0.7036 | |
| 26 | 合　计 | | | | 14.7957 | |

**注**　此为 2000 年造价。

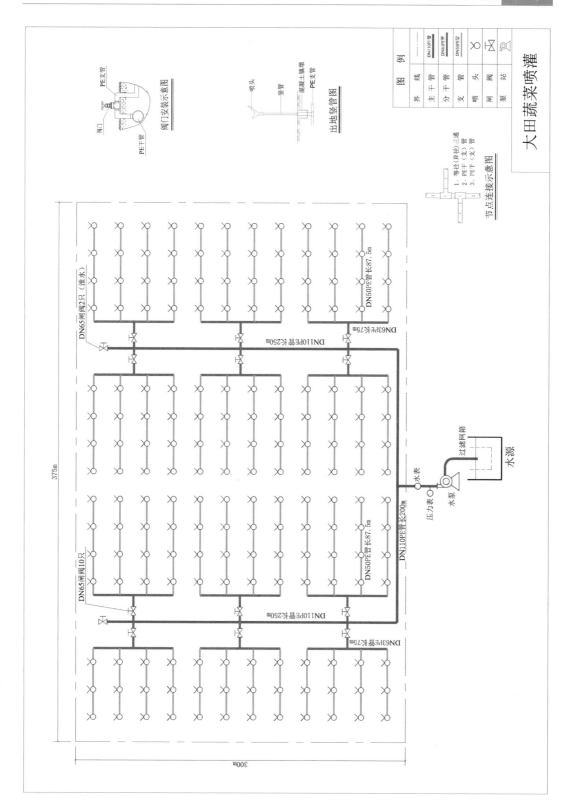

# 第二节 大棚蔬菜滴灌

## 一、项目简介

工程位于余姚市东部丈亭镇，属平原低洼地区，北侧紧邻萧甬铁路，以界河为水源，水量可靠。地下水水位离地面仅 25～40cm，原种植水稻，1990 年改种大棚蔬菜，土质为水稻土。灌区呈长方形，东西 290m，南北 240m，面积 104 亩。建有大棚 160 个，每个长 55m×宽 6m＝330m²，大棚总面积 5.28 万 m²，大棚利用率 79 ％。年产蔬菜 3～4 茬，2004 年 5 月建成滴灌，造价 13 万元，1246 元/亩，2.46 元/m²，为蔬菜滴灌的代表性项目。

## 二、工程特性表

| 类 别 | 名 称 | 单 位 | 数 量 | 备 注 |
|---|---|---|---|---|
| 概况 | 大棚面积 | m² | 52800 | 灌区面积 104.4 亩 |
| | 造价 | 万元 | 13 | 1246 元/亩 |
| | 代表性 | | | 平原蔬菜滴灌 |
| 管道 | PE80 级 | MPa | 0.4 | 其中辅管 0.6MPa |
| | DN75 干管 | m | 765 | 7.4m/亩 |
| | DN50 支管 | m | 1160 | 11.2m/亩 |
| | DN25 分支管 | m | 1120 | 10.7m/亩 |
| 水泵 | 50BP－45 | 套 | 1 | 喷灌专用泵 |
| | 流量 | m³/h | 20 | |
| | 扬程 | m | 45 | |
| | 功率 | kW | 5.5 | |
| 滴灌管 | DN16×0.6 | m | 52800 | 660m/亩 |
| | 孔距 | m | 0.33 | |
| | 流量 | L/h | 2.0 | 每米 6L/h |
| 灌溉制度 | 轮灌单元 | 个 | 16 | |
| | 单元面积 | m² | 3300 | 约 5 亩 |
| | 滴水时间 | h/单元 | 1 | 5.4mm/h、3.6m³/亩 |
| | 轮灌时间 | h/遍 | 16 | |
| | 灌溉周期 | d | 3 | |

## 三、设计说明

（1）灌区分 16 个轮灌区，每区 10 个大棚，面积 5 亩，灌水量 20m³/h。

（2）选用 50BP－45 型喷灌专用泵，流量 20m³/h，扬程 45m，配电机 5.5kW。

（3）干管为 DN75×2.3 的 PE80－0.4MPa 管 765m，干管与 2 根分干管呈"干"字形

对称布置，管顶埋于地面以下 30cm，单管最长 330m，水力损失 14.5m。设 DN50 支管 16 根，72.5m/根，共 1160m，单方向水力损失 4.0m，从干管接出由闸阀控制，每根支管连接 10 个大棚（1 个轮灌区）。大棚设 DN25 分支管，每根分支管 7m，水力损失 1.5m，配同口径球阀和叠片式过滤器，共 160 根分支管、1120m。

（4）选用 DN16 内镶式滴灌管，滴头间距 0.33m，流量 2.0L/h，棚内布置滴灌管 6 根，间距 1.0m，每根 55m，330m/棚，每小时滴水 2.0m³，总长 52800m。

（5）设三级过滤器：水泵进水管口设过滤网箱，水泵出口配 1 个 D65 网式过滤器，每个大棚内配 1 个 D20 网式过滤器。

（6）设计扬程。滴头工作压力 15m，滴头与水源高差 2m，水力损失为：干管、支管 20m，滴灌管 2.0m，两级过滤器 6m，最高扬程为 45m。

（7）灌水强度 2.0（L/h）/0.33m² ＝ 6.0mm/h（毛灌水强度），灌溉水利用系数为 0.9，即 5.4mm/h（净灌水强度）。

（8）10 个大棚为 1 个轮灌单元，1 次灌溉时间为 1h。轮灌一遍时间为 16h。加上阀门操作时间，实际轮灌一遍约需 18h。

（9）以棚内耗水强度约 1.8mm/d，灌溉周期 5.4mm/1.8mm＝3d。

## 四、工程造价表

| 序号 | 费用名称 | 单位 | 单价/元 | 数量 | 复价/万元 | 备注 |
|---|---|---|---|---|---|---|
| 1 | DN75×2.3（PE80－0.4MPa） | m | 7.7 | 765 | 0.5891 | 单价按照 0.55kg/m，14 元/kg 计算 |
| 2 | DN50×2.0（PE－0.4MPa） | m | 4.5 | 1160 | 0.5520 | 单价按照 0.32kg/m，14 元/kg 计算 |
| 3 | DN25×2.0（PE80－0.6MPa） | m | 2.1 | 1120 | 0.2352 | 单价按照 0.15kg/m，14 元/kg 计算 |
| 4 | 管道附件 | 个 | | | 0.1376 | 管材 1.3763 万元（1～3 项合计）×10% |
| 5 | DN65 闸阀 | 个 | 100 | 20 | 0.2000 | |
| 6 | DN25 球阀 | 个 | 4 | 160 | 0.0640 | |
| 7 | DN16 滴灌管 | m | 0.8 | 54000 | 4.3200 | 孔距为 0.33m |
| 8 | DN16 旁通及堵圈 | 个 | 0.4 | 960 | 0.0384 | |
| 9 | 50BPZ－45 水泵机组 | 套 | 1 | 3800 | 0.3800 | 含水泵电机 |
| 10 | DN80 网式过滤器 | 只 | 1 | 1200 | 0.1200 | 120 目 |
| 11 | DN25 网式过滤器 | 只 | 160 | 30 | 0.4800 | 120 目 |
| 12 | 压力表（0～0.6MPa） | 只 | 2 | 100 | 0.0200 | |
| 13 | DN80 农灌水表 | 只 | 1 | 660 | 0.0660 | |
| 14 | 过滤网箱（1m×1m） | 只 | 1 | 200 | 0.0200 | |
| 15 | 配电箱 | 只 | 1 | 1000 | 0.1000 | 按 5.5kW 功率电机配置 |
| 16 | 首部法兰、支架等配件 | | | 500 | 0.0500 | |
| 17 | 地埋管道安装费 | m | 7 | 765 | 0.5355 | |
| 18 | 地面管道安装费 | m | 3 | 2280 | 0.3480 | |
| 19 | 滴灌管敷设费 | m | 0.1 | 52800 | 0.5280 | |
| 20 | 首部设备安装费 | | | 400 | 0.0400 | |
| 21 | 泵房（3m×3m） | m² | 1200 | 9 | 1.0800 | |
| 22 | 设计费（1～21 项合计的 5%） | | | | 0.6194 | |
| 23 | 合　计 | 万元 | | | 10.5232 | |

**注** 此为 2003 年造价。

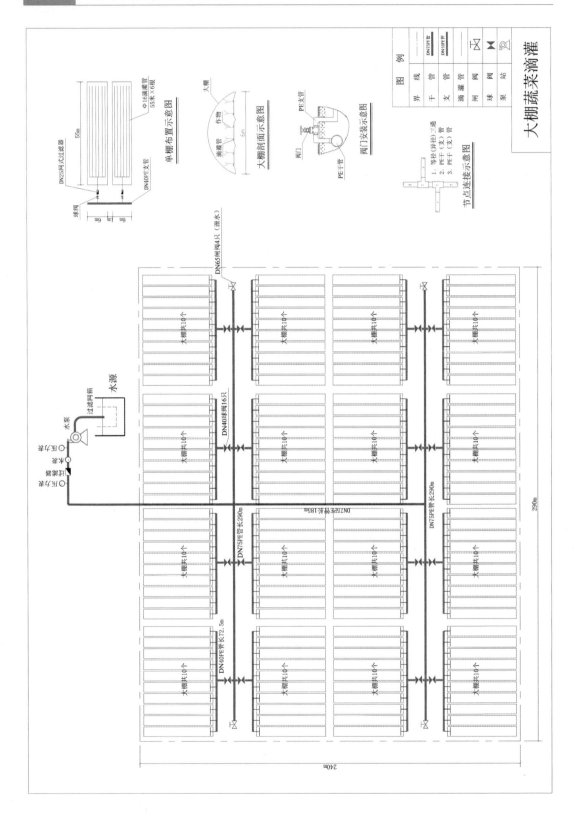

# 第三节 水稻育秧微喷灌

## 一、项目简介

项目位于余姚中部阳明街道，属平原高产水稻区，东西宽 67m、南北长 56m，面积 3752m²。建有 56m×8m 大棚 8 个，面积 3584m²，大棚利用率 96％。西边紧邻河道，水源可靠。棚内 4—7 月间育早稻、中性稻、晚稻 3 茬秧苗，秋冬两季种植蔬菜。2012 年在棚内安装微喷灌，造价 1.76 万元，4.9 元/m²。农户反映秧苗喷灌的好处是：①根系发达（图 4-2），秧苗质量高（图 4-3），每亩秧能多种 30 亩田，收入增加；②节省劳力、成本降低；③"苗好三分收"，能促进水稻增产；④避免了高温烧苗的风险。

图 4-2 大棚主人向记者展示喷灌秧苗的根系（2014 年）

（a）使用喷灌

（b）未使用喷灌

图 4-3 使用喷灌与未使用喷灌秧苗对比（2013 年）

## 二、工程特性表

| 类 别 | 名 称 | 单 位 | 数 量 | 备 注 |
|---|---|---|---|---|
| 概况 | 大棚面积 | m² | 3584 | 5.4 亩 |
|  | 总造价 | 万元 | 1.76 | 4.9 元/m² |
|  | 代表性 |  |  | 水稻育秧微喷灌 |
| 管道 | PE80 级 | MPa | 0.4 |  |
|  | DN63 支管 | m | 75 | 13m/亩 |
|  | DN25 毛管 | m | 950 | 170m/亩 |
| 水泵 | ISW50－200（A） | 套 | 1 |  |
|  | 流量 | m³/h | 11.7 | 流量范围为 8.8～16.3m³/h |
|  | 扬程 | m | 44 | 扬程范围为 42～46m |
|  | 功率 | kW | 4 |  |
| 微喷头 | 无遮挡微喷头 | 个 | 352 | 8 个棚×44 个 |
|  | 流量 | L/h | 49 |  |
|  | 压力 | m | 25 |  |
|  | 射程 | m | 2.9 |  |
| 灌溉制度 | 轮灌区 | 个 | 2 | 4 个棚 |
|  | 轮灌面积 | m² | 1792 |  |
|  | 灌水时间 | min | 5 |  |
|  | 灌溉周期 | 次/d | 4 | 间隔为 2h |
| 降温制度 | 轮灌区 | 个 | 1 | 全喷 |
|  | 灌水时间 | 分/次 | 5～7 |  |
|  | 灌溉周期 | 次/d | 2～4 | 棚内高于 35℃时 |

## 三、设计说明

（1）配口径 50mm 水泵，支管长 75m，选 DN63 PE 管。毛管选 DN25 PE 管，单管每条长 56m，共 16 条、896m，毛管用铁丝固定在大棚顶部。

（2）选 ISW50－200（A）型水泵机组，额定值为：流量 11.7m³/h，扬程 44m，配套功率 4kW。性能见表 4－1。

（3）选喷嘴直径 1mm 无遮挡微喷头，无常见的微喷头滴水弊病。每个棚内安装（悬挂式）喷头两行，行距 4m，喷头间距 2.5m，每棚 44 个。微喷头性能见表 4－2。

表 4－1　ISW50－200（A）型水泵机组性能

| 流量/(m³·h⁻¹) | 扬程/m | 功率/kW |
|---|---|---|
| 8.8 | 47 | 4 |
| 11.7 | 44 | 4 |
| 15.8 | 42 | 4 |

表 4－2　微 喷 头 性 能

| 压力/m | 15 | 20 | 25 | 30 |
|---|---|---|---|---|
| 流量/(L·h⁻¹) | 38 | 44 | 49 | 59 |
| 射程/m | 2.5 | 2.7 | 2.9 | 3.2 |

（4）根据灌水和降温的不同用途，灌水制度分为两种：①灌水时须不漏喷，分 2 个轮灌区，即每区 4 个大棚、176 个喷头工作，此时水泵在小流量（8.8m³/h）、高扬程（47m）工况下运行，喷头射程远、流量大；②降温时对时间要求很高，需要同时对 8 个棚降温，而对秧苗漏喷影响不大，故需要 352 个喷头全喷，此时水泵运行在大流量（15.8m³/h）、低扬程（42m）工况点。

（5）设计扬程。微喷头工作压力 28m，喷头与水面高差 4m，水力损失为：支管 2m、毛管 2.5m、过滤器 3m，合计 39.5m。

（6）喷灌强度。灌水时，喷头流量 55L/h，喷水面积 10m²，强度 5.5mm/h；降温时，喷头流量 40L/h，强度 4.0mm/h。

（7）灌灌制度。棚内日耗水强度约 2mm，需灌水 20min，但因育秧盘蓄水能力很弱，需分 4 次灌水，间隔 2～3h；当棚内气温超过 35℃ 时，随时喷水，每次 5min 左右即可使温度降低。

## 四、工程造价表

| 序号 | 费 用 名 称 | 单位 | 单价/元 | 数量 | 复价/万元 | 备 注 |
|---|---|---|---|---|---|---|
| 1 | DN63×2.0（PE80-0.4MPa） | m | 6.6 | 75 | 0.0495 | 单价按照 0.41kg/m，16 元/kg 计算 |
| 2 | DN32×2.0（PE80-0.8MPa） | m | 3.2 | 90 | 0.0288 | 单价按照 0.20kg/m，16 元/kg 计算 |
| 3 | DN25×2.0（PE80-0.8MPa） | m | 2.4 | 900 | 0.2160 | 单价按照 0.15kg/m，16 元/kg 计算 |
| 4 | 1mm 无遮挡微喷头 | 套 | 5.5 | 352 | 0.1936 | 含软管、重锤、防滴器 |
| 5 | DN63×90°弯头 | 个 | 4.7 | 4 | 0.0019 | |
| 6 | DN63×32 三通 | 个 | 4.0 | 8 | 0.0032 | |
| 7 | DN322×32 三通 | 个 | 1.25 | 8 | 0.0010 | |
| 8 | DN32×25×90°弯头 | 个 | 1.0 | 16 | 0.0016 | |
| 9 | DN25 管帽 | 个 | 0.35 | 16 | 0.006 | |
| 10 | ISW50-200A　水泵机组 | 套 | 2000 | 1 | 0.2000 | |
| 11 | 配电箱（4kW） | 只 | 600 | 1 | 0.0600 | |
| 12 | DN25 叠片式过滤器 | 只 | 25 | 8 | 0.0200 | |
| 13 | DN400 叠片式过滤器 | 只 | 680 | 1 | 0.0680 | |
| 14 | 压力表（0～0.6MPa） | 只 | 100 | 1 | 0.0100 | |
| 15 | 泵房（2m×3m） | 座 | 12000 | 1 | 1.2000 | |
| 16 | C20 镇墩（0.3m×0.3m×0.3m） | 个 | 15 | 9 | 0.0135 | |
| 17 | DN25PE 球阀 | 个 | 5 | 8 | 0.0040 | |
| 18 | DN50 闸阀 | 只 | 165 | 1 | 0.0165 | |
| 19 | DN50 逆止阀 | 只 | 350 | 1 | 0.0350 | |
| 20 | 铁丝 | m | 0.3 | 500 | 0.0150 | |
| 21 | 安装费 | m² | 1.5 | 3584 | 0.5370 | |
| 22 | 设计费（1～21 项合计的 5%） | 元 | 1 | | 0.0840 | |
| 23 | 合 计 | | | | 2.7646 | |

注　此为 2012 年造价。

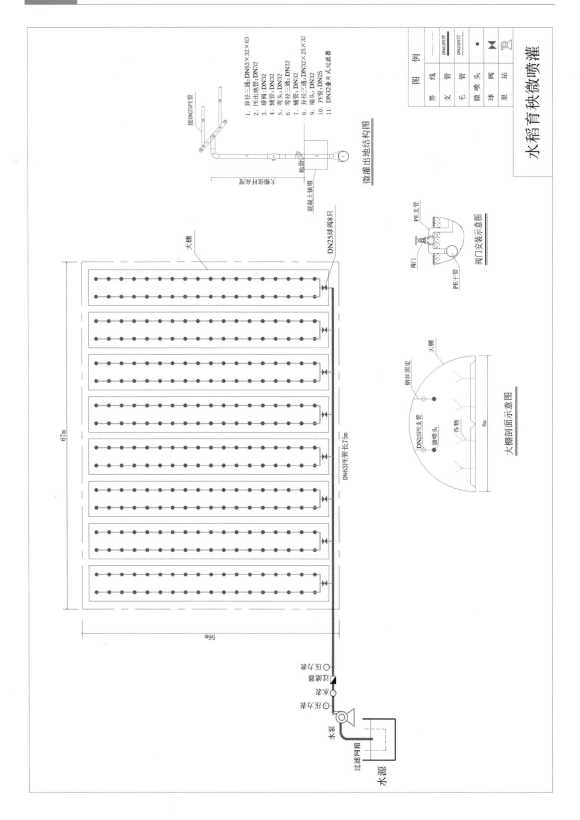

# 第四节　百 果 园 微 喷 灌

## 一、项目简介

项目位于余姚市梁弄镇，属丘陵山区河谷平原，经人工改造平整，保水性较差，面积600亩，包括7个地块，3种灌溉型式（表4-3），是小面积灌区的典型代表。本设计仅介绍1号地块面积158亩的樱桃微喷灌。

表 4 - 3 　　　　　　　　　　　　　　微 喷 灌 项 目 信 息 表

| 地块编号 | 面积/亩 | 作物 | 喷滴灌类型 | 地块编号 | 面积/亩 | 作物 | 喷滴灌类型 |
|---|---|---|---|---|---|---|---|
| 1 | 158 | 樱桃 | 地插式微喷灌 | 5 | 10 | 蓝莓 | 补偿式滴灌 |
| 2 | 80 | 樱桃 | 地插式微喷灌 | 6 | 100 | 果桑 | 喷灌 |
| 3 | 82 | 蓝莓 | 补偿式滴灌 | 7 | 149 | 果桑 | 喷灌 |
| 4 | 21 | 蓝莓 | 补偿式滴灌 | 合计 | 600 | 3 种 | 3 种 |

果园主人有10多年培育苗木和种植果树的经历，通过逐年"流转"共承包本村600亩耕地，创建了百果园（图4-4），种植樱桃、蓝莓、果桑、桃、李、冬枣、柿等多种水果。从2003年开始使用喷灌，2013年进行升级改造和扩建，并现身说法向周围农户介绍喷滴灌效益，由于他的宣传，所在的梁弄镇已安装果树喷滴灌6000多亩。

图 4 - 4　百果园大棚育苗（2016 年）

## 二、工程特性表

| 类 别 | 名 称 | 单 位 | 数 量 | 备 注 |
|---|---|---|---|---|
| 概况 | 面积 | 亩 | 158 | 河谷人造平原 |
| | 造价 | 万元 | 17.99 | 1138元/亩 |
| | 代表性 | | | 山区樱桃微喷灌 |
| 管道 | DN95（PE80） | m | 470 | 干管、3m/亩 |
| | DN75（PE80） | m | 1432 | 支管、24.7m/亩 |
| | DN20（PE80） | m | 26000 | 毛管、16.5m/亩 |
| 水泵 | 流量 | m³/h | 28 | |
| | 扬程 | m | 45 | 65BP-45型喷灌泵 |
| | 功率 | kW | 7.5 | |
| 微喷头 | 压力 | m | 20 | 地插旋转式 |
| | 流量 | L/h | 50 | 喷嘴直径为1mm |
| | 射程 | m | 3 | 灌溉强度为3.9mm/h |
| 灌溉制度 | 轮灌面积 | 亩 | 10 | |
| | 轮灌区数 | 个 | 16 | |
| | 轮灌时间 | h/区 | 2 | 灌水量7.7mm |
| | 灌水时间 | h/遍 | 34 | 其中辅助组2h |
| | 灌溉周期 | d | 4 | |

## 三、设计说明

（1）项目区位于30m宽的大溪两旁，水源条件很好，泵站设在溪道边，设过滤井（3m×3m×2m），水泵从井中取水。

（2）项目区面积158亩，分成16个轮灌区，每区10亩。

（3）选用65BP-45型喷灌水泵机组，口径65mm，流量28m³/h，扬程45m，功率7.5kW。

（4）地埋管道采用80级PE管，压力等级0.4MPa。干管直径90mm，单方向长232m，水力损失7.9m；支管直径75mm，单管长205m，水力损失10.2m。

（5）毛管为直径20mm PE管，壁厚1.0mm，典型单管长50m，毛管进口连接塑料直通球阀，单管控制，管上插接17个微喷头，管入口流量850L/h，水力损失5.3m。

（6）樱桃树行距4m、株距3m，每行铺一条毛管，微喷头间距3m。

（7）选地插式微喷头，水压20m时，流量50L/h，射程3m，喷灌强度3.9mm/h。

（8）设计扬程。微喷灌头工作压力20m，地面至水面高差4m，水力损失为：干管7.9m、支管9.7m、毛管2.4m、过滤器水力损失3m，合计46m。

（9）水泵出口并联安装两个DN80mm叠片式过滤器；过滤器前后各安装1只水压表，以监视水泵扬程和过滤器堵塞情况；过滤器后安装农灌水表。

（10）水泵进出水管适当位置打直径 12mm 小孔，并配置吸肥配件（接口、球阀和塑料软管），用于吸入和搅拌肥（药）溶液。

（11）水泵同时可喷水 560 个微喷头，折计毛管 1680m，可供 33 条毛管同时工作，与轮灌面积 10 亩吻合。

（12）单个小区喷水时间 2h，16 个小区轮灌一遍约需 34h，其中 2h 为阀门操作时间。

（13）毛灌水量 8.6mm/次，灌溉水利用系数 0.9，净灌水量 7.7mm，灌区日耗水强度 2mm 左右，灌溉周期为 4d。

## 四、工程造价表

| 序号 | 费用名称 | 单位 | 单价/元 | 数量 | 复价/万元 | 备注 |
|---|---|---|---|---|---|---|
| 1 | DN90（PE80-0.4MPa） | m | 12.8 | 470 | 0.6016 | 单价按照 0.8kg/m，16 元/m 计算 |
| 2 | DN75（PE80-0.4MPa） | m | 9.6 | 1432 | 1.3747 | 单价按照 0.6kg/m，16 元/m 计算 |
| 3 | DN90°弯头 | 个 | 13.5 | 4 | 0.0054 | |
| 4 | DN90×75 三通 | 个 | 14.5 | 7 | 0.0102 | |
| 5 | DN90 管帽 | 个 | 8.5 | 2 | 0.0017 | |
| 6 | DN75×90°弯头 | 个 | 7.5 | 21 | 0.0158 | |
| 7 | DN20×2.0（PE80）-出地管 | m | 1.8 | 468 | 0.0846 | |
| 8 | DN90×20 密封圈 | 个 | 0.65 | 468 | 0.0304 | |
| 9 | DN20 塑直通阀 | 只 | 2.2 | 468 | 0.1030 | |
| 10 | DN20PE-1.0MPa | m | 1.0 | 26000 | 2.6000 | |
| 11 | DN20PE 管帽 | 个 | 0.2 | 480 | 0.0096 | |
| 12 | DN75PE 球阀 | 个 | 66 | 14 | 0.0924 | 进、泄水阀各 1 个 |
| 13 | 地插式微喷头 | 套 | 5.5 | 8850 | 4.8675 | |
| 14 | 泵房 | m² | 2000 | 9 | 1.8000 | |
| 15 | 过滤井 | 只 | 1200 | 1 | 0.1200 | |
| 16 | 65BP-45 型水泵机组 | 套 | 3150 | 1 | 0.3150 | 电机功率为 7.5kW |
| 17 | 0～0.6MPa 水压表 | 只 | 100 | 1 | 0.0100 | |
| 18 | DN80 叠片式过滤器 | 只 | 1200 | 2 | 0.2400 | |
| 19 | DN80 农用水表 | 只 | 660 | 1 | 0.0660 | |
| 20 | 配电箱 | 只 | | 1 | 0.1000 | 含室内电源线 |
| 21 | 地埋管安装费 | m | 8 | 1902 | 1.5216 | |
| 22 | 首部设备安装费 | | | | 0.1000 | |
| 23 | 微喷头安装费 | 套 | 2 | 8850 | 1.7708 | 56 套/亩 |
| 24 | 毛管安装费 | m | 0.5 | 26000 | 1.3000 | |
| 25 | 设计费（1～24 项合计的 5%） | | | | 0.8575 | |
| 26 | 合计 | | | | 17.9978 | |

**注**　此为 2013 年造价。

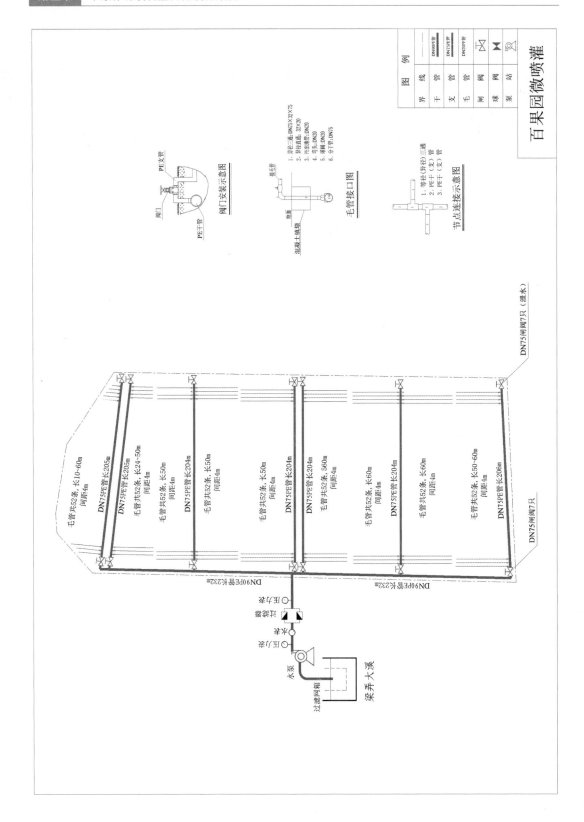

# 第五节　梨园水带微喷灌

## 一、项目简介

梨园位于余姚市中北部朗霞街道，建于 2000 年，总面积 1030 亩，南北长 1100m、东西宽 624m，由 4 个农户承包经营，以纵贯灌区中部的河道为水源，8 座泵站分列河道两岸，2004 年 4 月安装固定喷灌，是浙江省最大的"千亩蜜梨喷灌工程"，成为 2010 年以前参观余姚喷灌的窗口。2012 年农户反映夏季白天高温时段不能喷灌，如改由晚上喷水，则农民劳动强度太大，要求加装水带微喷灌，以实现"树下白天喷水"。本设计是其中一个单元，面积 135 亩。

## 二、工程特性表

| 类　别 | 名　称 | 单　位 | 数　量 | 备　注 |
|---|---|---|---|---|
| 概况 | 面积 | 亩 | 135 | |
| | 造价 | 万元 | 8.28 | 613 元/亩 |
| | 代表性 | | | 梨园水带微喷灌 |
| 管道 | PE80 级 | MPa | 0.4 | |
| | DN110 干管 | m | 260 | 2.0m/亩 |
| | DN90 支管 | m | 720 | 5.3m/亩 |
| 水带 | 扁径 | mm | 65 | 直径 40mm |
| | 长度 | m | 22500 | 163m/亩 |
| | 孔数 | 孔/m | 15 | 孔径 1mm，壁厚 0.35mm |
| 水泵 | ISW80-160 | 套 | 1 | 机电一体 |
| | 流量 | m³/h | 50 | 流量范围为 35～65m³ |
| | 扬程 | m | 32 | 扬程范围为 28～35m |
| | 功率 | kW | 7.5 | |
| 灌溉制度 | 轮灌区数 | 个 | 24 | 每区 5.6 亩，水带 7～8 根，水带长度共 934m |
| | 轮灌时间 | 时/区 | 1 | |
| | 灌水时间 | 时/遍 | 24 | |
| | 灌溉周期 | 日 | 4 | |

## 三、设计说明

（1）本设计为平原梨园水带微喷灌，面积 135 亩，分为 24 个轮灌区，每区 5.6 亩。

（2）选用 PE80 级 0.4MPa 管材，采用两级管道，干管直径 110mm，长 260m；泵站位于干管中部，干管单方向长 130m，末端水力损失 2.4m。

（3）支管 4 根，每根 180m，管径 90mm，两端分别设进水阀和泄水阀。每管设 45 只（间距 4m）"哈夫"三通，连接过渡短管和球阀作为喷水带接口，末端水力损失 8.8m。

（4）用 N65 微喷水带，扁径 65mm，内径 40mm，壁厚 0.35mm，斜 5 孔排列，每米 15 孔。工作压力 10m 时，流量每米 40L/h，湿润宽度 4m，铺设间距 4m（同梨树行距），灌水强度 9mm。单带长 125m，末端水力损失 2.4m。

（5）选 ISW80-160 水泵，口径 80mm，流量 35～65m³/h、额定值 50m³/h，扬程 35～

28m、额定值 32m，功率 7.5kW。

（6）设两级过滤，水泵进口过滤网箱为一级，密度 80 目，水泵出口设 D80 叠片式过滤器（两只并联）。

（7）过滤器前后压力表，过滤器后设农灌水表。

（8）水泵进水管打直径 12mm 的小孔，焊上接口，接上直径 10mm 的球阀和塑料软管作为施肥器。

（9）系统总扬程。水带进口压力 10m，干、支管水力损失 11.2m，过滤器水力损失 3m，水面与地面高差 4m，合计 28.2m。

（10）每个轮灌区喷水 1h，灌水量 9mm，灌区耗水强度 2mm/d，灌溉周期 4d。考虑球阀轮换时间 2h，灌区一次灌水约需 26h。

### 四、工程造价表

| 序号 | 费用名称 | 单位 | 数量 | 单价/元 | 复价/元 | 备注 |
|---|---|---|---|---|---|---|
| 1 | DN110×4.2（PE80-0.4MPa） | m | 260 | 23.7 | 6162 | 单价按照 1.48kg/m，16 元/m 计算 |
| 2 | DN90×3.5（PE80-0.4MPa） | m | 720 | 15.7 | 11304 | 单价按照 0.98kg/m，16 元/m 计算 |
| 3 | N65 喷水带 | m | 22500 | 0.65 | 14625 | |
| 4 | 出地套件（DN40 塑球阀 3.5 元，哈夫三通 8.25 元，直管 6 元，弯头 2.25 元，0.15m×0.15m×0.15m 镇墩 3.4 元） | 套 | 176 | 24 | 4224 | |
| 5 | ISW80-160 水泵机组 | 套 | 1 | 2580 | 2580 | 含电机 |
| 6 | 水泵进、出水管及管件 | m | 15 | | 400 | |
| 7 | 80 目过滤网箱 1m×1m×1m | 只 | 1 | | 300 | 自制 |
| 8 | DN80 叠片式过滤器 | 个 | 2 | 1200 | 2400 | |
| 9 | DN80 农用水表 | 只 | 1 | 660 | 660 | |
| 10 | 压力表（0～0.6MPa） | 只 | 1 | 100 | 100 | |
| 11 | 吸肥管及球阀 | 套 | 1 | 50 | 50 | |
| 12 | DN110×90 三通 | 个 | 2 | 145 | 29 | |
| 13 | DN110×90 弯头 | 个 | 2 | 14.5 | 29 | |
| 14 | DN80 球阀 | 只 | 8 | 70 | 560 | 进、泄水阀，含垫沙 |
| 15 | 阀门箱 | 只 | 8 | 60 | 480 | |
| 16 | DN40 球阀 | 只 | 176 | 10 | 1760 | |
| 17 | 配电箱（7.5kW） | 只 | 1 | 1000 | 1000 | 含低压接线 |
| 18 | 管路安装费（含土方） | m | 980 | 10 | 9800 | |
| 19 | 出地件安装 | 套 | 176 | 5 | 880 | |
| 20 | 水带铺设费 | m | 22000 | 0.1 | 2200 | |
| 21 | 泵房（3m×3m） | m² | 2000 | 9 | 18000 | |
| 22 | 首部设备安装费 | 套 | 1 | | 1300 | |
| 23 | 设计费（1～22 项合计的 5%） | | | | 3942 | |
| 24 | 合计 | | | | 82785 | |

**注** 此为 2012 年造价。

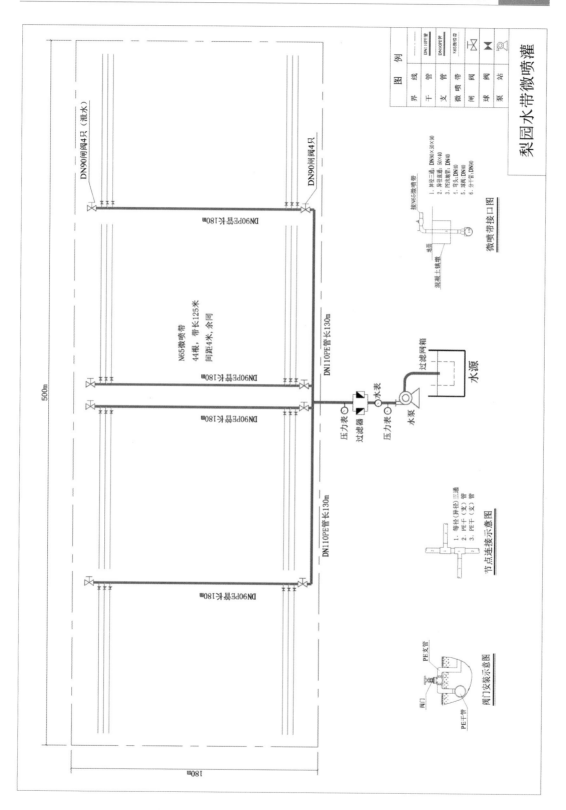

# 第六节 蔬菜水带微喷灌

## 一、项目简介

泗门镇光育农场位于杭州湾南岸，是 1970 年围垦的新土地，粉砂土质，呈长方形，东西宽 641m，南北 174m，面积 167 亩，中部偏南有东西方向机耕路。一年种 3 茬蔬菜。灌区南面 10m 外有东西方向河道，水源可靠，2014 年建成水带微喷灌，造价 8.88 万元，合 532 元/亩，农场主人对水带微喷灌既能灌水又能施肥非常满意。

## 二、工程特性表

| 类 别 | 名 称 | 单 位 | 数 量 | 备 注 |
|---|---|---|---|---|
| 概况 | 面积 | 亩 | 167.3 | 641m×174m |
| | 造价 | 万元 | 8.88 | 合 532 元/亩 |
| | 代表性 | | | 蔬菜水带微喷灌 |
| 管道 | PE100、PE80 | MPa | 0.4、0.8 | |
| | DN110 主管 | m | 87 | 0.5m/亩 |
| | DN110 支管 | m | 641 | 3.8m/亩 |
| | 出地管 | m | 265 | 50mm、40mm 两种管径 |
| 水泵 | ISW8-160 | 套 | 1 | |
| | 流量 | m³/h | 50 | 流量范围为 35~65m³/h |
| | 扬程 | m | 32 | 扬程范围为 28~35m |
| | 功率 | kW | 7.5 | |
| 水带 | 扁径 | mm | 65 | 直径为 40mm |
| | 长度 | m | 31842 | 191m/亩 |
| | 孔数 | 孔/m | 15 | 孔径 1mm、厚 0.35mm |
| 灌溉制度 | 轮灌区 | 个 | 25 | 北片 15 个、南片 10 个 |
| | 轮灌面积 | 亩 | 5.6 | 北片 12~13 根水带，|
| | 灌水时间 | h/区 | 1 | 南片 18~19 根水带，|
| | 灌溉周期 | d | 3 | 轮灌一遍约 27h |

## 三、设计说明

（1）本设计系露地蔬菜水带微喷灌，面积 167.3 亩，分为 25 个轮灌区，以机耕路为界分南北两片，北片 15 个区、南片 10 个区，平均每区 6.7 亩。

（2）泵站位于灌区南面河边，干管由南向北通至中部道路，管材为 PE80 级，耐压 0.4MPa，管径 110mm，长 87m。流经 40m³/h 时，水力损失 2m。

（3）支管沿机耕路埋设，长 641m，与干管呈"丁"字形，管径、管材与干管相同。支管远端管长 385m，水力损失 9m。

（4）干管和支管均深埋地下，管顶离地面 40cm，以保证农业机械作业不受影响。

（5）选 ISW80-160 型水泵机组，流量 35~65m³/h，额定值 50m³/h，扬程 35.5~28m、额定值 32m，配套电机 7.5kW。本设计按工况点 40m³/h 计算。

（6）采用水带微喷灌，选 N65 斜 5 孔水带，即扁径 65mm，充水时直径 40mm，每米 3 排、15 孔，孔径 1mm，10m 工作水压时流量每 100m 约 3m³/h，水力损失 1.7m。水带间距同畦宽 3.5m，喷灌强度 7.7mm/h。

（7）水泵进口设过滤网箱（80 目），进水管设置"负压式吸肥"小配件（DN10 接口、球阀、塑料软管）。水泵后设叠片式过滤器（D80 两个并联），过滤器后安装压力表。

（8）水泵出口段（1.5～2m）用 DN90 PE 管，便于过滤器和水表连接，水表后放大至 DN110 管。

（9）设计总扬程。干管、支管水力损失 11m，自然高差 6m，过滤器 3m，喷水带工作压力 10m，合计 30m。

（10）每个小区喷水 1h，喷灌强度 7.7mm/h，耗水强度 2.5mm/d，灌溉周期为 3d。

## 四、工程造价表

| 序号 | 费用名称 | 单位 | 单价/元 | 数量 | 复价/万元 | 备注 |
|---|---|---|---|---|---|---|
| 1 | DN110×3.4（PE80-0.4MPa） | m | 18.6 | 734 | 1.3652 | 单价按照 1.16kg/m，16 元/m 计算 |
| 2 | DN90×2.9（PE80-0.4MPa） | m | 12.6 | 4 | 0.0050 | 单价按照 0.79kg/m，16 元/m 计算 |
| 3 | DN50×2.8（PE80-0.8MPa） | m | 6.9 | 190 | 0.1311 | 单价按照 0.43kg/m，16 元/m 计算 |
| 4 | DN40×2.3（PE80-0.8MPa） | m | 4.5 | 75 | 0.0338 | 单价按照 0.28kg/m，16 元/m 计算 |
| 5 | DN110×110 三通 | 个 | 25 | 1 | 0.0025 | |
| 6 | DN110 管帽 | 个 | 11 | 2 | 0.0022 | |
| 7 | DN110×90°弯头 | 个 | 18 | 2 | 0.0036 | |
| 8 | DN110×90 异径接头 | 个 | 10 | 1 | 0.0010 | |
| 9 | DN90×90°弯头 | 个 | 13.5 | 4 | 0.0054 | |
| 10 | DN90 三通 | 个 | 14 | 2 | 0.0028 | |
| 11 | DN110×50 哈夫三通 | 个 | 11 | 188 | 0.2068 | |
| 12 | DN50×50 三通 | 个 | 3.2 | 185 | 0.0592 | |
| 13 | DN40 球阀 | 个 | 9 | 185 | 0.1665 | |
| 14 | N65 斜 5 孔喷水带 | m | 0.65 | 32500 | 2.1125 | |
| 15 | 镇墩（0.2m×0.2m×0.2m） | 个 | 15 | 370 | 0.3700 | C20 混凝土 |
| 16 | ISW80-160 水泵机组 | 套 | 2580 | 1 | 0.2580 | 配 7.5kW |
| 17 | 过滤网箱（1.5m×1.5m） | 只 | 500 | 1 | 0.0500 | |
| 18 | 水泵配件 | 套 | | 1 | 0.1060 | DN80 法兰接头 2 个 80 元，0.6MPa 压力表 1 个 100 元，DN80 农灌水表 1 只 660 元，首部支墩 4 个 400 元 |
| 19 | 3in 叠片式过滤器 | 个 | 800 | 2 | 0.1600 | |
| 21 | 3in 逆止阀 | 个 | 800 | 1 | 0.0800 | |
| 22 | 泵房（3m×3m） | m² | 2000 | 9 | 1.8000 | |
| 23 | 1in 排气阀 | 个 | 100 | 1 | 0.0100 | |
| 24 | 地埋管安装费 | m | 10 | 999 | 0.9990 | |
| 25 | 喷水带铺设费 | m | 0.1 | 32500 | 0.3250 | |
| 26 | 首部设备安装费 | | | | 0.1000 | |
| 27 | 配电箱 | 只 | 1000 | 1 | 0.1000 | |
| 28 | 设计费（1～27 项合计的 5%） | | | | 0.4228 | |
| 29 | 合计 | | | | 8.8784 | |

**注**　此为 2014 年造价。

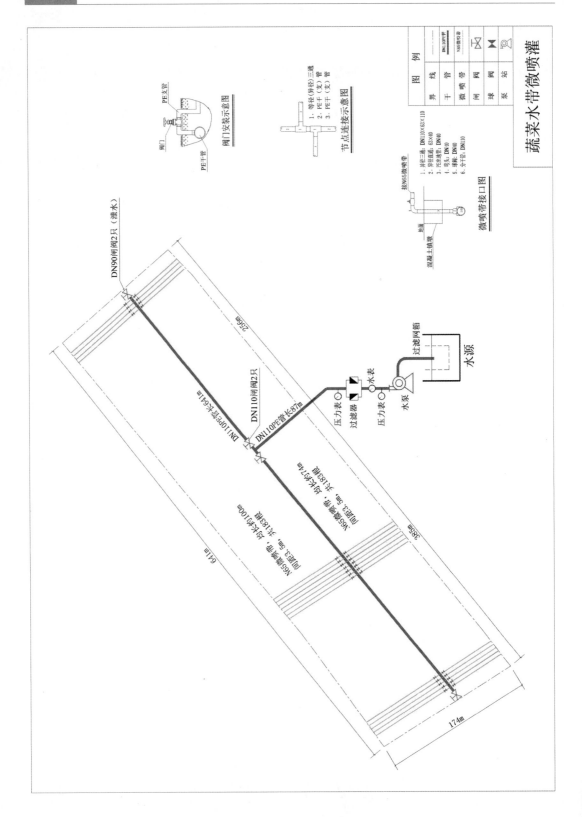

# 第七节 梨 园 喷 灌

## 一、项目简介

项目位于朗霞镇平原水稻区，面积 123 亩，2015 年建成喷灌，造价 14.93 万元，合 1214 元/亩。项目特点是在埋设干灌区分干管的同时埋药液管，管径很小，仅 25mm，壁很厚，为 4.6mm，额定耐压 2.5MPa，田间设置 30 个铜阀门和接口，用于连接移动喷药软管，另增投资仅 102 元/亩，方便了农户。

## 二、工程特性表

| 类 别 | 名 称 | 单 位 | 数 量 | 备 注 |
|---|---|---|---|---|
| 概况 | 面积 | 亩 | 123 | 东西宽 350m，南北长 235m |
| | 造价 | 万元 | 14.93 | 1214 元/亩 |
| | 代表性 | | | 喷灌结合安装输药管道 |
| 管道 | PE80 级 | MPa | 0.6 | 合计 5657m，46m/亩 |
| | 干管 | m | 1494 | DN90mm，12m/亩 |
| | 支管 | m | 4163 | DN75mm，34m/亩 |
| 喷头 | PYS15 塑料 | 个 | 320 | 间距 16m×16m、强度 6.9mm/h |
| | 压力 | m | 30 | 压力范围为 20～40m |
| | 流量 | m³/h | 1.95 | 流量范围为 1.62～2.25m³ |
| | 射程 | m | 15 | 射程范围为 13～16.5m |
| 水泵 | 65BPZ－55 | 套 | 1 | 口径 65mm |
| | 流量 | m³/h | 36 | 流量范围为 18～40m³/h |
| | 扬程 | m | 55 | 扬程范围为 53～58m |
| | 功率 | kW | 11 | |
| 灌溉制度 | 轮灌面积 | 亩 | 7 | 16～20 个喷头，平均 18 个 |
| | 轮灌区数 | 个 | 18 | |
| | 灌水时间 | h/区 | 1.5 | 灌水强度 9.3mm/次 |
| | 轮灌一遍 | h/遍 | 30 | 计及开关转换时间 |
| | 灌溉周期 | d | 4 | 耗水强度 2mm/d |

## 三、喷灌设计说明

（1）本工程为平原梨园固定喷灌，面积 123 亩，分为 18 个轮灌区，平均每区 7 亩、18 个喷头。

（2）选用 PE80 级塑料管材，耐压 0.6MPa；干管直径 90mm，长 210m，末端水力损失 10.6m；分干管有 90mm、75mm 两种，最远点管长 248m，水力损失 10.4m。

（3）支管直径也有 50mm、40mm 两种，典型支管长 72m，水力损失 2.5m。

（4）水泵型号 65BPZ-55，流量 36m³/h，扬程 55m，功率 11kW。

（5）选用 G3/4in 塑料摇臂喷头，喷嘴直径 5mm×2.5mm（标准型），工作压力 30m，流量 1.95m³/h，射程 15m。

（6）支管及喷头间距均为 16m，正方形布置，组合喷灌强度 6.2mm/h。

（7）水泵进水管口设置过滤网箱，需要自制，网箱尺寸 1.5m×1.5m×1.5m，网眼密度 40 目。需配有箱脚，便于固定在河床。滤网和框架均采用不锈钢材料。

（8）水泵进水管设置负压式吸肥球阀及软管，出水口装压力表、水表，但不装过滤器。

（9）竖管与支管连接处采用 C20 混凝土（0.3m×0.3m×0.3m）预制件。

（10）系统总扬程。喷头工作压力 28m，干支管水力损失 23.5m，水面至喷头高差 4m，合计 55.5m。

（11）每个轮灌区由近及远相继可开 20～16 个喷头，每区喷水 1.5h，轮灌一遍约需 30h，灌水量 9.3mm，日耗水量 2mm，灌溉周期 4d。

## 四、喷灌工程造价表

| 序号 | 费用名称 | 单位 | 单价/元 | 数量 | 复价/万元 | 备 注 |
|---|---|---|---|---|---|---|
| 1 | DN90×4.3（PE80-0.6MPa） | m | 19.2 | 996 | 1.9123 | 单价按照 1.2kg/m，16 元/m 计算 |
| 2 | DN75×3.6（PE80-0.6MPa） | m | 13.6 | 498 | 0.6773 | 单价按照 0.85kg/m，16 元/m 计算 |
| 3 | DN50×2.4（PE80-0.6MPa） | m | 6.1 | 1673 | 1.0205 | 单价按照 0.38kg/m，16 元/m 计算 |
| 4 | DN40×2.0（PE80-0.6MPa） | m | 4.0 | 2490 | 0.9960 | 单价按照 0.25kg/m，16 元/m 计算 |
| 5 | PYS15 塑料喷头（双喷嘴） | 个 | 13 | 320 | 0.4160 | G3/4 外接口 |
| 6 | 竖管（1in 镀锌钢管 2m） | 根 | 20 | 320 | 0.6400 | 含接头 2 个 |
| 7 | DN90×90°弯头 | 个 | 13.5 | 6 | 0.0081 | |
| | DN90×75 四通 | 个 | 15 | 4 | 0.006 | |
| | DN75×50 三通 | 个 | 7.8 | 85 | 0.0663 | |
| | DN50×90°弯头 | 个 | 2.8 | 255 | 0.0714 | |
| | DN50×4.6（PE100-1.6MPa） | m | 10.7 | 120 | 0.1284 | |
| 8 | 竖管镇墩（0.3m×0.3m×0.3m） | 个 | 15 | 320 | 0.4800 | 预制 C20 混凝土 |
| 9 | 阀门箱（塑 330mm×440mm×530mm） | 只 | 50 | 25 | 0.1250 | 含粗砂填层 |
| 10 | DN40 铸铁闸阀（螺纹式） | 只 | 30 | 18 | 0.0540 | |
| 11 | DN50 铸铁闸阀（螺纹式） | 只 | 35 | 67 | 0.2345 | |
| 12 | DN65 铸铁闸阀（法兰式） | 只 | 140 | 10 | 0.1400 | |
| 13 | DN80 铸铁闸阀（法兰式） | 只 | 185 | 7 | 0.1295 | |
| 14 | 1in 排气阀，吸肥配件（套） | 只 | 50+50 | 1+1 | 0.0100 | 32mm 外螺纹 |
| 15 | 泵房（3m×3m） | 座 | | 1 | 1.8000 | |

| 序号 | 费用名称 | 单位 | 单价/元 | 数量 | 复价/万元 | 备注 |
|---|---|---|---|---|---|---|
| 16 | 65BPZ-55水泵机组 | 套 | | 1 | 0.4500 | |
| 17 | 过滤网箱（1.5m×1.5m×1.5m） | 只 | 500 | 1 | 0.0500 | 不锈钢框架 |
| 18 | 管道安装费（含土方、竖管喷头） | m | 8 | 5657 | 4.5256 | 368元/亩 |
| 19 | 首部设备安装费 | 套 | | | 0.1000 | |
| 20 | 水压表（0～0.8MPa） | 只 | | 1 | 0.0100 | |
| 21 | DN80农用水表 | 只 | | 1 | 0.0660 | |
| 22 | 配电箱 | 只 | 1000 | 1 | 0.1000 | 含低压电线 |
| 23 | 设计费（1～22项合计的5%） | | | | 0.7108 | |
| 24 | 合　计 | | | | 14.9277 | |

**注**　此为2015年造价。

## 五、喷药管路造价表

| 序号 | 费用名称 | 单位 | 数量 | 单价/元 | 复价/元 | 备注 |
|---|---|---|---|---|---|---|
| 1 | DN25×4.6（PE100-2.5MPa） | m | 2080 | 4.8 | 9984 | 超厚塑管 |
| 2 | DN10铜球阀（含接头） | 个 | 30 | 10 | 300 | |
| 3 | 阀管镇墩（0.2m×0.2m×0.2m） | 个 | 30 | 10 | 300 | C20混凝土 |
| 4 | 喷药柱塞泵（3kW） | 套 | 1 | | 另计 | 含软管喷枪 |
| 5 | 管道安装费（按管材20%计） | | | | 2000 | 不计土方费 |
| 6 | 合　计 | | | | 12584 | |

**注**　该项目面积为123亩，喷药管路造价为100元/亩。

## 六、喷药管路设计说明

（1）梨园每年喷药10～15次，劳动力成本高昂，所以在设计喷灌时结合考虑了喷药管道系统。

（2）药管采用特制的超高压DN25×4.6 PE100级管材，设计耐压2.5MPa，实际耐压4.0MPa。

（3）选用3WZB-30型三缸柱塞泵，流量22～30L/min，压力2.0～4.0MPa，功率2.2～3kW。软管和喷药枪均由农业部门另行补助，故不纳入本预算。

（4）药管随喷灌管埋入地下0.4m，故不另行计算土方费。

（5）田间设置30个铜质球阀和软管接口。喷药时由人工接上软管，并提着管子移动式喷洒药水，田间不设固定微喷头。

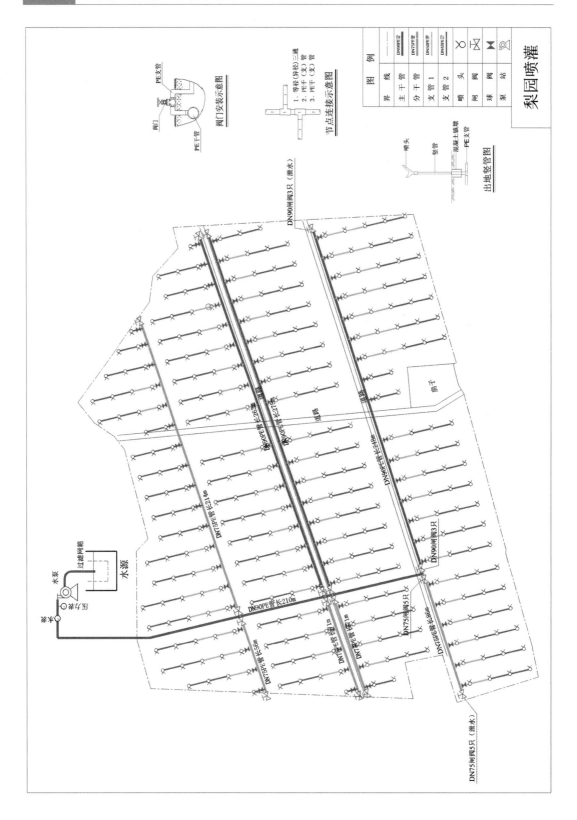

梨园喷药管

# 第八节 草皮半固定喷灌

## 一、项目简介

项目位于余姚市小曹娥镇北部，是 2006 年围垦的新土地，与杭州湾仅一条标准海塘之隔，系粉砂质土，氯离子含量高，种植草皮，需要用喷灌浇水和"压盐"。灌区呈长方形，南北 574m、宽 480m，面积 416 亩。北部有百米宽的河道横贯东西，水源可靠。喷灌工程于 2014 年建成，有以下特点：

（1）采用"中间固定、两头移动"的半移动模式，即干管、支管、供水栓固定，水泵机组和喷头移动。

（2）采用边长 0.6m 的立方体框形架支撑喷头，代替常见的三脚支架，提高了喷头的稳定性。

（3）选用了进口直径较大（30mm）的摇臂喷头，射程大（27m）、流量也大（10.4m³/h），以减少喷头移动的点位。

## 二、工程特性表

| 类 别 | 名 称 | 单 位 | 数 量 | 备 注 |
|---|---|---|---|---|
| 概况 | 面积 | 亩 | 416 | 574m×480m |
| | 造价 | 万元 | 27.58 | 663 元/亩 |
| | 代表性 | | | 草皮半固定喷灌 |
| 管道 | PE80 级 | MPa | 0.4 | |
| | DN110 干管 | m | 2300 | 5.5m/亩 |
| | DN63 支管 | m | 6840 | 16.4m/亩 |
| | DN63 出地管 | m | 189 | 0.45m/亩（1.25MPa） |
| 水泵 | 65BPS-55 | 套 | 2 | 喷灌机组、手动引水 |
| | 流量 | m³/h | 40 | |
| | 扬程 | m | 55 | |
| | 配套功率 | kW | 11 | |
| 喷头 | 30PY₂ 型 | 只 | 40 | 嘴径 11mm×5mm |
| | 压力 | m | 35 | 压力范围为 30~40m |
| | 流量 | m³/h | 10.4 | 流量范围为 9.7~11.4m³/h |
| | 射程 | m | 27 | 射程范围为 25.5~28.0m |
| 灌溉制度 | 轮灌区 | 个 | 76 | 每条支管为 1 个轮灌区 |
| | 轮灌面积 | 亩 | 10.8 | 2 套机组各喷 1 个轮灌区 |
| | 灌水时间 | h/区 | 1 | 灌水量 10.4mm、7.0m³/亩 |
| | 轮灌一遍 | h/遍 | 40 | |
| | 灌溉周期 | d | 3 | 耗水强度 3.5mm/d |

## 三、设计说明

（1）灌区呈长方形，南北 574m、宽 480m，面积 416 亩，分为 38 个轮灌区，每区 10.8 亩。

（2）采用干管、支管二级管道，埋于地下固定，水泵机组和喷头移动，形成半固定半移动模式。

（3）南北方向干布置 4 条干管，间距 120m，每条长 575m，用 DN110 PE 管，干管北端设消防接口，用于连接水泵。末端水力损失 14m，每条干管设 19 条支管，间隔 30m。

（4）支管为东西方向，单管长 90m，用 DN63 PE 管，每条支管设 4 个喷头接口，喷头间隔 30m。单向水力损失 2.5m。支管与干管连接处设闸阀。

（5）选用 2 套 65BPS – 55 移动水泵机组，扬程 55m，流量 40m³/h，配 11kW 电机。每套机组轮流为 2 条干管供水，面积 208 亩。水泵进口设移动式过滤网箱。

（6）选用 30PY$_2$ 型喷头，喷嘴直径 11mm×5mm，工作压力为 35m 时，流量 10.4m³/h，射程 27m，间距 30m×30m，正方形布置，毛灌溉强度 11.5mm/h，灌溉水利用系数 0.9，得净灌溉强度 10.4mm/h。

（7）设计总扬程。喷头压力 35m，地面与水面高差 2.5m，喷头高度 0.6m，干、支管水力损失 16.5m，水泵进水管路、进出水接口、闸阀等水力损失 0.4m，共 55m。

（8）每套机组同时工作 1 条支管、4 个喷头，轮灌面积 5.4 亩，两套机组同时工作，共轮灌 10.8 亩。

（9）每套机组负责 2 条干管、38 个轮灌区，每区工作 1h，加上轮换喷头时间总共 2h，轮灌一遍需 40h。

（10）一次灌水量 10.4mm，以草皮耗水强度 3.5mm/d 计，灌溉周期为 3d。

## 四、工程造价表

| 序号 | 费用名称 | 单位 | 单价/元 | 数量 | 复价/万元 | 备注 |
|---|---|---|---|---|---|---|
| 1 | DN110×5.3（PE80 – 0.6MPa） | m | 28.8 | 2300 | 6.6240 | 单价按照 1.8kg/m，16 元/m 计算 |
| 2 | DN63×3.0（PE80 – 0.6MPa） | m | 9.3 | 6840 | 6.3612 | 单价按照 0.58kg/m，16 元/m 计算 |
| 3 | DN110×63 三通 | 个 | 22.3 | 76 | 0.1695 | 出地套件 |
| 4 | DN63×5.8（PE80 – 1.25MPa） | m | 17.6 | 122 | 0.2147 | 单价按照 1.1kg/m，16 元/m 计算 |
| 5 | DN110 堵头 | 个 | 11.0 | 4 | 0.0044 | |
| 6 | DN63×90°弯头 | 个 | 4.7 | 456 | 0.2143 | |
| 7 | DN63×50 三通 | 个 | 5.1 | 304 | 0.1550 | |
| 8 | DN50 堵头 | 个 | 2.3 | 152 | 0.0350 | |
| 9 | DN50×4.6（PE80 – 1.25MPa） | m | 10.7 | 185 | 0.1980 | 0.6m×304 根 |
| 10 | DN40 接口 | 个 | 30 | 304 | 0.9120 | 喷头给水栓 |
| 11 | 消防接口 | 套 | 60 | 4 | 0.0240 | 入地套件 |
| 12 | DN75×6.8（PE80 – 1.25MPa） | m | 24 | 4 | 0.0096 | |
| 13 | DN75×90°弯头 | 个 | 7.4 | 4 | 0.0030 | |
| 14 | C20 镇墩（0.3m×0.3m×0.3m） | 个 | 15 | 308 | 0.4620 | |
| 15 | 30PY$_2$ 型喷头 | 个 | 120 | 40 | 0.4800 | |
| 16 | 喷头支架 | 个 | 120 | 40 | 0.4800 | 包括软管、接口 |
| 17 | 65BPS – 55 水泵 | 套 | 4600 | 2 | 0.9200 | 移动喷灌机组 |
| 18 | 过滤网箱 | 只 | 200 | 2 | 0.0400 | |
| 19 | DN50 闸阀 | 只 | 165 | 76 | 1.2540 | |
| 20 | 管道安装费 | m | 8380 | 8 | 6.7040 | 机械挖土、回填 |
| 21 | 设计费（1～20 项合计的 5%） | | | | 1.3131 | |
| 22 | 合计 | | | | 26.5778 | |

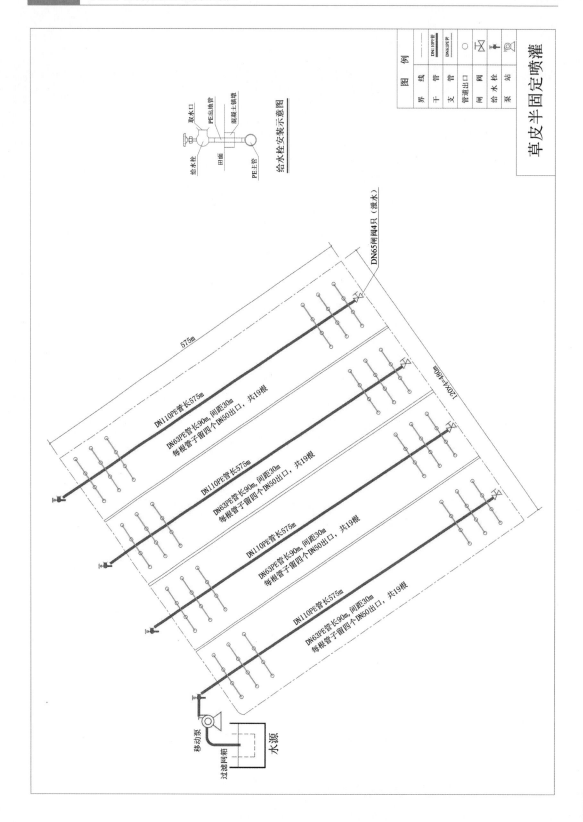

# 第九节　葡萄自动化滴灌

## 一、项目简介

本项目位于余姚市泗门镇，靠近杭州湾滨海平原，为 1970 年围垦的年轻土地，面积 80 亩，种植大棚葡萄，2015 年安装滴灌。特点为：①地面覆盖农膜、形成膜下滴灌，适应葡萄"根部要湿润，小气候须干燥"的环境要求；②由手机控制电磁阀，实现"互联网＋滴灌"的远程遥控。

## 二、工程特性表

| 类　别 | 名　称 | 单　位 | 数　量 | 备　注 |
|---|---|---|---|---|
| 概况 | 面积 | 亩 | 80.2 | 5.346 万 m² |
| | 造价 | 万元 | 8.69 | 1087 元/亩、2 元/m² |
| | 代表性 | | | 滴灌远程无线控制 |
| 管道 | PE80 级 | MPa | 0.4 | |
| | DN90 干管 | m | 455 | 5.7m/亩 |
| | DN75 支管 | m | 972 | 12.2m/亩 |
| 水泵 | 50BPZ－45 | 套 | 1 | 自吸式喷灌专用泵 |
| | 流量 | m³/h | 20 | |
| | 扬程 | m | 45 | |
| | 功率 | kW | 5.5 | |
| 滴灌管 | 滴灌管 | m | 35600 | DN16×0.6mm |
| | 滴头流量 | L/h | 2.5 | 滴头间距 1.5m |
| | 滴头间距 | cm | 50 | 滴水强度 3mm/h |
| 灌溉制度 | 轮灌区 | 个 | 9 | 由 2 个连栋大棚组成 |
| | 轮灌区面积 | 亩 | 8.9 | 同时开启 2 个电磁阀 |
| | 灌水时间 | h/区 | 3 | |
| | 轮灌时间 | h/遍 | 27 | |
| | 灌溉周期 | d | 4 | 耗水强度 2.2mm/d |

## 三、设计说明

（1）灌区呈长方形，东西宽 495m、南北长 115m，中部有东西向操作道路，18 个连栋大棚分列道路南北。棚内种植葡萄，行距 3m，株距 2.2m，每亩 100 株。

（2）每个连栋大棚东西宽 54m、南北长 55m，面积 4.5 亩，设一个电磁阀。两个棚为一个轮灌区，即同时开两个电磁阀、轮灌面积 9 亩。

（3）选 50BPZ-45 型自吸式喷灌专用水泵，每小时流量 20m³，扬程 45m，配电机功率 5.5kW。

（4）管材均选 PE80 级，耐压为 0.4MPa，干管沿道路埋设，从灌区北边河道取水，呈丁字形布置，中段 DN90mm 255m，两端 DN75mm 各 125m，最远端水力损失约 9.6m。

（5）从干管与支管的连接短管为 DN50mm、9 根，总长 54m，单根长 6m，流量 10m³ 时水力损失约 0.4m。支管为 DN50mm，共 18 根，总长 918m，单管长 51m，水力损失约 1.2m。

（6）选壁厚 0.6mm、内径 16mm 内镶式滴灌管，滴头流量 2.5L/h，间距 0.5m，每行葡萄配两根水带，平均间距 1.5m（实际铺设在靠近树根处，间距 1m），单根长 55m，每棚 36 根，共 648 根，总长 35640m，单管进口流量 0.28m³/h，首末端水力损失约 1.8m。

（7）设计总扬程。滴头工作压力 15m，水面至地面高差 4m，干管、支管水力损失 13m，过滤器水力损失 3m，电磁阀水力损失 3m，合计 38m。

（8）干管、支管埋于地下，管顶距地面 40cm，其中安装电磁阀部分露出地面，管下沿离地大于 5cm。

（9）水泵进水管口设置过滤网箱（1.5m×1.5m×1.5m），出水管安装 D50 叠片式过滤器（两个并联），过滤器后安装水压表和水表。

（10）滴水强度为 3.0mm/h，小区轮灌时间 3h，灌水 6m³/亩，平均每株葡萄灌水量约 60kg。轮灌一遍时间为 27h，灌溉季节棚内耗水强度 2～3mm/d，灌溉周期为 3～4d。

（11）每个轮灌单元为两个连栋大棚，设计时水力损失按两个大棚连在一起的计算，但使用时提倡两个大棚以东西两边各一个棚为好，这样可以减少干管水力损失，增加水泵流量，并降低耗电量。

（12）本工程采用先进的远程控制技术，可在手机上设定"全程自动轮灌"，也对任一小区实现"点灌"。

## 四、工程造价表

| 序号 | 费用名称 | 单位 | 单价/元 | 数量 | 复价/万元 | 备　注 |
|---|---|---|---|---|---|---|
| 1 | DN90×2.8（PE80-0.4MPa） | m | 12.5 | 255 | 0.3188 | 单价按照 0.78kg/m，16 元/m 计算 |
| 2 | DN75×2.3（PE80-0.4MPa） | m | 8.64 | 250 | 0.2160 | 单价按照 0.54kg/m，16 元/m 计算 |
| 3 | DN50×2.0（PE80-0.4MPa） | m | 5.12 | 972 | 0.4977 | 单价按照 0.32kg/m，16 元/m 计算 |
| 4 | DN20×2.3（PE80-1.0MPa） | m | 2.08 | 162 | 0.0296 | 单价按照 0.55kg/m，16 元/m 计算 |

| 序号 | 费 用 名 称 | 单位 | 单价/元 | 数量 | 复价/万元 | 备 注 |
|---|---|---|---|---|---|---|
| 5 | DN90×90°弯头 | 个 | 13.5 | 4 | 0.0054 | |
| 6 | DN90×90 三通 | 个 | 13.9 | 1 | 0.0014 | |
| 7 | DN90×50 三通＋50 三通 | 对 | 16.9 | 3 | 0.0051 | 代替 DN90×50 四通 |
| 8 | DN75×50 三通＋50 三通 | 对 | 11.0 | 6 | 0.0066 | 代替 DN75×50 四通 |
| 9 | DN50×90°弯头 | 个 | 2.8 | 72 | 0.0202 | |
| 10 | DN50×20 三通 | 个 | 0.4 | 324 | 0.0680 | |
| 11 | DN20×90°弯头 | 个 | 0.4 | 324 | 0.0130 | |
| 12 | DN20×16 二叉接口 | 个 | 2.0 | 324 | 0.0628 | 一根 DN20 管接 2 条滴灌管 |
| 13 | DN20 旁通水封 | 个 | 0.5 | 324 | 0.0162 | |
| 14 | 内镶式滴灌管 | m | 0.65 | 35640 | 2.3166 | 每行树配 2 条滴灌管 |
| 15 | 50BPZ-45 水泵机组 | 套 | 1 | | 0.2600 | 含 5.5kW 电机 |
| 16 | 首部管道附件固定支架等 | 套 | | | 0.1000 | |
| 17 | 泵房（3m×3m） | m² | 9 | 2000 | 1.8000 | |
| 18 | 过滤网箱 | 只 | 1 | 500 | 0.0500 | 120 目不锈钢滤网 |
| 19 | DN80 农灌水表 | 只 | 1 | 660 | 0.0660 | |
| 20 | 0～0.6MPa 压力表 | 只 | 2 | 60 | 0.0120 | |
| 21 | DN10 吸肥球阀、塑管等 | 套 | 2 | 50 | 0.0100 | 水泵进水管负压式吸肥器配件 |
| 22 | DN80 叠片式过滤器 | 个 | 2 | 800 | 0.1600 | |
| 23 | 地埋管安装 | m | 10 | 1639 | 1.6390 | |
| 24 | 滴灌带铺设 | m | 0.15 | 35640 | 0.5346 | |
| 25 | 首部设备安装 | 套 | 1 | 1000 | 0.1000 | 284 元/亩 |
| 26 | 设计费（1～25 项合计的 5%） | | | | 0.4140 | |
| 27 | 合　　计 | | | | 8.7230 | |

**注**　此为 2015 年造价，远程控制部分 3.8 万元另计。

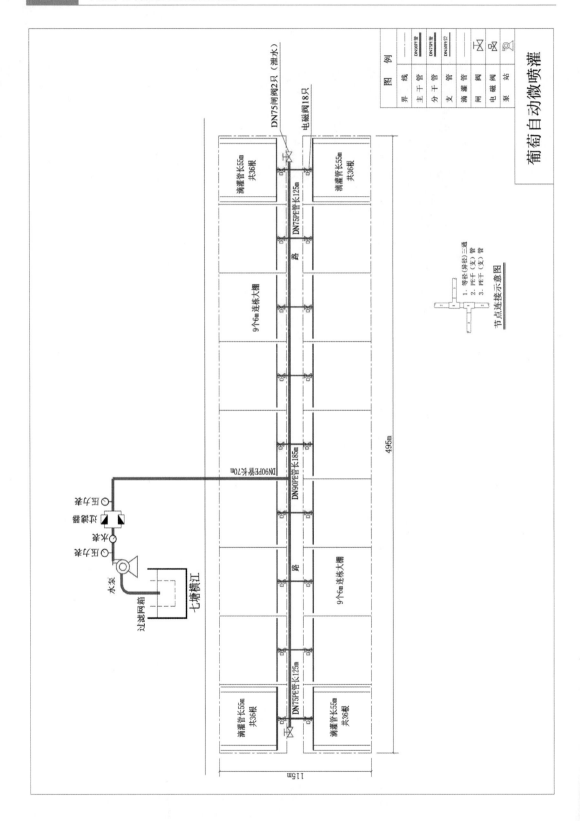

葡萄自动微喷灌

# 第十节　水　稻　喷　灌

## 一、项目简介

余姚市陆埠镇鼎绿农场位于姚江平原，历来种植水稻，20 世纪 80 年代改为鱼塘，2010 年恢复为稻田，由大户承包经营，种植有机水稻。农场主人要求安装喷灌的原因为：①由于田面高低相差 20～30cm，难以实现常规灌溉；②由于地势低洼，地下水水位高，小气候湿度高、水稻发病多，而有机稻不能使用农药，需要节制灌水、遏制病情；③有机稻不能用化肥，需要用喷灌施沼液以节省劳力成本。项目建于 2016 年，造价 20.47 万元，898 元/亩。喷灌施沼液肥，变废为宝，对于治理水污染有示范意义。水稻喷灌见图 4-5。

图 4-5　水稻喷灌

## 二、工程特性表

| 类　别 | 名　称 | 单　位 | 数　量 | 备　注 |
|---|---|---|---|---|
| 概况 | 面积 | 亩 | 228 | |
| | 造价 | 万元 | 20.47 | 898 元/亩 |
| | 代表性 | | | 水稻喷施沼液 |
| 管道 | PE80 级 | MPa | 0.6 | |
| | 干管、分干管 | m | 2694 | DN110、DN75，8.7m/亩 |
| | 支管 | m | 8080 | DN50、DN40，35.4m/亩 |
| | 辅管 | m | 1470 | DN63，6.4m/亩 |

续表

| 类 别 | 名 称 | 单 位 | 数 量 | 备 注 |
|---|---|---|---|---|
| 水泵 | 65BPZ－55 | 套 | 2 | |
| | 流量 | m³/h | 36 | |
| | 扬程 | m | 55 | |
| | 功率 | kW | 11 | |
| 喷头 | YPS₁₅ | 个 | 604 | |
| | 压力 | m | 30 | |
| | 流量 | m³/h | 2.65 | 嘴径 6mm×2.5mm |
| | 射程 | m | 16.5 | |
| 灌溉制度 | 轮灌区 | 个 | 26×2 | |
| | 轮灌面积 | 亩 | 4.6×2 | |
| | 灌水时间 | d/区 | 1 | 10～16 个喷头/区，平均 12 个喷头/区 |
| | 轮灌一遍 | d/遍 | 26 | |
| | 灌溉周期 | d | 4 | |

## 三、设计说明

(1) 灌区呈梯形，南北长 460m，东西平均宽 330m，面积 228 亩。分东西两区，每区分为 26 个轮灌区，平均 4.4 亩/区。

(2) 每区北部留有水塘为水源，另有泵站及渠道补充水量。水塘边建沼液池，池分为 5 格，格与格之间设置拦栅，逐级过滤，最后一格连通水泵进水池。

(3) 选用 65BPZ－55 型喷灌专用泵，流量 36m³/h，扬程 55m，配 11kW 电机，本设计典型工况流量为 30m³/h。

(4) 选用 PE80 级管材，干管有 DN110、DN90 两种管径，分干管有 DN90、DN75 两种管径。东区泵站以南最远点干管 DN110 PE 管 316m，分干管 DN90 PE 管 153m，水力损失 11.6m；泵站以北最远点干管、分干管 DN90 PE 管 268m，水力损失 10.9m。

(5) 西区泵站以南最远点干管 DN110 PE 管 238m，DN90 PE 管 129m，水力损失 9.7m；泵站以北最远点干管、分干管 DN90 管 235m，水力损失 9.5m。

(6) 灌区采用自动远程集中控制，共设电磁阀 52 只，每片各 26 只，平均每只控制 12 个喷头，可以设定全灌区自动轮灌或某电磁阀"点灌"。辅管为 DN63 PE 管，单管长 30m，末端水力损失 0.5m。

(7) 支管也为 PE 管，1～2 个喷头用 DN40 管，3～4 个喷头用 DN50、DN40 各 50%，5～6 个喷头用 DN63、DN50 各 50%，当 2 个、4 个、6 个喷头时，支管水力损失分别是 1.5m、2.0m、4.6m。

(8) 选用 YPS₁₅ 型塑料喷头，考虑到喷沼液口径要大一些，选用 6mm×2.5mm 喷嘴直径，压力 30m 时流量 2.65m³/h，射程 16.5m。鉴于沼液质量比水重，射程会近些，故喷头间距仍为 15m×15m，喷灌强度为 10.6mm。

（9）设计总扬程。喷头工作压力 30m，水面与喷头高差 2.5m，水力损失为干管 11.6m、支管 4.6m、辅管 0.5m、首部 0.5m、电磁阀 5m，合计 54.7m。

（10）每区同时开启 1 个电磁阀，灌水 1h，灌水 10.6mm，耗水强度 2.5mm/d，灌溉周期 4d，轮灌一遍时间 26h。

## 四、工程造价表

| 序号 | 费 用 名 称 | 单位 | 单价/元 | 数量 | 复价/万元 | 备　注 |
|---|---|---|---|---|---|---|
| 1 | DN110×5.3（PE80-0.6MPa） | m | 28.8 | 554 | 1.5992 | 单价按照1.8kg/m，16元/m计算 |
| 2 | DN90×4.3（PE80-0.6MPa） | m | 19.2 | 1587 | 3.0470 | 单价按照1.2kg/m，16元/m计算 |
| 3 | DN75×3.6（PE80-0.6MPa） | m | 13.1 | 553 | 0.7244 | 单价按照0.82kg/m，16元/m计算 |
| 4 | DN63×3.0（PE80-0.6MPa） | m | 9.3 | 1470 | 1.3617 | 单价按照0.58kg/m，16元/m计算 |
| 5 | DN50×2.0（PE80-0.6MPa） | m | 5.1 | 4040 | 2.0604 | 单价按照0.32kg/m，16元/m计算 |
| 6 | DN40×2.0（PE80-0.6MPa） | m | 4.0 | 4040 | 1.6160 | 单价按照0.25kg/m，16元/m计算 |
| 7 | DN110×90°弯头 | 个 | 18 | 8 | 0.0144 | |
| 8 | DN110×90 三通 | 个 | 23 | 4 | 0.0092 | |
| 9 | DN110×63 三通 | 个 | 22 | 2 | 0.0044 | |
| 10 | DN90×63 三通 | 个 | 14 | 60 | 0.0840 | |
| 11 | DN63×90°弯头 | 个 | 4.7 | 120 | 0.0564 | |
| 12 | DN63×63 三通 | 个 | 6.0 | 60 | 0.0360 | |
| 13 | DN63×50 三通 | 个 | 5.1 | 180 | 0.0918 | |
| 14 | DN63 管帽 | 个 | 2.3 | 120 | 0.0276 | |
| 15 | DN50×32 三通 | 个 | 2.4 | 302 | 0.0725 | |
| 16 | DN40×32 三通 | 个 | 1.8 | 302 | 0.0544 | |
| 17 | DN40 管帽 | 个 | 0.6 | 180 | 0.0108 | |
| 18 | PYS$_{15}$塑料喷头 | 个 | 12 | 604 | 0.7240 | |
| 19 | DN25 镀锌钢管（1.5m） | 根 | 175 | 604 | 1.0570 | 含25mm×20mm接头堵头 |
| 20 | 镇墩（0.3m×0.3m×0.3m） | 个 | 15 | 724 | 1.0860 | C20混凝土 |
| 21 | 泵房（3m×3m） | 座 | | 2 | 3.6000 | |
| 22 | 过滤网箱 | 只 | 500 | 2 | 0.1000 | |
| 23 | 65BPZ-55 水泵机组 | 套 | 4685 | 2 | 0.9370 | |
| 24 | DN80 逆止阀 | 只 | 800 | 2 | 0.1600 | |
| 25 | 压力表（1.0MPa） | 只 | 100 | 2 | 0.0200 | |
| 26 | DN100 农灌水表 | 只 | 1000 | 2 | 0.2000 | 含法兰、螺栓等 |
| 27 | 控制箱（11kW） | 只 | 1000 | 2 | 0.2000 | |
| 28 | 管道安装 | m | 8 | 12244 | 9.3528 | |
| 29 | 首部安装 | | | | 0.1000 | |
| 30 | 自动控制部分 | | | | | 另计 |
| 31 | 设计费（1~30项合计的5%） | | | | 0.9749 | |
| 32 | 合　计 | | | | 29.3819 | |

**注**　此为 2016 年造价。

# 第五章
## 山林作物喷滴灌优化设计案例

## 第一节　茶场半固定喷灌

### 一、项目简介

本项目位于余姚市东部三七市镇，属缓坡山地，地面平均坡比约10°，面积40亩，茶园和苗圃各占一半，无法地面灌溉，2001年建成半固定喷灌，是山区第一个经济型喷灌工程。2004年笔者回访喷灌效益时，主人说："没有喷灌阿拉（我们）早已推过（亏本）啦！"（图5-1）。这套半固定设备整整用了10年，期间仅更新了一些移动软管，为了节约劳力成本，2010年与新承包的500亩茶园一起建成固定喷灌。喷灌"黄金芽"茶园见图5-1。

图5-1　喷灌"黄金芽"茶园（2010年）

### 二、工程特性表

| 类　别 | 名　称 | 单　位 | 数　量 | 备　注 |
|---|---|---|---|---|
| 概况 | 面积 | 亩 | 40 | |
| | 造价 | 万元 | 1.48 | 370元/亩 |
| | 代表性 | | | 茶园半固定喷灌 |
| 管道 | 固定钢管 | m | 310 | 7.8m/亩 |
| | 移动软管 | m | 200 | 5.0m/亩 |
| 水泵 | 65SPZ-55 | 套 | 1 | 柴油机喷灌机组 |
| | 压力 | m | 35 | |
| | 扬程 | m | 55 | |
| | 功率 | hp | 12 | |

续表

| 类 别 | 名 称 | 单 位 | 数 量 | 备 注 |
|---|---|---|---|---|
| 喷头 | 20PY$_2$型 | 个 | 10 | |
| | 压力 | m | 30 | |
| | 流量 | m$^3$/h | 3.6 | |
| | 射程 | m | 19 | |
| 工作制度 | 轮灌区 | 个 | 7 | 其中辅助 3h |
| | 轮灌面积 | 亩/区 | 6 | |
| | 轮灌时间 | h/区 | 1 | |
| | 灌溉时间 | h/遍 | 10 | |
| | 灌溉周期 | d | 3 | |

### 三、设计说明

（1）灌区低山坡地，坐西朝东，呈长方形，南北长约 300m，东西宽约 100m，水源为灌区右上方 1 个小山塘和下方溪道中的 3 个小溪塘，水量偏紧张。

（2）灌区采用半固定模式，干管长 310m，在灌区下部沿溪道埋设，右端接近小山塘。干管上安装 4 个进水栓，分别靠近小山塘和 3 个小溪塘；干管匀布 13 个给水栓，轮流向移动支管供水。进、给水栓与干管连接处均用镇墩固定。

（3）选用 65PZ－55 型喷灌专用水泵机组，扬程 55m，流量 40m$^3$/h，因采用手动吸水，流量比同类型泵大 4m$^3$/h，配套 12 马力柴油机。

（4）支管为 D65 锦纶软管 10 根，每根长 20m，共 200m，由带三通的接头连接，三通由 D40 软管连接喷头。

（5）配 20PY$_2$型喷头 10 个，工作压力为 30m 时，流量 3.6m$^3$/h，扬程 19m，喷头间距 20m，喷灌强度 7.1mm。

（6）轮灌面积 6 亩，共分 7 个轮灌区，每个区喷洒时间为 1h，灌水量 5.1m$^3$/亩。轮灌一遍净需 7h，加上支管移动换位时间 3h，共需 10h。

（7）茶园耗水强度约 2.4mm/d，故灌溉周期为 7.1mm/2.3mm＝3.1d，取 3d。

### 四、工程造价表

| 序号 | 费用名称 | 单位 | 单价/元 | 数量 | 复价/万元 | 备 注 |
|---|---|---|---|---|---|---|
| 1 | DN80 钢管 | m | 25 | 310 | 0.7750 | |
| 2 | 管道附件 | | | | 0.1915 | |
| 3 | DN65 进水栓 | 只 | 55 | 4 | 0.0220 | |
| 4 | DN65 给水栓 | 只 | 55 | 13 | 0.0715 | |
| 5 | 管道安装费 | | | | 0.0600 | |
| 6 | 镇墩（0.3m×0.3m×0.3m） | 个 | 10 | 20 | 0.0200 | |
| 7 | 移动喷灌机组（12 马力柴油机） | 套 | 3600 | 1 | 0.3400 | 配进水软管 8m，出水软管 20m，DN65 锦纶软管 200m，喷头 10 个，支架 10 副 |
| 8 | 合 计 | | | | 1.4800 | |

**注** 此为 2001 年造价。

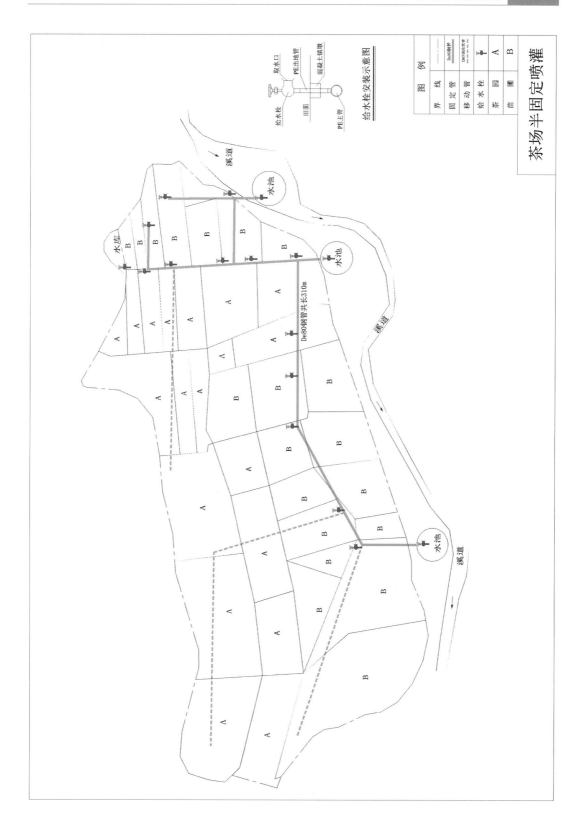

茶场半固定喷灌

| 图　例 | |
| --- | --- |
| 界线 | 界 |
| De80钢管 | 固定管 |
| De50地埋管 | 移动管 |
| 给水栓 | 给水栓 |
| A | 茶园 |
| B | 苗圃 |

给水栓安装示意图

取水口
给水栓　PE出地管
田面　　混凝土镇墩
PE主管

De80钢管共长310m

水池　水池　水池

溪道　溪道　水库

## 第二节　竹笋高水头自压喷灌

### 一、项目简介

项目建于 2002 年，位于梨洲街道丘陵山地，面积 160 亩，造价 7.65 万元、721 元/亩。地形有两个特点：①坡度陡，灌区纵向长度 440m，上下高差 175m，平均坡比 22°；②自压水头特别高，总水头达 300m。项目有以下特点：

（1）干管直径（DN50）小于支管直径（DN63），以干管的水力坡降抵消过高的地形坡降。

（2）干管上安装 8 个安全阀，以确保系统安全。

（3）每个安全阀配套闸阀，形成双阀组合。

2003 年 3 月 5 日，时任水利部农水司冯广志司长考察了这个典型的高水头自压喷灌工程。

### 二、工程特性表

| 类　别 | 名　称 | 单　位 | 数　量 | 备　注 |
|---|---|---|---|---|
| 概况 | 面积 | 亩 | 106 | |
| | 造价 | 万元 | 7.65 | 721 元/亩 |
| | 代表性 | | | 300m 水头自压喷灌 |
| 管道 | PE80 | MPa | 1.0 | 其中 DN40 为 0.6MPa |
| | DN63 干管 | m | 630 | 引水管，6m/亩 |
| | DN50 干管 | m | 440 | 4.2m/亩 |
| | DN50、DN63 支管 | m | 4335 | 41m/亩 |
| 喷头 | 20PY$_2$ | 个 | 171 | 喷头间距 22m×20m，喷灌强度 7.2mm/h |
| | 压力 | m | 35 | |
| | 流量 | m³/h | 3.5 | |
| | 射程 | m | 19 | |
| 工作制度 | 轮灌面积 | 亩/区 | 3.6 | 6 个喷头 |
| | 轮灌区 | 个 | 30 | |
| | 轮灌时间 | h/区 | 1 | 灌水量 8.0mm/亩 |
| | 灌溉时间 | h/遍 | 30 | |
| | 灌溉周期 | d | 4 | 耗水强度 2mm/d |

### 三、设计说明

（1）这个工程位于山区，水源高程 575.00m，从水源到灌区制高点相差 125m。灌区纵向长440m，高程从450.00m降至275.00m，高差175m，平均坡度22°，从水源至灌区最低点高差达300m，是自压喷灌中的典型。灌区平均宽180m，有效灌溉面积106亩。

（2）水源至灌区入口引水管长630m，选直径63mm PE管，管内流量24m³/h时，每百米水力损失约15m，管道水力损失80m，管道末端即灌区入口水压是45m。

（3）干管总长440m，选直径50mm PE管，通过22m³/h时，每百米水力损失41.6m，总水力损失约180m，管道水力坡降略大于地形坡降，末端有动态水压40m。

（4）共设支管22对、44条，间距20m。最长的支管为6个喷头、87.5m，选用直径63mm PE管，支管直径大于干管直径，这是本设计的最大特色。进口流量22m³/h时，支管末端水力损失5.1m，其中首末两个喷头间压力差3.5m。

（5）引水管和干管上分布8只（锅炉上用的）安全阀，工作压力设在0.4MPa，同时每只安全阀下方配套1只闸阀，当某段管道水压超40m时，安全阀泄水释放压力。

（6）选20PY$_2$型金属喷头，喷嘴直径6mm×4.5mm，工作压力35m时，流量3.5m³/h，射程20m，喷头间距20m×20m，正方形布置，喷灌强度7.2mm/h，灌区共安装喷头171个。

（7）同时可喷洒6个喷头，即轮灌面积3.6亩。每个轮灌区喷洒时间1h，即灌溉水量5.3m³/亩（8mm/亩）。竹山高温期间耗水强度约2mm/d，即灌溉周期为4d。实际轮灌一遍需30h（其中辅助时间1.5h）。

## 四、工程造价表

| 序号 | 费用名称 | 单位 | 单价/元 | 数量 | 复价/万元 | 备注 |
|---|---|---|---|---|---|---|
| 1 | DN63×4.7（PE100-1.0MPa） | m | 6.3 | 3230 | 2.0349 | |
| 2 | DN50×2.8（PE100-1.0MPa） | m | 4.5 | 2025 | 0.9113 | |
| 3 | DN40×2.3（PE80-0.6MPa） | m | 3.5 | 150 | 0.0525 | |
| 4 | 2in 闸阀 | 只 | 70 | 30 | 0.2100 | 10kg |
| 5 | 1.5in 闸阀 | 只 | 50 | 21 | 0.1050 | 10kg |
| 6 | 2in、1.5in 安全阀 | 只 | 450 | 8 | 0.3600 | 10kg |
| 7 | 1in 镀锌钢管 | 支 | 20 | 171 | 0.3420 | 竖管，1.5m/支 |
| 8 | 20PY$_2$ 金属喷头 | 只 | 50 | 171 | 0.8550 | |
| 9 | 镇墩 0.4m×0.4m×0.4m | 个 | 15 | 206 | 0.3090 | |
| 10 | 管道附件 | | | | 0.9225 | |
| 11 | 安装费 | | | | 1.2902 | |
| 12 | 设计费（1～11项合计的5%） | | | | 0.2546 | |
| 13 | 合计 | | | | 7.6470 | |

**注** 此为2002年造价。

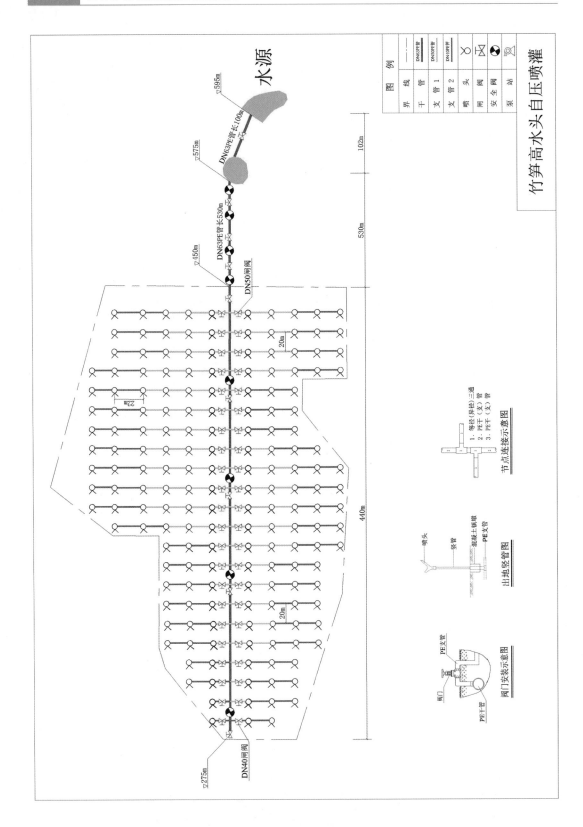

竹笋高水头自压喷灌

# 第三节　竹山自压喷灌

## 一、项目简介

　　项目位于山区鹿亭乡，灌区高程 464.00～368.00m，以高程 500.00m、库容 6000m³ 的山塘为水源，灌溉区域 220 亩，有效灌溉面积 150 亩。本项目的特点是管网呈树枝状分布。造价 13.98 万元，合 932 元/亩。工程于 2003 年完成，2003 年 3 月 2 日时任中国灌溉排水发展中心李远华副主任考察了这个项目，2005 年 6 月 1 日宁波市水利局组织 60 多位同行在这里召开现场会。竹山自压喷灌见图 5-2。

图 5-2　竹山自压喷灌（2004 年）

## 二、工程特性表

| 类　别 | 名　称 | 单　位 | 数　量 | 备　注 |
|---|---|---|---|---|
| 概况 | 面积 | 亩 | 150 | |
| | 造价 | 万元 | 13.98 | 932 元/亩 |
| | 代表性 | | | 管网树枝状布置 |
| 管道 | DN50 镀锌管 | m | 2570 | 干管、17.1m/亩 |
| | DN40 PE 管 | m | 2130 | 支管、14.2m/亩 |
| | DN25 PE 管 | m | 1975 | 支管、13.2m/亩 |
| | DN25 镀锌管 | m | 370 | 1.8m/支 |
| 喷头 | $20PY_2$ | 只 | 205 | 嘴径 6.5mm×3.1mm |
| | 压力 | m | 35 | 压力范围为 20～40m |
| | 流量 | m³/h | 3.5 | 流量范围为 2.8～3.9m³/h |
| | 射程 | m | 19 | 射程范围为 17～21m |
| 灌溉制度 | 轮灌面积 | 亩 | 5 | 7 个喷头 |
| | 轮灌区数 | 个 | 41 | 喷头间距 22m×22m |
| | 灌水时间 | h/区 | 1 | 喷灌强度 6.5mm/h |
| | 轮灌一遍 | h/遍 | 41 | 耗水强度 1.6mm/d |
| | 灌溉周期 | d | 4 | |

## 三、设计说明

（1）水源为高程 500.00m，库容 6600m³ 的小山塘，比灌区上部高 36m，距离 300m，由 D50 钢管引水，中间设有闸阀。

（2）干管选 D50 钢管，总长 2270m，其中干管 400m，分干管 6 条，呈树枝状分布，单管路最长 960m，末端自然高差 120m，流经 18m³/h 时，管路水力损失 90m，进入支管时尚有水压 30m，能满足喷头工作压力。故轮灌同时工作的喷头不宜超过 6 个。

（3）干管共设 8 对"安全阀-闸阀"组合，工作压力均设在 0.4MPa，以消除水锤压力，保护管网安全水压。

（4）设支管 45 条，与干管呈鱼骨状布置，间距 22m，每条由 D40 闸阀控制，支管直径有 DN40、DN32 两种，分别布有喷头 2～5 个。

（5）另有 24 个喷头从分干管上接出，需单配 D25 闸阀，共 24 个。

（6）选用 20PY₂ 型金属喷头，压力 35m 时流量 3.5m³/h，射程 20m，共设喷头 205 个，布置间距 22m×22m，喷灌强度 6.8mm/h。

（7）干管进口设 1.5m×1.5m×1.5m 过滤网箱，密度 40 目。

（8）灌区分 41 个轮灌区，每区 7 个喷头，面积 5 亩，喷灌 1h，灌水量 6.5mm，即 4.3m³/亩，耗水强度 1.6mm/d，灌溉周期为 4d。轮灌一遍 43h，其中 2h 为轮换闸阀时间。

## 四、工程造价表

| 序号 | 费用名称 | 单位 | 单价/元 | 数量 | 复价/万元 | 备注 |
|---|---|---|---|---|---|---|
| 1 | D50 钢管 | m | 22 | 2570 | 5.6540 | |
| 2 | DN40×3.0（PE80-1.0MPa） | m | 4.3 | 2130 | 0.9150 | 单价按照 0.36kg/m，12 元/m 计算 |
| 3 | DN32×2.4（PE80-1.0MPa） | m | 2.8 | 1975 | 0.5530 | 单价按照 0.23kg/m，12 元/m 计算 |
| 4 | DN25 镀锌钢管 | m | 11 | 370 | 0.4070 | 1.8m/支 |
| 5 | 20PY₂ 金属喷头 | 个 | 50 | 205 | 1.0250 | |
| 6 | DN50 闸阀 | 只 | 70 | 10 | 0.0700 | |
| 7 | DN40 闸阀 | 只 | 50 | 45 | 0.2250 | |
| 8 | DN25 闸阀 | 只 | 17 | 30 | 0.0510 | |
| 9 | DN50 安全阀 | 只 | 500 | 8 | 0.4000 | |
| 10 | DN50 水表 | 只 | 50 | 1 | 0.0050 | |
| 11 | 过滤网箱（1.5m×1.5m×1.5m） | 只 | 1 | 200 | 0.0200 | |
| 12 | 管道附件 | 套 | 1 | | 1.6400 | |
| 13 | 安装费 | | | | 2.1500 | |
| 14 | 镇墩（0.3m×0.3m×0.3m） | 个 | 10 | 206 | 0.2060 | |
| 15 | 设计费（1～14 项合计的 5%） | | | | 0.6582 | |
| 16 | 合　计 | | | | 13.9792 | |

**注**　此为 2003 年造价。

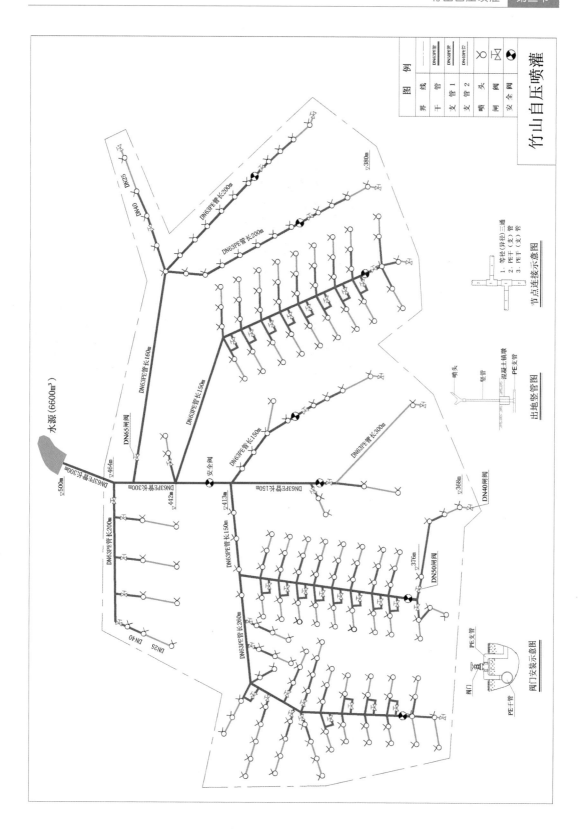

# 第四节　竹山茶园高扬程喷灌

## 一、项目简介

　　项目位于马渚镇，坐北朝南的低山坡，上部高程 50.00m、下部高程 10.00m，平均坡比 10°，由竹园和茶园组成，面积 82 亩。以山脚下一个潜水塘为水源，水量充沛，水面高程 6m。项目建于 2004 年，造价 4.5 万元、526 元/亩。喷灌投入使用以后，不但促进了雷竹和茶叶增产、优质，而且带来了意外的效益：喷灌降低了竹园的温度，使散养在园内的鸡热天胃口也很好，促进了生长，农户喜出望外。竹山茶园高扬程喷灌见图 5-3。

图 5-3　竹山茶园高扬程喷灌（2003 年）

## 二、工程特性表

| 类　别 | 名　称 | 单　位 | 数　量 | 备　注 |
|---|---|---|---|---|
| 概况 | 面积 | 亩 | 82 | 其中园茶 40 亩 |
| | 造价 | 万元 | 4.5 | 526 元/亩 |
| | 代表性 | | | 高扬程喷灌 |
| 管道 | PE 管 | 级 | 80 | 0.8~1.25MPa |
| | 干管 | m | 800 | DN75，9.8m/亩 |
| | 支管 | m | 1900 | DN63、DN50、DN32，23m/亩 |
| | 竖管 | m | 170 | DN25，2.1m/亩 |
| 水泵 | 50D-8×10 | 套 | 1 | 10 级离心泵 |
| | 流量 | m³/h | 18 | 流量范围为 12.6~23.4m³/h |
| | 扬程 | m | 95 | 扬程范围为 65~115m |
| | 功率 | kW | 11 | |
| 金属喷头 | 20PY₂ 型 | 个 | 92 | 嘴径 7mm×3.2mm |
| | 压力 | m | 35 | 压力范围为 20~40m |
| | 流量 | m³/h | 3.5 | 流量范围为 3.0~4.5m³/h |
| | 射程 | m | 20 | 射程范围为 17~21m |
| 工作制度 | 轮灌区 | 个 | 20 | 喷头 4~6 个 |
| | 轮灌面积 | 亩/区 | 4.1 | 3.8~5.6 亩 |
| | 灌水时间 | h/区 | 1.75 | 1.5~2h |
| | 轮灌时间 | h/遍 | 37 | 8.2mm/次 |
| | 灌溉周期 | d | 4 | 耗水强度 2mm/d |

## 三、设计说明

（1）选用多（10级）级高扬程水泵，口径50mm，扬程65～115m，流量12.8～23.4m³/h，配11kW电机。

（2）选聚乙烯（PE）管材，干管为DN75，压力等级分两种：高程30.00m以下部分（500m）为1.25MPa，高程30.00m以上部分（300m）为0.8MPa，最远点水力损失15m。支管采用变径设计，4～5个喷头流量的管径为DN63，2～3个喷头流量的管径为DN50，1个喷头流量的管径为DN32，最大水力损失4.6m。管道均埋入地下，管顶离地面30cm。

（3）选用20PY₂型金属喷头，喷嘴口径7m×3.2mm，水压20～40m时，流量3.0～4.5m³/h，射程17～21m。共设92个喷头，间距22～25m，即每个喷头湿润面积0.83～0.94亩。喷灌强度4.3（上部）～6.5mm/h（下部）。

（4）设计扬程。地形高差44m，喷头压力30m，管道水力损失19.6m，合计93.6m。

（5）共分20个轮灌区，喷头数4～6个，相应面积3.8～5.6亩，一个轮灌区喷洒时间上部为2h，下部为1.5h，平均1.75h。相应灌水量为7.7～8.8mm，即每亩6m³左右。轮灌一遍约净需35h，加上辅助时间2h，共约37h。实际上不是同时需要喷水的，雷笋和茶叶面积相当，分别喷18～19h即可。灌区耗水强度2mm/d，灌溉周期8.2mm/2mm＝4d。

## 四、工程造价表

| 序号 | 费用名称 | 单位 | 单价/元 | 数量 | 复价/万元 | 备注 |
|---|---|---|---|---|---|---|
| 1 | DN75×6.8（PE80-1.25MPa） | m | 16.5 | 500 | 0.8250 | 单价按照1.5kg/m，11元/m计算 |
| 2 | DN75×4.3（PE80-0.8MPa） | m | 11 | 300 | 0.3300 | 单价按照1.0kg/m，11元m/计算 |
| 3 | DN63×3.6（PE80-0.8MPa） | m | 7.6 | 300 | 0.2280 | 单价按照0.69kg/m，11元/m计算 |
| 4 | DN50×2.0（PE80-0.6MPa） | m | 3.5 | 930 | 0.3255 | 单价按照0.32kg/m，11元/m计算 |
| 5 | DN32×2.0（PE80-1.0MPa） | m | 2.2 | 670 | 0.1474 | 单价按照0.20kg/m，11元/m计算 |
| 6 | DN25×3.25镀锌钢管 | m | 10 | 170 | 0.1700 | |
| 7 | 20PY₂-22.5喷头 | 只 | 42 | 92 | 0.3864 | |
| 8 | DN50闸阀 | 只 | 70 | 2 | 0.0140 | |
| 9 | DN40闸阀 | 只 | 50 | 8 | 0.0400 | |
| 10 | DN32闸阀 | 只 | 35 | 14 | 0.0490 | |
| 11 | DN50水表 | 只 | 200 | 1 | 0.0200 | |
| 12 | 过滤网箱（1m×1m） | 只 | 100 | 1 | 0.0100 | |
| 13 | 50D-8×10水泵机组 | 套 | 5030 | 1 | 0.5030 | |
| 14 | 镇墩（0.2m×0.2m×0.2m） | 个 | 5 | 97 | 0.0485 | 现浇混凝土 |
| 15 | 管道附件 | | | | 0.3710 | |
| 16 | 安装费 | | | | 0.8394 | |
| 17 | 设计费（1～16项合计的5%） | | | | 0.2154 | |
| 18 | 合计 | | | | 4.5226 | |

注 此为2004年造价。

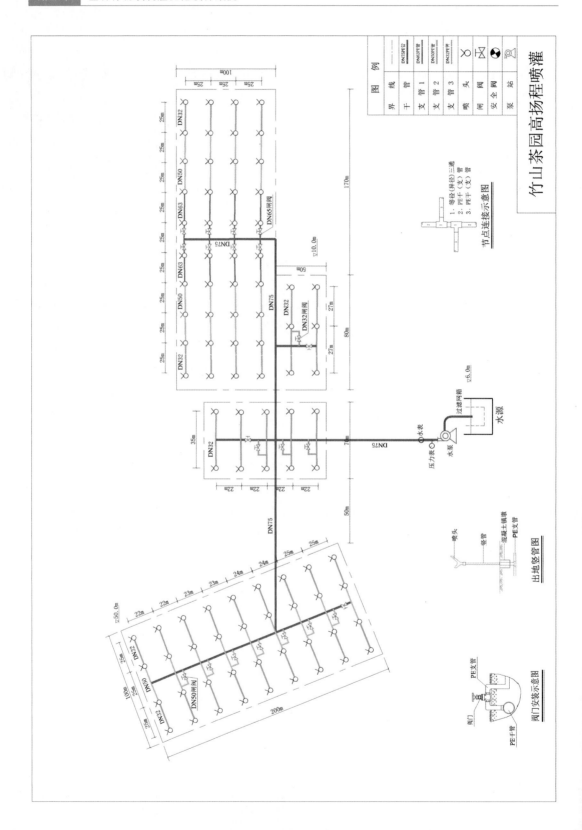

# 第五节 大棚石斛微喷灌

## 一、项目简介

本项目位于山区鹿亭乡丘陵区平地，海拔450m，面积20亩。建有大棚42个，规格40m×8m，总面积13340m²，棚内种植石斛。水源为附近一小山塘，距灌区30m，水面低于大棚地面15m。工程建于2010年7月，造价5.86万元，4.4元/m²，亩均2920元。平均全年喷水70次，节省灌水劳力成本8.18万元，合每亩4100元。石斛微喷灌见图5-4。

图5-4  石斛微喷灌（2013年）

## 二、工程特性表

| 类 别 | 名 称 | 单 位 | 数 量 | 备 注 |
|---|---|---|---|---|
| 概况 | 大棚面积 | m² | 13340 | 320m²/棚，42棚 |
| | 造价 | 万元 | 5.86 | 4.4元/m² |
| | 代表性 | | | 大棚石斛微喷灌 |
| 管道 | PE80级 | MPa | 0.4 | |
| | 干管 | m | 440 | DN75，22m/亩 |
| | 分干管 | m | 315 | DN50，16m/亩 |
| | 支管 | m | 324 | DN32，16m/亩 |
| | 毛管 | m | 5040 | DN20，252m/亩 |
| 微喷头 | 旋转式 | 个 | 2520 | 间距2.7m×2m |
| | 压力 | m | 20 | 微喷头60个/棚，喷灌强度5.3mm/h |
| | 流量 | L/h | 32.5 | |
| | 射程 | m | 2.9 | |

续表

| 类 别 | 名 称 | 单 位 | 数 量 | 备 注 |
|---|---|---|---|---|
| 水 泵 | ISW50-200 | 套 | 1 | |
| | 流量 | m³/h | 12.5 | 流量范围内 8.8~12.5m³/h |
| | 扬程 | m | 50 | 扬程范围为 52~48m |
| | 功率 | kW | 5.5 | |
| 轮灌制度 | 轮灌小区 | 个 | 7 | 每区 6 棚 |
| | 轮灌面积 | m² | 1920 | 2.9 亩/区 |
| | 灌水时间 | h/区 | 1 | 5.3mm/次 |
| | 轮灌一遍 | h/遍 | 8 | 其中辅助 1h |
| | 灌溉周期 | d | 3 | 耗水强度 1.8mm/d |

## 三、设计说明

(1) 灌区划分为 7 个轮灌小区，每区 6 个棚、1920m²。

(2) 棚内纵向布置 DN20 PE 毛管 3 条，间距 2.7m。每条毛管布置旋转式微喷头 20 个、间隔 2m。微喷头口径 0.8mm，水压 20m 时，流量 32.5L/h、射程 2.9m。

(3) 每个轮灌区有微喷头 360 个，流量 11.7m³/h，喷灌强度 5.3mm/h。

(4) 选用 ISW50-200 水泵机组，是机电一体式离心泵，流量 8.8~16.5m³/h，扬程 52~48m，配 5.5kW 电机，流量 12.5m³/h 时，扬程 50m。

(5) 系统采用三级过滤，水泵进水口设置边长 1m 的过滤网箱（自制），滤网密度 40 目，箱体悬空固定于进水管口，此为一级过滤。

(6) 水泵出水管口并联安装 2 个 DN50 过滤器，为第二级过滤。过滤器前后各安装一只水压表，以观察水泵扬程，并监视过滤器堵塞情况。

(7) 过滤器后设置农灌专用水表，记录每次以及全年灌水量。

(8) 由于泵房与作物地面高低相差 10 多米，农户操作上下很不方便，故不在泵房安装负压式吸肥装置，采用先人工撒化肥、后喷水 10min 的办法实现水肥一体化。

(9) 考虑到工程所用管径较小，均采用 PE80 级管材。干管分为两段，管径均为 75mm，其中前段（泵房至大棚）80m，有地形高差 15m，选用 0.6MPa 压力等级，后段 360m 选用 0.4MPa 压力等级。

(10) 轮灌小区由分干管供水，管径 50mm，压力等级 0.4MPa，由 D40 球阀集中控制。

(11) 为保证管道熔接质量，管壁厚度不小于 2mm，支管选用 DN32-0.6MPa 管材。支管中串接 DN25 球阀，以备各棚临时停灌，同时串接一个 DN25 叠片式过滤器，为第三级过滤。

(12) 为提高微喷头接插连接的密封性，毛管选用 DN20-1.0MPa 管材，壁厚 2.3mm。

(13) 设计扬程。微喷头工作压力 18m，喷头至水面高差 17m，管路水力损失 10m（干管 7.8m、分干管 0.5m、支管 0.2m、毛管 1.5m），过滤器两级 6m，合计 51m，符合水泵扬程。

（14）每区灌水时间 1h，轮灌一遍 8h，次灌水 5.3mm，耗水强度 1.8mm/d，灌溉周期 3d。

## 四、工程造价表

| 序号 | 费用名称 | 单位 | 单价/元 | 数量 | 复价/万元 | 备注 |
|---|---|---|---|---|---|---|
| 1 | DN75×3.6（PE80-0.6MPa） | m | 80 | 13.12 | 0.1048 | 单价按照 0.82kg/m，16 元/m 计算 |
| 2 | DN75×2.3（PE80-0.4MPa） | m | 360 | 8.64 | 0.3110 | 单价按照 0.54kg/m，16 元/m 计算 |
| 3 | DN50×2.0（PE80-0.4MPa） | m | 315 | 5.12 | 0.1613 | 单价按照 0.32kg/m，16 元/m 计算 |
| 4 | DN32×2.0（PE80-0.6MPa） | m | 324 | 3.20 | 0.1037 | 单价按照 0.20kg/m，16 元/m 计算 |
| 5 | DN20×2.3（PE80-1.0MPa） | m | 5040 | 2.08 | 1.0483 | 单价按照 0.13kg/m，16 元/m 计算 |
| 6 | DN75×45°、90°弯头 | 个 | 各 3 | 7.5 | 0.0045 | |
| 7 | DN75×75 三通 | 个 | 2 | 7.5 | 0.0030 | |
| 8 | DN75×50 三通、弯头 | 个 | 7 | 7.5 | 0.0053 | |
| 9 | DN50×90°弯头 | 个 | 21 | 2.8 | 0.0213 | |
| 10 | DN50×32 三通、弯头 | 个 | 42 | 2.4 | 0.0101 | |
| 11 | DN32×32 三通 | 个 | 42 | 1.25 | 0.0053 | |
| 12 | DN32×20 三通、弯头 | 个 | 126 | 1.15 | 0.0145 | |
| 13 | DN20 管帽 | 个 | 126 | 0.30 | 0.0038 | |
| 14 | 旋转式微喷头 | 个 | 2520 | 5.5 | 1.3860 | 喷嘴口径为 0.8mm |
| 15 | DN25 叠片式过滤器 | 个 | 42 | 25 | 0.1050 | |
| 16 | DN25 球阀 | 个 | 42 | 15 | 0.0630 | |
| 17 | DN40 球阀 | 个 | 7 | 30 | 0.0210 | |
| 18 | 50ZB-45 水泵电机 | 套 | 1 | 2500 | 0.2500 | |
| 19 | 1m×1m 过滤网箱 | 个 | 1 | 300 | 0.0300 | |
| 20 | DN65 叠片式过滤器 | 个 | 2 | 1200 | 0.2400 | |
| 21 | DN65 农用水表及法兰 | 个 | 1 | 760 | 0.0760 | |
| 22 | 0~0.6MPa 压力表 | 个 | 1 | 100 | 0.0100 | |
| 23 | 5.5kW 配电箱 | 只 | 1 | 1000 | 0.1000 | |
| 24 | 2m×3m 泵房 | m² | 6 | 1500 | 0.9000 | |
| 25 | 安装费 | m² | 13440 | 0.45 | 0.6048 | |
| 26 | 设计费（1~25 项合计的 5%） | | | | 0.2790 | |
| 27 | 合　计 | | | | 5.8617 | |

**注**　此为 2010 年造价。

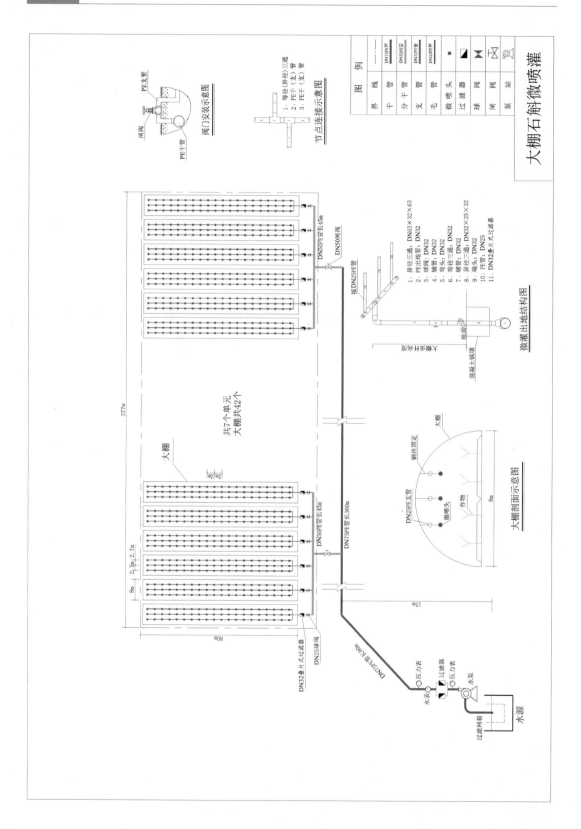

大棚石斛微喷灌

# 第六节　蓝莓、樱桃自动喷灌

## 一、项目简介

项目位于梁弄镇，属于半山区，灌区面积 105 亩，分为 17 个轮灌区。其中猕猴桃、樱桃各 20 亩、蓝莓 30 亩为平地，桃园 35 亩是山地，山顶比平地高出 25m。水源是与灌区一路之隔的溪道，水量充足，常水位比地面低 4m。工程建于 2013 年 12 月，猕猴桃、樱桃采用微喷灌，桃树、蓝莓为喷灌，造价 16.74 万元、亩均 1594 元。项目特点如下：

（1）采用二级泵房，分压运行。

（2）自动控制，由遥控器控制电磁阀，实现 17 个小区的自动轮灌或任一小区的"点灌"。东篱农场蓝莓、樱桃自动喷灌见图 5-5。

图 5-5　东篱农场蓝莓、樱桃自动喷灌（2013 年）

## 二、工程特性表

| 类　别 | 名　称 | 单　位 | 数　量 | 备　注 |
|---|---|---|---|---|
| 概况 | 面积 | 亩 | 105 | |
| | 造价 | 万元 | 16.74 | 1594 元/亩 |
| | 代表性 | | | 果树自动化喷灌 |
| 管道 | 100 级 PE | MPa | 0.8 | |
| | 干管 | m | 3089 | DN90、DN75、DN63，29m/亩 |
| | 支管 | m | 2076 | DN50、DN40、DN32，24m/亩 |
| | 毛管 | m | 2400 | DN20，120m/亩 |
| 水泵 2 | ISW65-125 | 只 | 1 | 放于地面泵房 |
| | 流量 | m³/h | 25 | 流量范围为 17.5～32.5m³/h |
| | 扬程 | m | 20 | 扬程范围为 18～21.5m |
| | 功率 | kW | 3.0 | |
| 水泵 1 | ISW65-200 | 只 | 1 | 置于溪边泵房 |
| | 流量 | m³/h | 25 | 流量范围为 17.5～32.5m³/h |
| | 扬程 | m | 50 | 扬程范围为 45.5～52.7m |
| | 功率 | kW | 7.5 | |

续表

| 类 别 | 名 称 | 单 位 | 数 量 | 备 注 |
|---|---|---|---|---|
| 喷头 | 20PYS$_{15}$ | 只 | 216 | 3/4in 塑料喷头 |
| | 压力 | m | 25 | 嘴径 5mm×2.5mm |
| | 流量 | m³/h | 1.8 | 间距 14m×14m |
| | 射程 | m | 14 | 强度 8.3mm/h |
| 微喷头 | 旋转式 | 套 | 1750 | |
| | 压力 | m | 20 | |
| | 流量 | L/h | 56 | 间距 5m×2.5m |
| | 射程 | m | 4 | 强度 4.0mm/h |
| 灌溉制度 | 轮灌面积 | 亩 | 5、10 | 喷灌、微喷灌 |
| | 轮灌区数 | 个 | 17 | 喷灌 13 个、微灌 4 个 |
| | 灌水时间 1 | min/区 | 60、15 | 喷灌:桃树、蓝莓 |
| | 灌水时间 2 | h/区 | 30 | 微喷:樱桃、猕猴桃 |
| | 轮灌一遍 | h | 10.5 | 其中桃树 7h |
| | 灌溉周期 | d | 1 | 桃树 4d |

## 三、设计说明

（1）项目设置两级泵站。第一级为 ISW65-200 泵，流量 25m³/h，扬程 50m，功率 7.5kW，泵房（1.3m×1.3m）建于溪道边，基面高于水源 2m。第二级为 ISW65-125 泵，流量 25m³/h，扬程 20m，功率 3.0kW，泵房（2m×4m），建于地面，基面高于水源 4m，泵房内设离心式-叠片式过滤器组合、水压表、电磁流量计等首部设备以及自动控制柜。灌溉平地作物时用第一级站，系统常压（50m）运行，喷灌山上桃树时第二级泵站接力加压、高压（70m）运行。

（2）项目分成 17 个轮灌区，其中喷灌桃树 35 亩 7 个区、蓝莓 30 亩 6 个区，每区 16 个喷头，面积 5 亩/区，喷头间距 14m×14m，16 个/区，共 216 个，其中桃树 120 个、蓝莓 96 个。猕猴桃、樱桃 40 亩为微喷灌，分为 4 个区，微喷头共 1750 个，间距 5m×3m，438 个/区、面积 10 亩。

（3）选用 20PY$_{15}$ 塑料喷头，喷嘴直径 5mm×2.5mm，水压 25m 时，流量 1.8m³/h，射程 14m，喷灌强度 8.3mm/h。

（4）采用旋转式微喷头，喷嘴直径 1mm，水压 30m 时，流量 56L/h，射程 4m，喷水强度 4mm/h。

（5）设计扬程 1（常压）。喷头压力 30m，干管、支管水力损失 6.7m，过滤器水力损失 6m，喷头与水源水面高差 5.5m，合计 48.2m。

设计扬程 2（高压）。喷头压力 25m，喷头与水源高差 30.5m，水力损失为管道 4.7m、过滤组合 6m，合计 66.2m。

（6）灌水时间/区。桃树 1h，樱桃、猕猴桃 30min，蓝莓 15min。

（7）轮灌一遍。桃树 7h，蓝莓 1.5h，樱桃、猕猴桃 2h，共 10.5h。

（8）灌溉周期。耗水强度 2mm/d，桃树 4d，蓝莓、樱桃、猕猴桃各 1d。

## 四、工程造价表

| 序号 | 费 用 名 称 | 单位 | 单价/元 | 数量 | 复价/万元 | 备 注 |
|---|---|---|---|---|---|---|
| 1 | DN90×4.3（PE100-0.8MPa） | m | 19.2 | 645 | 1.2384 | 单价按照 1.2kg/m，16 元/m 计算 |
| 2 | DN75×3.6（PE100-0.8MPa） | m | 13.2 | 844 | 1.1141 | 单价按照 0.82kg/m，16 元/m 计算 |
| 3 | DN63×3.0（PE100-0.8MPa） | m | 9.1 | 1600 | 1.4592 | 单价按照 0.57kg/m，16 元/m 计算 |
| 4 | DN50×2.0（PE100-0.8MPa） | m | 5.1 | 1296 | 0.6636 | 单价按照 0.32kg/m，16 元/m 计算 |
| 5 | DN40×2.0（PE100-0.8MPa） | m | 4.0 | 756 | 0.3024 | 单价按照 0.25kg/m，16 元/m 计算 |
| 6 | DN32×2.0（PE100-1.0MPa） | m | 3.2 | 24 | 0.0077 | 单价按照 0.2kg/m，16 元/m 计算 |
| 7 | DN20（PE80-1.0MPa） | m | 2 | 2400 | 0.4800 | 单价按照 0.13kg/m，16 元/m 计算 |
| 8 | PE100 管件 | | | | 0.2393 | |
| 9 | DN75 PE 球阀 | 只 | 180 | 3 | 0.0540 | |
| 10 | DN63 PE 球阀 | 只 | 115 | 5 | 0.0575 | |
| 11 | DN50 PE 球阀 | 只 | 86 | 12 | 0.1032 | |
| 12 | DN40 PE 球阀 | 只 | 48.6 | 20 | 0.0936 | |
| 13 | DN80 止回阀 | 只 | 445 | 1 | 0.0445 | |
| 14 | 20PY$_{15}$ 型喷头 | 只 | 12 | 216 | 0.2592 | |
| 15 | DN25 镀锌钢管 | m | 12.1 | 432 | 0.5227 | 竖管、2m/支 |
| 16 | DN25×20 异径接头、20 堵头 | 对 | 2.5 | 216 | 0.0546 | |
| 17 | C20 镇墩（0.3m×0.3m×0.3m） | 个 | 15 | 230 | 0.3450 | |
| 18 | 盘管固定线 | m | 0.5 | 2500 | 0.1250 | |
| 19 | 旋转式微喷头 | 套 | 5.6 | 1750 | 0.9800 | |
| 20 | 泵房（2m×4m+1.3m×1.3m） | m² | 1875 | 9.6 | 1.8000 | |
| 21 | ISG65-200 水泵机组 | 套 | 2750 | 1 | 0.2750 | |
| 22 | QS25-20-3.0 潜水泵 | 只 | 1432 | 1 | 0.1432 | |
| 23 | 水泵配电箱 | 只 | | 2 | 0.2000 | （7.5+3）kW |
| 24 | DN80 逆止阀 | 只 | 445 | 1 | 0.0445 | |
| 25 | DN80 离心式过滤器 | 只 | 4270 | 1 | 0.4270 | |
| 26 | DN80 叠片式过滤器 | 只 | 1688 | 1 | 0.1688 | |
| 27 | 水压表（0~1.0MPa） | 只 | 65 | 2 | 0.0130 | |
| 28 | DN80 农灌水表 | 只 | 660 | 1 | 0.0660 | |
| 29 | DN80 镀锌钢管 | m | 69 | 12 | 0.0828 | |
| 30 | DN63 镀锌钢管 | m | 36 | 6 | 0.0216 | |
| 31 | 阀门箱 | 只 | 70 | 17 | 0.1190 | |
| 32 | 零星材料 | | | | 0.2022 | |
| 33 | 管道安装费 | m | 7 | 5165 | 3.6155 | |
| 34 | 微喷头安装费 | m | 0.9 | 1750 | 0.1590 | |
| 35 | 首部设备安装费 | | | | 0.1576 | |
| 36 | 过滤水井 | 只 | 1 | 3000 | 0.3000 | |
| 37 | 设计费（1~36 项合计的 5%） | | | | 0.7970 | |
| 38 | 合 计 | | | | 16.7362 | |

**注** 此为 2013 年造价，自动化部分造价 13.2 万元，合 1257 元/亩，另计。

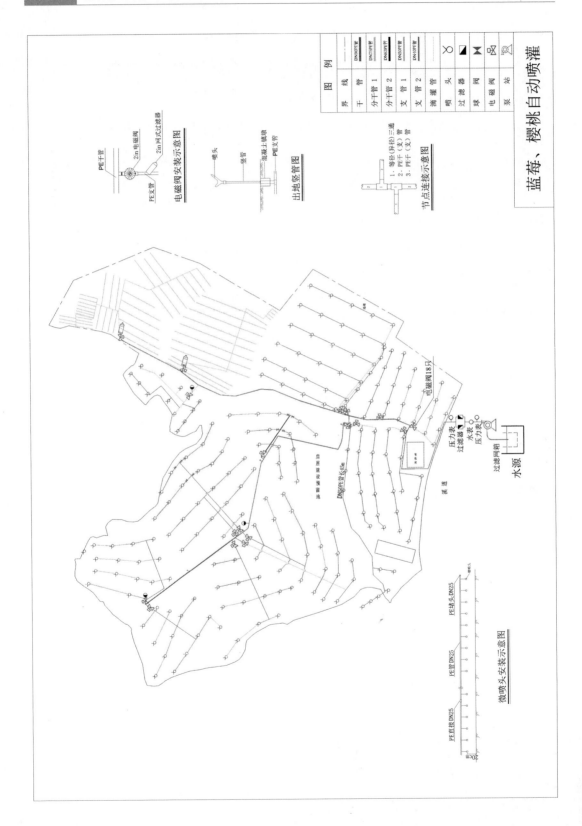

蓝莓、樱桃自动喷灌

# 第七节　梯 田 蔬 菜 喷 灌

## 一、项目简介

项目位于梁弄镇，属于山区地坡，是在一个自然村整体搬迁后留下的宅基地上改造而成的层层梯田，面积 55 亩，人造土层厚仅 30cm，土质疏松，保水性能很差，没有灌溉就难有收获。如果采用传统灌溉，一是没有足够的水源，二是易造成水土流失，因此采用喷灌恰到好处。项目于 2014 年建成，常年种植蔬菜、苗木等多种作物，年喷水 100 多次，作物长势很好，这是山区"坡地改田"工程喷灌的典型代表（图 5-6）。

图 5-6　梯田喷灌典型代表

## 二、工程特性表

| 类　别 | 名　称 | 单　位 | 数　量 | 备　注 |
|---|---|---|---|---|
| 概况 | 面积 | 亩 | 55 | |
| | 造价 | 万元 | 6.25 | 1136 元/亩 |
| | 代表性 | | | 山区宅基地改田喷灌 |
| 管道 | PE80 级 | MPa | 0.6 | |
| | DN90 引水管 | m | 150 | 3m/亩 |
| | DN75 干管 | m | 240 | 4.4m/亩 |
| | DN63 分干管 | m | 551 | 10m/亩 |
| | DN50 支管 | m | 300 | 5.5m/亩 |
| | DN40 支管 | m | 1636 | 30m/亩 |
| | DN25 竖管 | m | 216 | 4m/亩 |
| 喷头 | 20PYS$_{15}$型 | 只 | 144 | 喷嘴直径 5mm×2.5mm，喷头间距 16m×16m，喷灌强度 6.9mm |
| | 压力 | m | 30 | |
| | 流量 | m³/h | 1.95 | |
| | 射程 | m | 15 | |
| 轮灌制度 | 轮灌区面积 | 亩 | 2.3 | 6 个喷头 |
| | 轮灌区个数 | 个 | 24 | |
| | 轮灌时间 | min/区 | 20 | |
| | 灌溉时间 | h/遍 | 9 | 喷水 8h，辅助 1h |
| | 灌溉周期 | d | 1 | 耗水强度 2.3mm/d |

**注**　项目为梯田自压喷灌，不需要水泵。

## 三、设计说明

（1）项目为山区宅基地改造的梯田自压喷灌，面积 55 亩，设喷头 144 个，间距 16m×16m，中间由省道公路横贯，分为上下两片，上片 13 亩，下片 42 亩，分别有喷头 34 个、110 个。

（2）上片地上方有一水池，高于灌区上部 25m，为自压水源，水量不足；下片地 100

多米外有溪道，水量不大，在公路上方高 30m 处拦截溪水，并设两只容积 5t 的塑料桶为下片地水源。两片地之间有管路连通，水量可以互补。

（3）上片地从水源设 DN63 引水管 70m，水力损失 2.5m。向下设 DN63 PE 分干管两条、共 165m。较长一条长 90m，流量 10m³/h 时，水力损失 3.2m。设水平方向 DN40 支管 15 条，每条由球阀控制，总长 424m，喷头 34 个，最长支管水力损失 1.6m。

（4）下片地设 DN90 PE 引水管 150m，流量 10m³/h 时，水力损失 0.9m。DN75 干管沿上部公路埋设，长 240m，水力损失 2m。4 条 DN63 分干管向下布置，与干管呈梳子状，共 386m，最远一条长 112m，水力损失 3.5m。DN50～DN40 PE 支管 1512m，共 31 条均为水平走向，最长 72m，水力损失 2.6m，设喷头 110 个。

（5）上片地扬程校核。至片区下部自压水头 38m，三级管路水力损失 7.3m，喷头工作压力 30.7m。下片地扬程校核。至片区下部自压水头 45m，四级管路水力损失 9m，喷头工作压力 36m。

（6）20PYS$_{15}$ 塑料喷头，喷嘴直径 5mm×2.5mm，水压 30m 时，流量 1.95m³/h，射程 15m，喷头间距 16m×16m，喷灌强度 6.9mm/h。竖管用 DN25 钢管，喷头为 DN20 外螺纹，需配一个 DN25×20 的过渡接头。

（7）轮灌面积 2.3 亩（6 个喷头），轮灌区 24 个，喷洒时间 20min/区，轮灌一遍上片 6 个轮灌区用时 2h，下片 18 个轮灌区用时 6h，加上辅助时间 0.5h。耗水强度 2.3mm/d，轮灌周期为 1d。

## 四、工程造价表

| 序号 | 费用名称 | 单位 | 单价/元 | 数量 | 复价/万元 | 备注 |
|---|---|---|---|---|---|---|
| 1 | DN90×4.3（PE80-0.6MPa） | m | 19.2 | 150 | 0.2880 | 单价按照 1.2kg/m，16 元/m 计算 |
| 2 | DN75×3.6（PE80-0.6MPa） | m | 13.4 | 240 | 0.3216 | 单价按照 0.83kg/m，16 元/m 计算 |
| 3 | DN63×3.0（PE80-0.6MPa） | m | 9.2 | 621 | 0.5713 | 单价按照 0.574kg/m，16 元/m 计算 |
| 4 | DN50×2.0（PE80-0.6MPa） | m | 5.0 | 300 | 0.1500 | 单价按照 0.315kg/m，16 元/m 计算 |
| 5 | DN40×2.0（PE80-0.6MPa） | m | 4.0 | 1636 | 0.6544 | 单价按照 0.25kg/m，16 元/m 计算 |
| 6 | 管道附件 | | | | 0.1985 | |
| 7 | DN80 闸阀 | 只 | 200 | 1 | 0.0200 | |
| 8 | DN50 闸阀 | 只 | 160 | 6 | 0.0960 | 4 只泄水阀、2 只截止阀 |
| 9 | DN65 闸阀 | 只 | 180 | 2 | 0.0360 | |
| 10 | DN40 球阀 | 只 | 25 | 11 | 0.0257 | |
| 11 | DN32 球阀 | 个 | 9 | 39 | 0.0351 | |
| 12 | 20PY$_{15}$ 塑料喷头 | 只 | 12 | 144 | 0.1872 | 含 25mm×20mm 接头 |
| 13 | DN25 钢管 | 支 | 23.6 | 144 | 0.3394 | 1.5m/支，含堵头 |
| 14 | 过滤网箱（1m×1m） | 只 | 200 | 2 | 0.0400 | |
| 15 | DN80 农灌水表 | 只 | 660 | 1 | 0.0660 | |
| 16 | 阀门箱 | 只 | 40 | 50 | 0.2000 | |
| 17 | 镇墩（0.3m×0.3m×0.3m） | 个 | 15 | 144 | 0.2160 | |
| 18 | 安装费 | | | | 2.2103 | 按管 2947m，7.5 元/m 计算 |
| 19 | 设计费（1～18 项合计的 5%） | | | | 0.5938 | |
| 20 | 合计 | | | | 6.2493 | |

**注** 此为 2014 年造价。

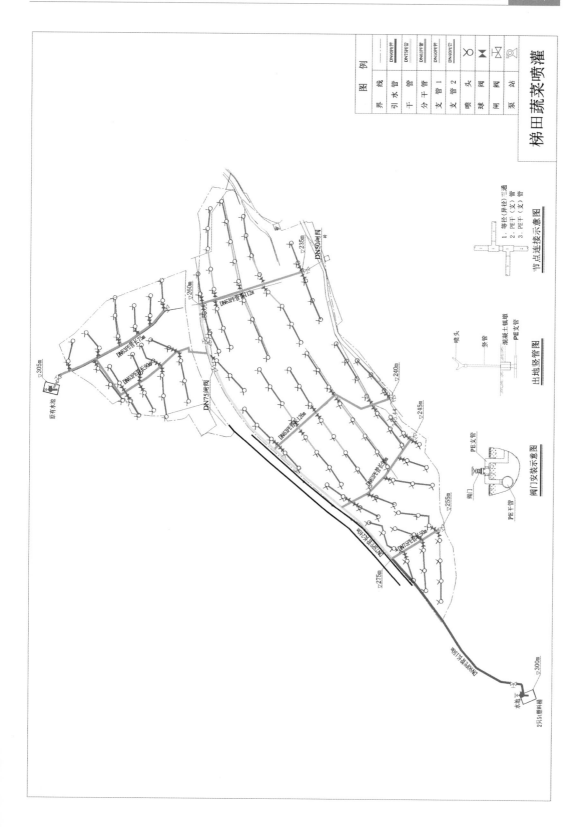

# 第八节 猕猴桃喷灌

## 一、项目简介

本项目位于梨洲街道，灌区海拔 400～520m 山区，坐南向北，东西宽约 850m，上下平均距离 240m。水源是灌区西北部下方一个小山塘，库容约 3000m³，除雨水径流外还有潜水补充，共设三级泵站、建 2 个蓄水池（50m³）、分灌东西 2 片灌区。水库旁设扬程 115m 的第一级泵站提水至山顶 1 号蓄水池；在此设增压 52.7m 的第二级泵站灌东片灌区，并送至 2 号蓄水池，在这个水池设第三级增压 12.5m 的泵站灌溉西片灌区。引水管路长达 1430m，因此造价较高，接近 1500 元/亩。工程建于 2014 年，作物是猕猴桃，是山区高扬程喷灌的代表。

## 二、工程特性表

| 类 别 | 名 称 | 单 位 | 数 量 | 备 注 |
|---|---|---|---|---|
| 概况 | 面积 | 亩 | 300 | |
| | 造价 | 万元 | 43.97 | 1466 元/亩 |
| | 代表性 | | | 山区高扬程喷灌 |
| 管道 | PE80、100 级 | MPa | 1.6、1.0、0.8 | 引水管 100 级、其他 80 级 |
| | DN90 引水管 | m | 1430 | 4.8m/亩 |
| | DN75 干管 | m | 2072 | 6.9m/亩 |
| | DN50、DN40 支管 | m | 11800 | 39m/亩 |
| 水泵 1 | ISW65－315A | 套 | 1 | |
| | 流量 | m³/h | 16.6 | |
| | 扬程 | m | 115 | 高扬程工况点 |
| | 功率 | kW | 22 | |
| 水泵 2 | ISW65－160 | 套 | 1 | |
| | 流量 | m³/h | 17.5 | |
| | 扬程 | m | 52.7 | 高扬程工况点 |
| | 功率 | kW | 7.5 | |
| 水泵 3 | ISW65－100 | 套 | 1 | |
| | 流量 | m³/h | 25 | |
| | 扬程 | m | 12.5 | |
| | 功率 | kW | 1.5 | |

续表

| 类　别 | 名　称 | 单　位 | 数　量 | 备　注 |
|---|---|---|---|---|
| 喷头 | 20PYS$_{15}$ | 只 | 890 | 喷嘴直径 4mm×2.5mm，间距 15m×15m，喷灌强度 6.6mm/h |
| | 压力 | m | 40 | |
| | 流量 | m³/h | 1.65 | |
| | 射程 | m | 14.5 | |
| 工作制度 | 轮灌面积 | 亩 | 5.4 | 16 个喷头 |
| | 轮灌区数 | 个 | 56 | 东片 37 个，西片 19 个 |
| | 轮灌时间 | h/区 | 1 | |
| | 灌水时间 | h/遍 | 40（东片）、20.5（西片） | |
| | 灌溉周期 | d | 3 | |

## 三、设计说明

（1）灌区共设三级泵站。第一级水泵净扬程 100m，选 ISW65-315A 型水泵，额定扬程 115m，流量 16.6m³/h，配 22kW 电机，配 DN90 PE 引水管，长 830m，送至蓄水池 1，水力损失 10m。

（2）第二级泵站以 1 号蓄水池为水源，净扬程 38.8m，选 ISW65-200 型水泵，额定扬程 52.7m，流量 17.5m³/h，电机功率 7.5kW，承担东片 200 亩的灌溉任务。这台水泵同时通过长 600m 的 DN90 引水管送至蓄水池 2，水力损失 8m。

（3）第三级泵站以 2 号蓄水池为水源，选 ISW65-160 型水泵，扬程 32m，流量 25m³/h，电机功率 4kW，承担西片 100 亩灌溉。

（4）干管和分干管均为 DN75 PE 管，总长 2072m。1 号支管最长（515m），入口处水压 27m，首末端地形坡降 60m，当流量为 32.5m³/h（18 个喷头）时，水力坡降 56m，末端动态水压 31m。

（5）5 号支管（315m），入口水压 10m，末端地形坡降 65m，当流量为 32.5m³/h 时，水力坡降 34m，末端动态水压 41m。

（6）7 号支管（193m），入口水压 10m，末端地形坡降 55m，当流量为 32.5m³/h 时，水力损失 20m，末端动态水压 45m。

（7）选用 20PYS$_{15}$ 塑料喷头，喷嘴直径 4mm×2.5mm，水压 40m 时，流量 1.65m³/h，射程 14.5m，间距 15m×15m，喷灌强度 6.6mm/h。

（8）一级水泵进水口配过滤网箱，三套水泵出口均设置水压表。

（9）轮灌面积平均 5.4 亩（16 个喷头），但分干管首端（地形高处）第一排支管只能开 8 个喷头，而靠近分干管末端（地形低处）应开 3 排支管、24 个喷头。灌区分为 56 个轮灌区。

（10）每个轮灌区喷水 1h，东片 200 亩，37 个轮灌区，轮灌一遍净需 37h，加辅助 3h，共 40h。西片 19 个轮灌区，轮灌一遍 19h，加上辅助 1.5h，需 20.5h。

（11）灌区耗水强度 2.2mm/d，灌溉周期 3d（6.6mm/2.2mm）。

## 四、工程造价表

| 序号 | 费用名称 | 单位 | 单价/元 | 数量 | 复价/万元 | 备注 |
|---|---|---|---|---|---|---|
| 1 | DN90×8.2（PE100－1.6MPa） | m | 35.2 | 830 | 2.9216 | 单价按照2.2kg/m，16元/m计算 |
| 2 | DN90×4.3（PE100－0.8MPa） | m | 19.2 | 600 | 1.1520 | 单价按照1.2kg/m，16元/m计算 |
| 3 | DN75×3.6（PE80－0.6MPa） | m | 13.3 | 2072 | 2.7558 | 单价按照0.83kg/m，16元/m计算 |
| 4 | DN50×2.0（PE80－0.6MPa） | m | 5.1 | 5900 | 3.0090 | 单价按照0.32kg/m，16元/m计算 |
| 5 | DN40×2.0（PE80－0.6MPa） | m | 4.0 | 5900 | 2.3600 | 单价按照0.25kg/m，16元/m计算 |
| 6 | DN90×90°、45°弯头 | 个 | 13 | 10 | 0.0130 | |
| 7 | DN90×75 三通 | 个 | 15 | 3 | 0.0045 | |
| 8 | DN75×75 三通 | 个 | 9 | 8 | 0.0072 | |
| 9 | DN75×63 三通 | 个 | 9 | 100 | 0.0900 | |
| 10 | DN63×4.7 PE100－1.25MPa | m | 14.4 | 100 | 0.0144 | |
| 11 | DN63×90°弯头 | 个 | 5.7 | 200 | 0.1140 | |
| 12 | DN63×63 三通 | 个 | 6 | 100 | 0.0600 | |
| 13 | DN50×32 三通 | 个 | 2.4 | 445 | 0.1068 | |
| 14 | DN40×32 三通 | 个 | 1.8 | 445 | 0.0801 | |
| 15 | DN40 管帽 | 个 | 0.65 | 200 | 0.0130 | |
| 16 | DN80 闸阀 | 只 | 180 | 2 | 0.0360 | 法兰式闸阀 |
| 17 | DN65 闸阀 | 只 | 150 | 16 | 0.2400 | 法兰式闸阀 |
| 18 | DN40 球阀 | 只 | 9 | 220 | 0.1980 | |
| 19 | DN32 球阀 | 只 | 6 | 4 | 0.0024 | |
| 20 | DN80 逆止阀 | 只 | 800 | 1 | 0.0800 | |
| 21 | 20PYS$_{15}$喷头 | 只 | 12 | 890 | 1.0680 | |
| 22 | DN25 镀锌钢管 | 支 | 31.1 | 890 | 2.7679 | |
| 23 | C20 镇墩 | 个 | 15 | 890 | 1.3350 | |
| 24 | 泵房（3m×2m） | 座 | | 3 | 4.5000 | |
| 25 | ISW65－315A 水泵机组 | 套 | 6000 | 1 | 0.6000 | |
| 26 | ISW65－160 水泵机组 | 套 | 1850 | 1 | 0.2650 | |
| 27 | ISW65－100 水泵机组 | 套 | 1250 | 1 | 0.1250 | |
| 28 | 过滤网箱 | 只 | 500 | 1 | 0.0500 | |
| 29 | DN80 农灌水表 | 只 | 660 | 1 | 0.0660 | |
| 30 | 压力表（0～1.6MPa） | 只 | 100 | 1 | 0.0100 | |
| 31 | 压力表（0～1.0MPa） | 只 | 100 | 2 | 0.0200 | |
| 32 | 阀门箱 | 只 | 30 | 224 | 0.6720 | |
| 33 | 砖砌闸阀井 | 只 | 242 | 18 | 0.4356 | |
| 34 | 配电箱 | 只 | | 3 | 0.3200 | |
| 35 | 蓄水池（5m×5m×2m） | 只 | | 2 | 4.1400 | |
| 36 | 安装费 | | | | 12.2416 | 按地埋管长15302m，8元/m计算 |
| 37 | 设计费（1～36项合计的5%） | | | | 2.0937 | |
| 38 | 合    计 | | | | 43.9676 | |

**注**  此为2014年造价。

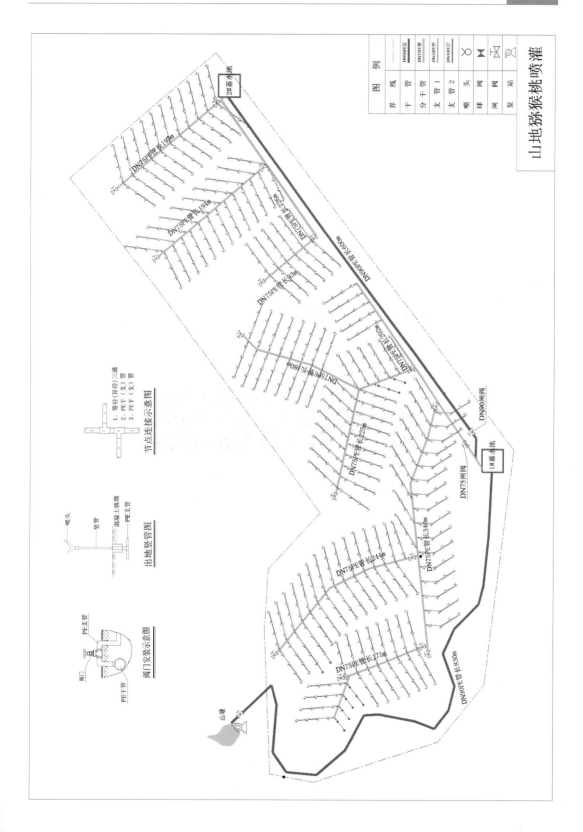

图 例

| 图 线 | 界 干 分 支 支 | ——— DN90PE管 |
|---|---|---|
| | 干 管 | DN75PE管 |
| | 分 干 管 | DN90PE管 |
| | 支 管 1 | DN90PE管 |
| | 支 管 2 | |
| | 喷 头 | |
| | 球 阀 | |
| | 闸 阀 | |
| | 泵 站 | |

**山地獼猴桃喷灌**

DN75PE管长19m

DN75PE管长19m

DN75PE管长32m

DN90PE管长600m

DN75PE管长93m

DN75PE管长200m

DN75PE管长580m

DN90闸阀

DN75PE管长225m

DN75闸阀

1#蓄水池

DN75PE管长340m

DN75PE管长244m

DN75PE管长75m

DN90PE管长830m

2#蓄水池

山塘

节点连接示意图

1. 等径(异径)三通
2. PE干(支)管
3. PE干(支)管

出地竖管图

喷头
竖管
混凝土镇墩
PE支管

阀门安装示意图

阀门
PE干管
PE支管

# 第九节 杨梅自压喷灌

## 一、简介项目

本项目位于梁弄镇，大型水库四明湖北岸，一个馒头形的小山岗上，高程为 46.00～106.00m，面积 116 亩，水源为 600m 外山沟的长流溪水，筑 4m 长、2m 高小水坝，形成容积 50m³ 的前池，水位 130.50m，比灌区山顶高 25m，系自流灌溉，不耗能、水质优，是典型的绿色灌溉。工程于 2015 年 5 月完工，作物为杨梅，用于抗旱、施肥、喷洒除草剂等农药（图 5-7）。

图 5-7 杨梅自压喷灌

## 二、工程特性表

| 类 别 | 名 称 | 单 位 | 数 量 | 备 注 |
|---|---|---|---|---|
| 概况 | 面积 | 亩 | 116 | |
| | 造价 | 万元 | 11.41 | 984 元/亩 |
| | 代表性 | | | 杨梅自压喷灌 |
| 管道 | PE80 级 | MPa | 0.6、0.8 | |
| | 引水管 | m | 695 | DN63，3.2m/亩 |
| | 分干管 | m | 1100 | DN63，10.2m/亩 |
| | 支管 | m | 2466 | DN50、DN40，23m/亩 |
| 喷头 | 20PYS$_{15}$型 | 只 | 345 | 喷嘴直径 4mm×2.5mm，喷头间距 15m×15m，喷灌强度 5.6mm/h |
| | 压力 | m | 30 | |
| | 流量 | m³/h | 1.4 | |
| | 射程 | m | 14 | |

续表

| 类　别 | 名　称 | 单　位 | 数　量 | 备　注 |
|---|---|---|---|---|
| 水源 | 溪道前池 | m³ | 50 | |
| | 塑料桶 | m³ | 20 | 5t 塑料桶 4 只 |
| 灌溉制度 | 轮灌面积 | 亩 | 5 | 平均 15 个喷头 |
| | 轮灌区数 | 个 | 23 | |
| | 轮灌时间 | h/区 | 1.5 | 灌水量 8.4mm/次 |
| | 灌水时间 | h/遍 | 35 | 间隙灌溉，实际需约 72h |
| | 灌溉周期 | d | 4 | 耗水强度 2.1mm/d |

### 三、设计说明

（1）灌区山顶高程 105.50m，山脚，即灌区下沿高程不一，为 20.00～50.00m，面积 116 亩。

（2）灌区以附近溪道为水源，水位 135.50m，因为流量不多，采用 DN63 PE 管引至灌区中心（山顶）蓄水桶（20m³），管长 695m，流量 10m³/h 时，水力损失 22m。

（3）灌区不设干管，以山顶为中心放射形布置 6 支分干管，以管道的水力损失抵消过高的地形坡降，选 DN63 PE 管道，每支管道进水口设截止阀，末端设泄水阀。

（4）为防止分干管末端水压过高，除较短的 6 号分干管以外，其余 5 条管中部均设减压阀。

（5）最长的 3 号分干管，长 245m，进口水压 2m，至末端地形坡降 64.5m、流量 23m³/h（16 个喷头）时水力损失为 35m，末端动态水压 31.5m。

（6）最短的 6 号分干管，长 134m，进口水压 2m，至末端地形坡降 45m，流量 23m³/h 时水力损失为 21m，末端动态水压 26m。

（7）靠近山顶的第一排喷头水压仅 5～10m，喷头难以转动，则在竖管安装水龙头和球阀，采用人工浇灌弥补。靠近山脚地形落差大，须开启 15 个左右喷头，使管道水力损失大，以消除过高的水头。

（8）选用 20PYS₁₅ 塑料喷头，喷嘴直径 4mm×2.5mm，水压 30m 时，流量 1.4m³/h，射程 14m，共布置喷头 345 个，间距 15m×15m，喷水强度 5.6mm。

（9）支管采用变径设计，单方向多于 3 个喷头的用 DN50、DN40 管各 50%，1～3 个喷头的用 DN40 管。每条支管配 1 只球阀，共设球阀 63 只，每只阀最少 1 个喷头，大多数 5 个喷头，最多的 10 个，平均每只阀 5.5 个。

（10）以 15 个喷头为一个轮灌区，面积 5.6 亩。灌区分为 23 个轮灌区，每区喷 1.5h，灌水量 8.4mm，即 5.6m³/亩。灌区轮灌一遍需 35h，需水 713m³。由于水源流量小，引水量为 10m³/h，而喷灌流量为 20m³/h，故需间隙灌水，完成一遍灌水约需 72h。

（11）灌区耗水强度约 2.1mm/d，灌溉周期为 4d（8.4mm/2.1mm）。

## 四、工程造价表

| 序号 | 费用名称 | 单位 | 单价/元 | 数量 | 复价/万元 | 备注 |
|---|---|---|---|---|---|---|
| 1 | DN63×3.0 (PE80-0.6MPa) | m | 9.3 | 695 | 0.6463 | 单价按照 0.58kg/m,16元/m 计算 |
| 2 | DN63×3.6 (PE80-0.8MPa) | m | 11.0 | 1100 | 1.2100 | 单价按照 0.69kg/m,16元/m 计算 |
| 3 | DN50×2.0 (PE80-0.6MPa) | m | 5.12 | 841 | 0.4306 | 单价按照 0.32kg/m,16元/m 计算 |
| 4 | DN40×2.0 (PE80-0.6MPa) | m | 4.0 | 1625 | 0.6500 | 单价按照 0.25kg/m,16元/m 计算 |
| 5 | DN63×90°弯头 | 个 | 4.3 | 130 | 0.0559 | |
| 6 | DN63×63 三通 | 个 | 6.0 | 126 | 0.0756 | |
| 7 | DN63×4.7 PE100-1.25MPa | m | 14.24 | 63 | 0.0897 | 单价按照 0.89kg/m,16元/m 计算 |
| 8 | DN50×32 三通 | 个 | 2.4 | 168 | 0.0403 | |
| 9 | DN40×32 三通 | 个 | 1.8 | 177 | 0.0319 | |
| 10 | DN40 管帽 | 个 | 0.6 | 116 | 0.0070 | |
| 11 | C20镇墩 (0.3m×0.3m×0.3m) | 个 | 15 | 395 | 0.5925 | 其中50个为分干管 |
| 12 | DN25 镀锌钢管及堵头 | 支 | 36 | 345 | 1.2442 | 竖管,2.5m/支 |
| 13 | 20PYS$_{15}$塑料喷头 | 只 | 13 | 345 | 0.4485 | 含 32mm×25mm 变径接头 |
| 14 | DN50 铸铁闸阀(法兰式) | 只 | 150 | 15 | 0.2250 | |
| 15 | DN40 塑料球阀 | 只 | 9 | 54 | 0.0486 | |
| 16 | DN32 塑料球阀 | 只 | 6 | 9 | 0.0054 | |
| 17 | 阀门箱(RB-910) | 只 | 60 | 78 | 0.4680 | |
| 18 | 塑料蓄水桶(5m³) | 只 | 3000 | 4 | 1.2000 | |
| 19 | 过滤网箱 | 只 | 250 | 1 | 0.0250 | |
| 20 | 安装费 | m | 8 | 4260 | 3.4080 | |
| 21 | 设计费(1~20项合计的5%) | | | | 0.5434 | |
| 22 | 合计 | | | | 5.6444 | |

**注** 此为2015年造价。

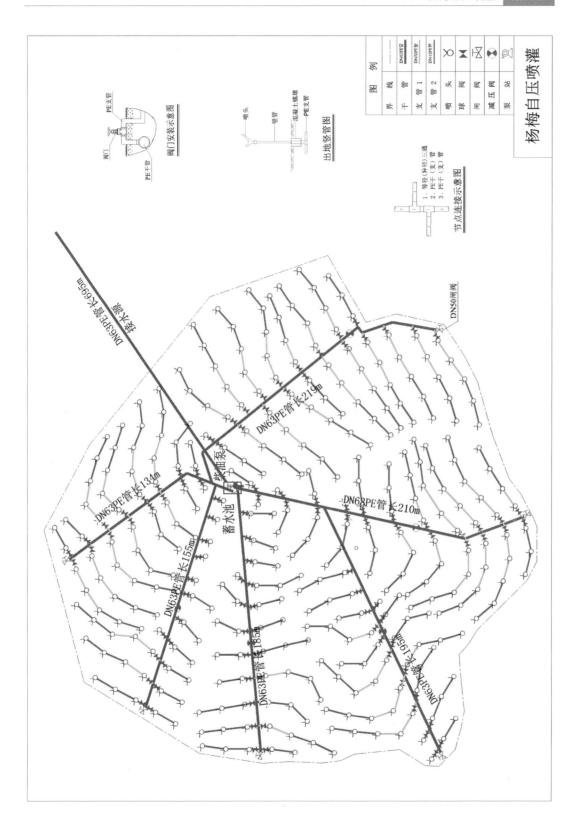

# 第十节 杨梅茶叶高扬程喷灌

## 一、项目简介

项目位于牟山镇，一处山岙的两边，面积 134 亩，分为东西两片，西片南北长约 600m、上下坡长 250m，高程相差 70m（65～135m），面积 113 亩；东片南北长 250m，上下坡长 75m，高差 25m（60～85m），面积 21 亩。作物为杨梅与茶叶套种，利用杨梅高大的树形阻挡春季寒流对茶叶幼芽的影响。因每年干旱遭经济损失，农户迫切要求安装喷灌，工程于 2015 年 9 月完工，并于当年发挥效益。

## 二、工程特性表

| 类 别 | 名 称 | 单 位 | 数 量 | 备 注 |
|---|---|---|---|---|
| 概况 | 面积 | 亩 | 134 | |
| | 造价 | 万元 | 16.18 | 1248 元/亩 |
| | 代表性 | | | 高差 90m 坡度喷灌 |
| 管道 | PE100、80 级 | MPa | 1.0、0.8 | |
| | DN90 干管 | m | 154 | 1.1m/亩 |
| | DN63 分干管 | m | 1995 | 14.8m/亩 |
| | DN50、DN40 支管 | m | 4913 | 36.7m/亩 |
| 水泵 | 50FL18-15×7 | 套 | 1 | 7 级泵 |
| | 流量 | $m^3/h$ | 18 | 流量范围为 12.6～21.6$m^3/h$ |
| | 扬程 | m | 105 | 扬程范围为 87.5～126m |
| | 功率 | kW | 11 | |
| 喷头 | 20PYS$_{15}$ | 个 | 384 | 喷嘴直径 4mm×2.5mm，间距 15m×15m，喷灌强度 5.6mm/h |
| | 压力 | m | 30 | |
| | 流量 | $m^3/h$ | 1.4 | |
| | 射程 | m | 14 | |
| 灌溉制度 | 轮灌面积 | 亩 | 4.4 | |
| | 轮灌区数 | 个 | 30 | 13 个喷头（8～15 个） |
| | 灌水时间 | h/区 | 1 | |
| | 轮灌一遍 | h | 32 | 5.6mm，3.7$m^3$/亩 |
| | 灌溉周期 | d | 3 | 耗水强度 1.8mm/d |

## 三、设计说明

(1) 泵站位于山岙底部的中间位置，两片用同一台水泵。选 50FL18 - 15×7 多级水泵，额定值为：流量 18m³/h，扬程 105m，功率 11kW。流量为 12.6m³/h 时，扬程 126m；流量为 21.6m³/h 时，扬程 87.5m。

(2) 西片干管呈丁字形布置，竖管沿坡面由下而上埋设，采用 DN90 管 154m，水力损失 2.3m。横管采用 DN63 管，灌区上部沿等高线布置，单方向最长 395m，水力损失 36m，地形落差 35m。6 条分干管从上而下，均用 DN63 管，以水力损失抵消地形坡降。设 51 条支管、321 管个喷头，面积 113 亩。

(3) 东片干管一分为三，呈树枝状分布，均用 DN63 PE 管。设 12 条支管、63 个喷头，面积 21 亩。

(4) 选 20PYS$_{15}$ 塑料喷头，喷嘴直径 4mm×2.5mm，水压 30m 时，流量 1.41m³/h，射程 14m。布置间距 15m×15m，共设喷头 384 个，喷灌强度 5.6mm。

(5) 因茶树较矮，杨梅树虽很高却是在树下喷灌，故竖管长度 1.5m，埋深 0.4m，露出地面 1.1m。每根竖管接入球阀，以便不同作物灵活控制喷头。

(6) 西片最高扬程。地形高差 75m，干管水力损失 2.4m，其余干管地形坡降均大于水力损失，不增加扬程，加上喷头工作压力 30m，合计 107.5m。

(7) 东片最高扬程。地形高差 30m，DN63 分干管水力损失 26.5m、支管水力损失 3.5m，喷头工作压力 30m，总扬程 90m，水泵在流量较大的工况运行。

(8) 水泵进口安装过滤网箱，出口安装水压表和农灌水表。

(9) 以 13 个喷头为一个轮灌区，面积 4.4 亩，分为 30 个轮灌区。每个轮灌区喷 1h，灌水量 5.6mm，即 3.7m³/亩。全灌区轮灌一遍需 30h，加开关闸门时间 2h，共约 32h。因为有茶叶、杨梅两种作物，且面积相当，需水临界期不同，故灌水时间是错开的，实际灌水时间可以减半。

(10) 耗水强度为 1.8mm/d，灌溉周期为 3d (5.6mm/1.8mm)。

## 四、工程造价表

| 序号 | 费用名称 | 单位 | 单价/元 | 数量 | 复价/万元 | 备注 |
|---|---|---|---|---|---|---|
| 1 | DN90×5.1 (PE100 - 1.0MPa) | m | 24 | 154 | 0.3690 | 单价按照 1.50kg/m，16 元/m 计算 |
| 2 | DN63×3.0 (PE80 - 0.6MPa) | m | 9.3 | 1995 | 1.8554 | 单价按照 0.58kg/m，16 元/m 计算 |
| 3 | DN50×2.0 (PE80 - 0.6MPa) | m | 5.1 | 2210 | 1.1271 | 单价按照 0.32kg/m，16 元/m 计算 |
| 4 | DN40×2.0 (PE80 - 0.6MPa) | m | 4.0 | 2703 | 1.0812 | 单价按照 0.25kg/m，16 元/m 计算 |
| 5 | DN90×50、DN90×75 异径接头 | 个 | 6.7 | 2 | 0.0014 | |
| 6 | 排气阀 (1in) | 个 | 100 | 6 | 0.0600 | |

续表

| 序号 | 费 用 名 称 | 单位 | 单价<br>/元 | 数量 | 复价<br>/万元 | 备　　注 |
|---|---|---|---|---|---|---|
| 7 | DN75×75 三通头 | 个 | 8.9 | 2 | 0.0018 | |
| 8 | DN75×90°弯头 | 个 | 7.4 | 2 | 0.0015 | |
| 9 | DN75×63 三通 | 个 | 9.1 | 6 | 0.0055 | |
| 10 | DN63×63 三通 | 个 | 6.0 | 104 | 0.0624 | |
| 11 | DN63×50 三通 | 个 | 5.1 | 16 | 0.0082 | |
| 12 | DN63×90°弯头 | 个 | 4.7 | 112 | 0.0526 | |
| 13 | DN50×90°弯头 | 个 | 2.8 | 48 | 0.0134 | |
| 14 | DN63×4.7 PE100－1.25MPa | m | 14.2 | 63 | 0.0895 | |
| 15 | DN50 铸铁闸阀 | 只 | 95 | 60 | 0.5700 | |
| 16 | DN40 塑球阀 | 只 | 9 | 10 | 0.0160 | |
| 17 | DN32 塑球阀 | 只 | 6 | 6 | 0.0036 | |
| 18 | DN25 塑球阀 | 只 | 5 | 384 | 0.1920 | |
| 19 | 阀门箱（RB－90） | 个 | 60 | 76 | 0.4560 | |
| 20 | C20 镇墩（0.3m×0.3m×0.3m） | 个 | 15 | 400 | 0.6000 | |
| 21 | 20PYS$_{15}$型喷头 | 个 | 12 | 384 | 0.4608 | 含 32mm×25mm 变径接头 |
| 22 | DN25 镀锌钢管 | 支 | 16 | 384 | 0.6144 | 1.5m/支，含管帽 |
| 23 | 50FL18－15×7 多级泵 | 套 | 5800 | 1 | 0.5800 | 11kW |
| 24 | 配电箱 | 只 | 1000 | 1 | 0.1000 | 含室内电线 |
| 25 | DN50 农灌水表 | 只 | 560 | 1 | 0.0560 | |
| 26 | 压力表（0~1.6MPa） | 只 | 100 | 1 | 0.0100 | |
| 27 | 过滤网箱 | 只 | 250 | 1 | 0.0250 | |
| 28 | 逆止阀（含法兰） | 只 | 400 | 1 | 0.0400 | |
| 29 | 管道安装费 | m | 8 | 7220 | 5.7660 | |
| 30 | 首部设备安装费 | 项 | | 1 | 0.0800 | |
| 31 | 设计费（1~30 项合计的 5%） | | | | 0.7960 | |
| 32 | 合　　计 | | | | 9.5842 | |

**注**　此为 2015 年造价。

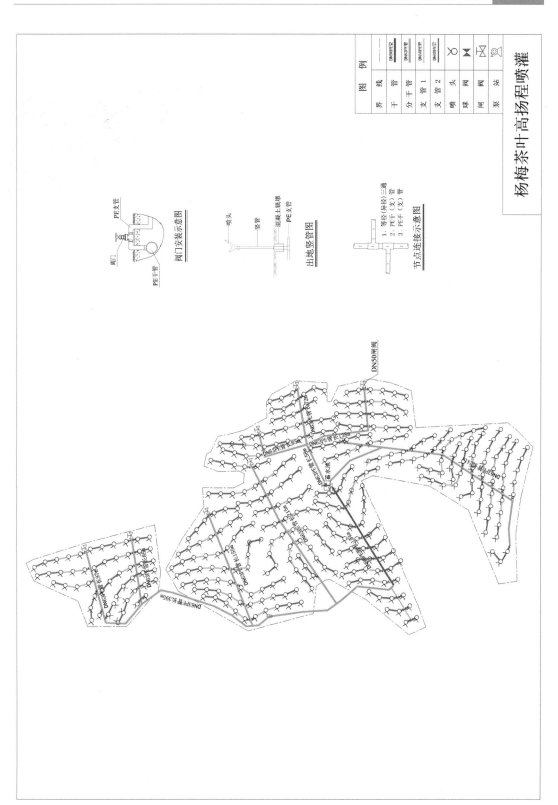

杨梅茶叶高扬程喷灌

# 第六章
# 养殖场微喷灌优化设计案例

## 第一节  兔 场 微 喷 灌

### 一、项目简介

项目位于陆埠镇平原，是微喷灌应用于养殖场降温的第一个项目。这是个獭兔场，占地 30 亩，建兔舍 28 栋，其中 24 栋长 40m/栋，4 栋长 25m/栋，舍宽均为 4m，总面积 4240m²，水源为场内的一口水井，不足时由河水补充。喷灌设施建于 2003 年 7 月，造价 2.28 万元，当年发挥效益，盛夏洒水降温，舍内温度降至 35℃ 以内，降低了热天死亡率，还意外提高了母兔繁殖率，具有很好的示范效应。

### 二、工程特性表

| 类 别 | 名 称 | 单 位 | 数 量 | 备 注 |
|---|---|---|---|---|
| 概况 | 兔舍面积 | m² | 4240 | 6.4 亩 |
| | 造价 | 万元 | 2.28 | 5.4 元/m² |
| | 代表性 | | | 兔场微喷灌 |
| 管道 | PE80 级 | MPa | 0.8 | |
| | DN63 干管 | m | 475 | 74m/亩 |
| | DN20 钢管 | m | 1177 | 184m/亩 |
| 水泵 | ISW40－160 | 套 | 1 | |
| | 流量 | m³/h | 6.3 | 流量范围为 4.4～8.3m³/h |
| | 扬程 | m | 32 | 扬程范围为 30～33m |
| | 功率 | kW | 2.2 | |
| 微喷头 | 旋转式 | 个 | 350 | |
| | 压力 | m | 22 | |
| | 流量 | L/h | 35 | |
| | 射程 | m | 3 | |
| 灌溉制度 | 轮灌面积 | m² | 2120 | |
| | 轮灌区数 | 个 | 2 | |
| | 灌水时间 | min/区 | 7 | |
| | 喷灌一遍 | min | 15 | |
| | 灌溉周期 | 次/d | 4～6 | |

## 三、设计说明

（1）干管采用外径 63mm 的 PE 管，埋入地下 0.4m，管长 475m，管内流量 6.3m³/h 时，末端水力损失 3.8m。

（2）支管位于地面和舍顶之上，常年受日晒雨淋，故采用直径 20mm 镀锌钢管，每栋兔舍上安放一根，一只 24 根，每根管长 40m，流量 0.45m³/h，末端水力损失 0.5m，长 24m 的 4 根，每条由闸阀控制。

（3）采用旋转式微喷头，为提高雾化指标，选最小喷嘴直径（0.8mm）。水压 22m 时，流量 35L/h，射程 3m，雾化指标 27500，共有微喷头 350 只，间距 3m，向上固定于支管，40m 支管、24m 支管上分别装 13 只、8 只微喷头。

（4）选用 ISW40 - 160 水泵，额定值为：流量 6.3m³/h，扬程 32m，配套功率 2.2kW。

（5）采用 4 只 1in 网式过滤器，并联安装，水力损失约 1m。

（6）最高扬程：微喷头工作压力 22m，舍顶至水面垂直距离 4.7m，干、支管水力损失 4.3m、过滤器水力损失 1m，合计 32m。

（7）水泵可供 180 只喷头同时工作，所有兔舍分 2 个灌区轮流喷水，喷灌强度 2.6mm/h，每个轮灌区喷灌时间 5～10min，平均 7min，15min 轮灌一遍。轮灌周期根据气温而定，夏天高温期间每天 4～6 次。

## 四、工程造价表

| 序号 | 费用名称 | 单位 | 单价/元 | 数量 | 复价/万元 | 备注 |
|---|---|---|---|---|---|---|
| 1 | DN63×2.0（PE80 - 0.4MPa） | m | 6.4 | 475 | 0.3040 | 单价按照 0.58kg/m，11 元/m 计算 |
| 2 | DN20 镀锌钢管 | m | 7.4 | 1177 | 0.8710 | |
| 3 | 管道附件 | 套 | | | 0.2669 | 含舍上固定用支墩 |
| 4 | DN50 闸阀 | 只 | 35 | 5 | 0.0175 | |
| 5 | DN20 闸阀 | 只 | 13 | 29 | 0.0377 | |
| 6 | 微喷头 | 只 | 2.0 | 350 | 0.0700 | 喷嘴直径为 0.8mm |
| 7 | DN25 网式过滤器 | 只 | 20 | 4 | 0.0080 | |
| 8 | 压力表（0～0.6MPa） | 只 | 35 | 1 | 0.0035 | |
| 9 | ISW40 - 160 水泵机组 | 套 | 650 | 1 | 0.0650 | 2.2kW |
| 10 | 安装费 | | | | 0.4200 | |
| 11 | 设计费（1～10 项合计的 5%） | | | | 0.1080 | |
| 12 | 合计 | | | | 2.1746 | |

**注** 此为 2003 年造价。

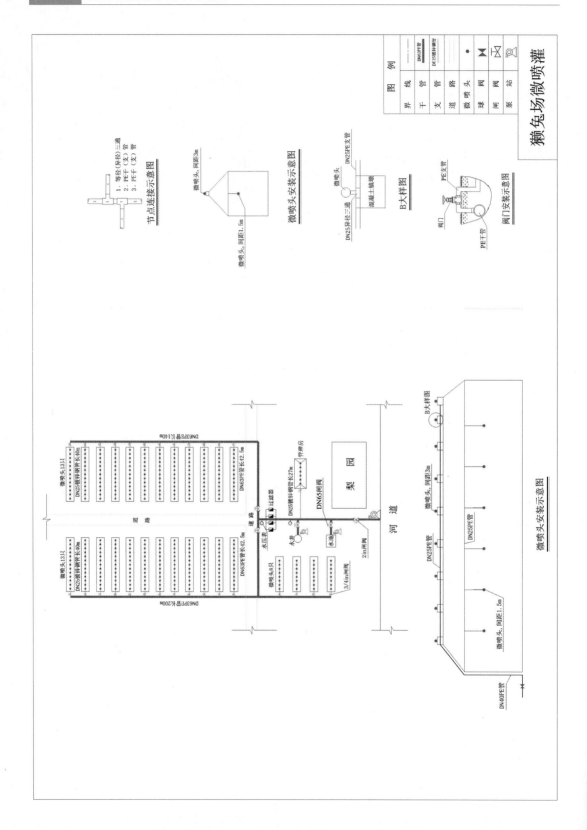

# 第二节　鸡场微喷灌

## 一、项目简介

项目位于阳明街道,属于城区近郊,鸡场面积 90 亩,绿树成荫,其间有鸡舍 23 栋,面积 5500m²,占 8.3%,是个花园式的养殖场。2003 年高温季节热死鸡 1700 多只,且大部分是种鸡,损失 10 多万元。受科农獭兔场微喷效果的启发,2004 年 6 月建成微喷设施,用于鸡舍降温,其中 21 栋仅有舍内降温,2 栋(母鸡舍)舍内、舍外均可降温。夏天每天喷洒 4 次,每次 5~7min,舍内降温 3~5℃,降低了死亡率,提高了产蛋率、孵化率,每年增加效益 10 多万元。

## 二、工程特性表

| 类　别 | 名　称 | 单　位 | 数　量 | 备　注 |
|---|---|---|---|---|
| 概况 | 鸡舍面积 | m² | 5500 | 8.24 亩 |
| | 造价 | 万元 | 2.33 | 4.24 元/m² |
| | 代表性 | | | 鸡场微喷灌 |
| 管道 | PE80 级 | MPa | 0.6 | |
| | DN90 干管 | m | 190 | 23m/亩 |
| | DN50 支管 | m | 390 | 47m/亩 |
| | DN32 毛管 | m | 766 | 101m/亩 |
| 水泵 | ISW50-200A | 套 | 1 | |
| | 流量 | m³/h | 12.5 | 流量范围为 8.3~15.3m³/h |
| | 扬程 | m | 44 | 扬程范围为 42~46m |
| | 功率 | kW | 4 | |
| 微喷头 1 | 离心式 | 套 | 330 | 喷嘴直径为 0.8mm |
| | 压力 | m | 25 | 压力范围为 22~28m |
| | 流量 | L/h | 35 | 流量范围为 33~37L/h |
| | 射程 | m | 1.5 | 射程范围为 1.2~1.8m |
| 微喷头 2 | 折射式 | 个 | 26 | 铜质 |
| | 压力 | m | 25 | 压力范围为 20~30m |
| | 流量 | L/h | 70 | 流量范围为 40~100L/h |
| | 射程 | m | 3 | 射程范围为 2.5~4m |
| 轮灌制度 | 统喷面积 | m² | 5500 | |
| | 喷灌时间 | min/遍 | 7 | |
| | 喷水次数 | 次/d | 4~6 | 高温期间 |

### 三、设计说明

（1）干管用外径 90mm PE 管 190m，最远末端水力损失约 1.0m，支管用外径 63mm PE 管 766m，单管末端水力损失 1.6m，舍内毛管外径为 32mm PE 管，末端水力损失为 0.2m，舍外毛管用 1in 钢管，水力损失约为 0.4m，合计 2.0m。

（2）舍内选用四出口旋转式微喷头 330 只，喷嘴直径 0.8mm，水压 25m 时，流量 35L/h，射程 1.5m，安装间距 2m，喷灌强度 2mm/h。舍外选铜质折射式微喷头 26 只，水压 25m 时，流量 70L/h，射程 3m，间距 3.0m，喷灌强度 4mm/h。

（3）水泵型号为 ISW50 - 200A，额定值为：流量 12.5m³/h，扬程 44m，配套功率 4kW。

（4）采用 4 只 1in 网式过滤器并联安装。

（5）设计总扬程。微喷头工作压力 25m，喷头与水面高差 6m，管道水力损失 10m，过滤器水力损失 3m，合计 44m。

（6）因降温需要不需轮喷，而是同时喷灌，每次喷灌时间 5～10min，平均 7min，夏天高温期间每天喷 4～6 次。

### 四、工程造价表

| 序号 | 费用名称 | 单位 | 单价/元 | 数量 | 复价/万元 | 备注 |
|---|---|---|---|---|---|---|
| 1 | DN90×4.3（PE80 - 0.6MPa） | m | 13.2 | 190 | 0.2508 | 单价按照 1.2kg/m，11 元/m 计算 |
| 2 | DN63×3.0（PE80 - 0.6MPa） | m | 6.4 | 390 | 0.2496 | 单价按照 0.58kg/m，11 元/m 计算 |
| 3 | DN32×2.0（PE80 - 0.8MPa） | m | 2.2 | 766 | 0.1685 | 单价按照 0.20kg/m，11 元/m 计算 |
| 4 | DN25 镀锌钢管 | m | 12 | 88 | 0.1056 | |
| 5 | 折射式微喷头 | 只 | 8.0 | 26 | 0.0208 | 铜质、室外 |
| 6 | 离心式微喷头 | 套 | 4.5 | 330 | 0.1485 | 四出口、室内 |
| 7 | DN50 闸阀 | 只 | 35 | 4 | 0.0140 | |
| 8 | DN25 闸阀 | 只 | 17 | 27 | 0.0459 | |
| 9 | DN50 水表 | 只 | 100 | 1 | 0.0100 | |
| 10 | DN25 网式过滤器 | 只 | 20 | 4 | 0.0080 | |
| 11 | ISW50 - 200A 型水泵机组 | 套 | 1875 | 1 | 0.1875 | |
| 12 | 4kW 配电箱 | 只 | 650 | 1 | 0.0650 | |
| 13 | 管道附件 | | | | 0.0775 | |
| 14 | 其他配件 | | | | 0.0782 | |
| 15 | C20 混支墩 | 只 | 5 | 50 | 0.0250 | |
| 16 | 安装费 | | | | 0.7638 | |
| 17 | 设计费（1～16 项合计的 5%） | | | | 0.1109 | |
| 18 | 合计 | | | | 2.3296 | |

**注** 此为 2004 年造价。

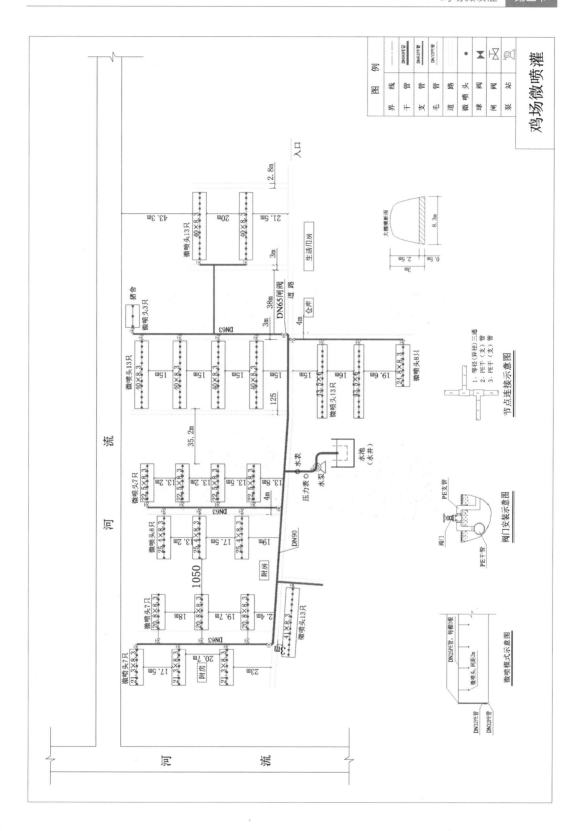

鸡场微喷灌

# 第三节　格格鸡场微喷灌

## 一、项目简介

该项目位于黄家埠镇，属于平原水稻产区，面积 42 亩，其中鸡舍 10 栋，每栋 52m×8m，合计 4160m²，折合 6.24 亩，占 15%，其余为道路、鸡运动场、管理用房、交易区、办公区、生活区和饲料仓库等（图 6-1）。工程建于 2006 年 6 月，造价 1.92 万元，合 6.2 元/m²。鸡场主人介绍，当舍内温度超过 30°时，鸡会出现"热应急"状态，表现出长时间的喘气、饮水量增大、采食量不足、抵抗力下降等现象。自从安装微喷设施后，能根据舍内温度进行喷水，每次喷 5min，平均舍内温度降低 6℃左右。通过微喷工程，一是未再发现热死鸡的现象；二是鸡的料肉比降低；三是节省劳动力，增加了收益。

图 6-1　正在微喷灌的鸡舍（2009 年）

## 二、工程特性表

| 类　别 | 名　称 | 单　位 | 数　量 | 备　注 |
|---|---|---|---|---|
| 概况 | 鸡舍面积 | m² | 4160 | |
| | 造价 | 万元 | 1.92 | 6.2 元/m² |
| | 代表性 | | | 鸡场降温、消毒 |
| 管道 | PE80 级 | MPa | 0.4 | |
| | DN50 干管 | m | 420 | 67m/亩 |
| | DN32 支管 | m | 100 | 16m/亩 |
| | DN25 毛管 | m | 1040 | 167m/亩 |

续表

| 类　别 | 名　称 | 单　位 | 数　量 | 备　注 |
|---|---|---|---|---|
| 水泵 | ISW40-160 | 套 | 2 | |
| | 流量 | m³/h | 6.3 | 流量范围为 4.4～8.3m³/h |
| | 扬程 | m | 32 | 扬程范围为 30～33m |
| | 功率 | kW | 2.2 | |
| 微喷头 | 四出口雾喷头 | 只 | 420 | 喷嘴直径为 0.8mm |
| | 压力 | m | 22 | 压力范围为 22～28m |
| | 流量 | L/h | 33.5 | 流量范围为 33.5～37.5L/h |
| | 射程 | m | 1.2 | 射程范围为 1.2～1.8m |
| 轮灌制度 | 轮灌区数 | 个 | 3 | |
| | 轮灌面积 1 | m² | 1248 | 3 栋（2 个轮喷区） |
| | 轮灌面积 2 | m² | 1664 | 4 栋（1 个轮喷区） |
| | 喷灌时间 1 | min | 7～10 | 降温 |
| | 喷灌时间 2 | min | 5 | 喷药 |
| | 喷灌次数 1 | 次/d | 4～5 | 夏季降温 |
| | 喷灌次数 2 | 次/周 | 1～2 | 全年消毒 |

## 三、设计说明

（1）微喷以井水为水源，因一口井水量不够，故在场内打了两口水井，配用 2 台水泵。1 号水井和水泵位于鸡场西南部，接出两条干管，分别喷洒西部 3 栋鸡舍和中部 4 栋鸡舍；2 号水井和水泵位于鸡场东北部，只接一条干管，喷洒东部 3 栋鸡舍。两泵之间有干管连通，以互相补给水量。

（2）选用 ISW40-160 型水泵机组 2 套，额定流量 6.3m³/h，扬程 32m，功率 2.2kW，每只水泵设两条进水管，一条从水井吸水，另一条从水桶吸消毒药液。从水泵出水管接出一条回水管接入水桶，为桶内注水搅拌药液用，各管分别由球阀控制。

（3）干管选 DN50 PE 管，总长 420m，单管最长 186m，水力损失 4.4m。

（4）支管为 DN32 PE 管，总长 100m，单管长 10m，水力损失 0.3m。

（5）毛管为 DN25 PE 管，总长 1040m，单管长 41m，均布 21 个微喷头，水力损失 0.5m。

（6）选用离心式四出口微喷头，喷嘴直径 0.8mm，水压 22m 时流量 33.5L/h，射程 1.2m，间距 2m，每栋 2 排、42 个喷头，共装 420 个。

（7）井水不必过滤，但药液需过滤，每台水泵出口设 DN40 网式过滤器。

（8）设计最高扬程。喷头水压22m，水面至喷头高差3.5m，管道水力损失4.2m、过滤器水力损失3m，合计32.7m，水泵在高扬程工况运行。

（9）轮喷面积分为1008m²（3栋）和1344m²（4栋）两种，后者微喷头流量变小，需延长喷洒时间。

（10）喷洒时间为降温7～10min，消毒5min（喷完500kg药液）。

## 四、工程造价表

| 序号 | 费用名称 | 单位 | 单价/元 | 数量 | 复价/万元 | 备注 |
|---|---|---|---|---|---|---|
| 1 | DN50×2.0（PE80-0.4MPa） | m | 5.8 | 420 | 0.2436 | 单价按照0.32kg/m，18元/kg计算 |
| 2 | DN32×2.0（PE80-0.8MPa） | m | 3.6 | 100 | 0.0360 | 单价按照0.20kg/m，18元/kg计算 |
| 3 | DN25×2.0（PE80-0.8MPa） | m | 2.7 | 1040 | 0.2808 | 单价按照0.15kg/m，18元/kg计算 |
| 4 | DN50×90°弯头 | 个 | 2.8 | 4 | 0.0011 | |
| 5 | DN50×32三通 | 个 | 2.4 | 10 | 0.0024 | |
| 6 | DN50管帽 | 个 | 1.2 | 6 | 0.0007 | |
| 7 | DN32×32 | 个 | 3.2 | 10 | 0.0032 | |
| 8 | DN32管帽 | 个 | 0.4 | 20 | 0.0008 | |
| 9 | DN32×25三通 | 个 | 1.2 | 20 | 0.0024 | |
| 10 | DN25管帽 | 个 | 0.3 | 20 | 0.0006 | |
| 11 | DN40球阀 | 只 | 25 | 6 | 0.0150 | |
| 12 | DN32球阀 | 只 | 15 | 6 | 0.0090 | |
| 13 | DN25球阀 | 只 | 5.5 | 10 | 0.0055 | |
| 14 | Φ4mm铁丝 | m | 0.5 | 1100 | 0.0550 | |
| 15 | 500kg塑料水桶 | 只 | 300 | 3 | 0.0900 | |
| 16 | ISW40-160水泵机组 | 套 | 1200 | 2 | 0.2400 | |
| 17 | 2in网式过滤器 | 只 | 792 | 2 | 0.1584 | |
| 18 | 2in水表 | 只 | 100 | 2 | 0.0200 | |
| 19 | 四出口微喷头 | 只 | 6 | 420 | 0.2520 | 离心式雾化喷头 |
| 20 | 安装费 | m² | 1 | 4160 | 0.4160 | |
| 21 | 设计费（1～20项合计的5%） | | | | 0.0916 | |
| 22 | 合计 | | | | 1.9031 | |

**注** 此为2006年造价。

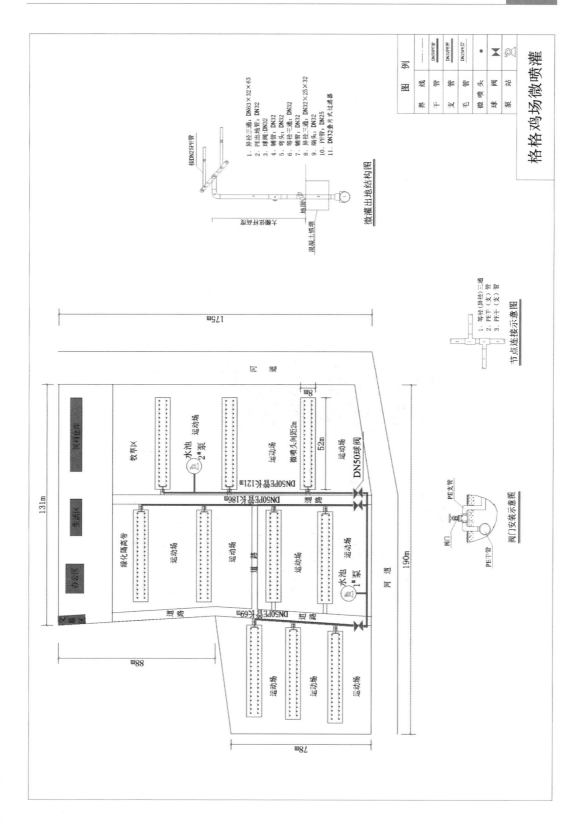

## 第四节　康宏牧场微喷灌

### 一、项目简介

项目位于黄家埠镇，属于平原，是余姚市最大的猪场，占地 55 亩，其中建猪舍 13 栋，以南北方向操作道路为中心，分东西两区，各舍长度不同、宽度相等，东区 7 栋（76m×12m），每栋 912m²，西区 6 栋（121.6m×12m），每栋 1459m²，合计 15138m²，折合 22.7 亩（图 6-2）。微喷设施建于 2007 年 11 月。牧场主人反映安装微喷后的主要效益为：①热天降温以后不但死亡率降低，而且节省饲料，每头猪可节约饲料成本 100 元，4000 头猪可节约 40 多万元；②代替了每星期 1～2 次的人工消毒，从每舍 2h 减少至 5min，不仅节省劳力，雾化效果好，而且没有噪声干扰，有利于猪的生长。牧场总经理是本市养猪协会会长，在他的影响下，本市规模化猪场全部装上了微喷设施。2009 年"宁波市畜牧场喷淋降温消毒现场会"在余姚市召开，到 2016 年宁波市牧场微喷面积达到百万平方米。

图 6-2　康宏牧场微喷灌（2011 年）

### 二、工程特性表

| 类　别 | 名　称 | 单　位 | 数　量 | 备　注 |
|---|---|---|---|---|
| 概况 | 猪舍面积 | m² | 15138 | 折合 22.7 亩 |
| | 造价 | 万元 | 7.32 | 4.8 元/m² |
| | 代表性 | | | 猪场微喷灌 |

续表

| 类　别 | 名　称 | 单　位 | 数　量 | 备　注 |
|---|---|---|---|---|
| | PE80 级 | MPa | 0.8 | 毛管 |
| 管道 | DN50 钢干管 | m | 260 | 11.7m/亩 |
| | DN25 钢支管 | m | 660 | 29.1m/亩 |
| | DN32 塑支管 | m | 2918 | 134m/亩 |
| | DN25 塑支管 | m | 2128 | 93.7m/亩 |
| 水泵 | DN25 潜水电泵 | 只 | 7 | |
| | 流量 | m³/h | 4 | 流量范围为 3～4.5m³/h |
| | 扬程 | m | 40 | 扬程范围为 30～45m |
| | 功率 | kW | 1.1 | |
| 微喷头 | 四出口离心式 | 只 | 1660 | 喷嘴直径为 0.6mm（灰色） |
| | 压力 | m | 25 | 压力范围为 22～28m |
| | 流量 | L/h | 26 | 流量范围为 24～27L/h |
| | 射程 | m | 1.5 | 射程范围为 1.2～1.8m |
| 工作制度 | 轮喷面积 | m² | 2730 | 东西各 1 舍 |
| | 轮喷区数 | 个 | 7 | |
| | 喷灌时间 | min/舍 | 5～8 | 东片 5min、西片 8min |
| | 轮喷一遍 | min | 60 | |
| | 喷洒周期 1 | 次/d | 4～6 | 用于降温 |
| | 喷洒周期 2 | 次/周 | 1～2 | 用于消毒 |

## 三、设计说明

（1）为了喷雾降温和喷药消毒，在舍内安装微喷设施，因当地河网水质不符合微喷要求，用水量又不大，故以自来水为水源。

（2）干管采用 DN50 钢管，埋于中心路旁，通过 7 只闸阀，分别向位于路两边的水桶供水，末端水力损失约 3m。

（3）每两栋之间设置 1 只水桶，共 7 只桶，单只容积 500L，用于储水或药液。

（4）配置 7 台 DN25 潜水电泵，流量 4m³/h，扬程 40m，功率 1.1kW，分别放入每个水桶，再通过两只球阀，先后向两舍供水或药液。东片每舍喷头少，水泵工况点会向流量减小、扬程增高方向移动。

(5) 舍内设置 4 条毛管,间距 3m。管径分为两种,东片管长 76m,用 DN25 PE 管,布置 25 个喷头,间隔 3m,流量 625L/h 时,末端水力损失 1m。西片管长 120m,DN32 PE 管,布置 40 只微喷头,流量 1000L/h 时,末端水力损失也是 1m。

(6) 选用离心式微喷头 (4 出口),喷嘴直径 0.6mm,水压 25m 时,流量 26L/h,射程 1.5m,雾化指标 35700。喷灌强度 2.5mm/h,东片每舍 100 个、共 700 个微喷头,西片每舍 160 个、共 960 个微喷头,两片合计 1660 个微喷头。

(7) 轮喷面积为 2370m² (东西各 1 舍),分 7 个轮喷区,喷水时间 5min。西区喷完 500L 液体 8min,东区喷完 320L 液体 5min,全场共约 1h。降温喷洒周期为 4～6 次/d,消毒喷洒周期为 1～2 次/周。

## 四、工程造价表

| 序号 | 费用名称 | 单位 | 单价/元 | 数量 | 复价/万元 | 备注 |
|---|---|---|---|---|---|---|
| 1 | DN50 镀锌钢管 | m | 28.3 | 260 | 0.7358 | |
| 2 | DN25 镀锌钢管 | m | 14.3 | 660 | 0.9438 | |
| 3 | DN32×2 (PE80－0.8MPa) | m | 3.2 | 2918 | 0.9338 | 单价按照 0.2kg/m,16 元/m 计算 |
| 4 | DN25×2 (PE80－0.8MPa) | m | 2.4 | 2128 | 0.5107 | 单价按照 0.15kg/m,16 元/m 计算 |
| 5 | 管道附件 | | | | 0.6248 | |
| 6 | 500kg 水桶 | 只 | 250 | 7 | 0.1750 | 塑料 |
| 7 | 潜水泵 (1.1kW) | 只 | 480 | 7 | 0.3360 | 1in 泵 |
| 8 | DN50 闸阀 | 只 | 70 | 1 | 0.0070 | |
| 9 | DN25 球阀 | 只 | 25 | 20 | 0.0500 | |
| 10 | 固定铁丝 | 只 | 0.5 | 5100 | 0.2550 | |
| 11 | 四出口离心式微喷头 | 只 | 5.0 | 1700 | 0.8500 | 喷嘴直径为 0.6mm |
| 12 | DN25 网式过滤器 | 只 | 25 | 13 | 0.0325 | |
| 13 | 安装费 | | | | 1.5138 | 1 元/m² |
| 14 | 设计费 (1～13 项合计的 5%) | | | | 0.3484 | |
| 15 | 合计 | | | | 7.3166 | |

注　此为 2007 年造价。

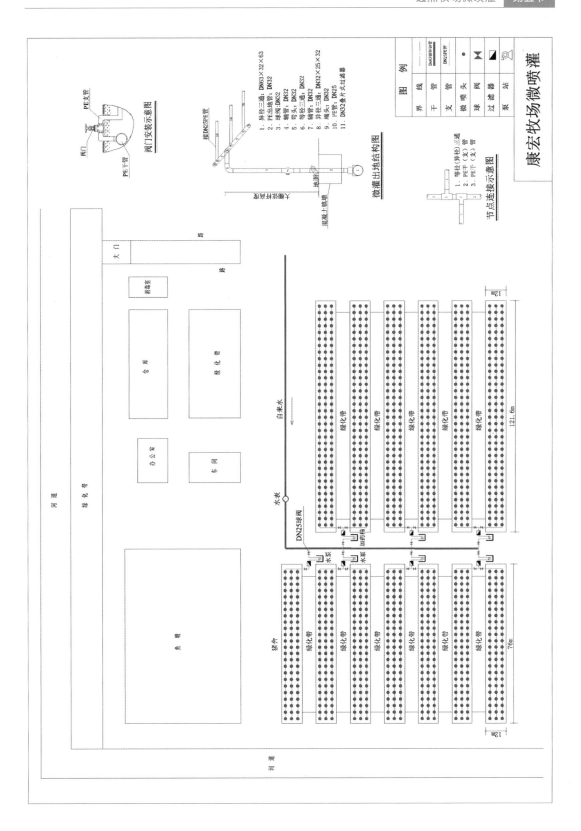

康宏牧场微喷灌

# 第五节　逸然牧场微喷灌

## 一、项目简介

项目位于黄家埠镇，位于杭州湾南岸1984年围垦的新土地。牧场建于2010年，面积130亩，创新建连栋猪舍大棚32栋。其中东区（大猪区）有68m×8m舍12栋，中区（保育区）有55m×8m舍9栋，西区（母公区）有37.9m×12m舍8栋、67.3m×8m舍3栋，面积共20212m²，折合25亩。微喷设施建于2012年，造价8.87万元，合5.24元/m²。项目特点是棚内建地（路）下雨水池，收集棚顶的雨水，用作微喷降温、施药的水源。

## 二、工程特性表

| 类　别 | 名　称 | 单　位 | 数　量 | 备　注 |
|---|---|---|---|---|
| 概况 | 面积 | m² | 20212 | |
| | 造价 | 万元 | 8.87 | 5.24元/m² |
| | 代表性 | | | 牧场雨水微喷灌 |
| 管材 | PE80级 | MPa | 4 | |
| | DN75干管 | m | 370 | 13m/亩 |
| | DN50支管 | m | 550 | 18m/亩 |
| | DN32分支管 | m | 354 | 11.3m/亩 |
| | DN25毛管 | m | 6334 | 209m/亩 |
| 水泵1 | ISW65-100（A） | 套 | 3 | |
| | 流量 | m³/h | 22 | 流量范围为16～29m³/h |
| | 扬程 | m | 10 | 扬程范围为8～11m |
| | 功率 | kW | 1.1 | 重量为48kg |
| 水泵2 | DN25潜水泵 | 台 | 16 | |
| | 流量 | m³/h | 3.5 | |
| | 扬程 | m | 40 | |
| | 功率 | kW | 1.1 | |
| 微喷头 | 四出口雾化喷头 | 套 | 3019 | 喷嘴直径为0.8mm |
| | 压力 | m | 25 | 压力范围为22～28m |
| | 流量 | L/h | 36 | 流量范围为33.5～37.5L/h |
| | 射程 | m | 1.5 | 射程范围为1.2～1.8m |

续表

| 类　别 | 名　　称 | 单　位 | 数　量 | 备　　注 |
|---|---|---|---|---|
| | 轮喷面积 | m² | 520～680 | |
| | 轮喷区 | 个 | 32 | 3 个舍区分别喷洒 |
| 轮灌制度 | 喷灌时间 | min | 8～10 | 喷药 4～5min，时间减半 |
| | 轮喷一遍（东区） | min | 100～120 | . |
| | 轮喷一遍（中区） | min | 80～100 | |
| | 轮喷一遍（西区） | min | 90～110 | |

## 三、设计说明

（1）场内建有一座水塔，高 25m，容积 50m³。水泵从河道提水，经过滤储存在水塔，成为自压水源，作为牧场冲洗用水。棚内建 3 个地下水池，容积共 1500m³，用来储存雨水，作为微灌水源，雨水不够时由水塔补充。

（2）干管为 DN75 PE 管，总长 370m，流量为 21m³/h 时水力损失约 16m。分干管为 DN50 PE 管，总长 550m，单管最长 106m，水力损失 3.0m。

（3）支管为 DN32 PE 管，共 32 支，总长 354m，单管最长 13m，水力损失 0.7m。

（4）毛管为 DN25 PE 管，共 104 支，总长 6334m，单管最长 67m，水力损失 2.3m。棚宽有 8m、12m 两种，分别布设毛管 3 支、4 支，间距分别为 2.7m、3m。

（5）水塔高 25m，四级管路水力损失 22m，水以末端水压 3m 流入水桶。

（6）配 ISW65‐100A 水泵 3 台，流量 22m³/h，扬程 10m，功率 1.1kW，用于从 3 个雨水池中提水。

（7）选四出口离心式雾化喷头，水压 25m 时，流量 36L/h，射程 1.5m，间距 2m，共设喷头 3019 个。

（8）共有 32 个棚舍，设 16 只小水泵和塑料水桶（500L），共 16 个组合，每个组合轮流为 2 个棚供水。水泵口径 25mm，流量 3.5m³/h，扬程 40m，功率 1.1kW。每棚设 1 只 DN25 叠片式过滤器。

（9）牧场分为 3 个区域：①大猪舍，6 个轮喷区（棚）；②保育舍，5 个轮喷区；③母、公猪舍，5 个轮喷区。

（10）喷灌时间为：降温 8～10min/次，消毒 4～5min/次。

（11）轮喷一遍时间：大猪舍降温 100～120min，保育舍降温 80～100min，母公猪舍降温 70～90min，消毒减半。

（12）水塔主要供冲洗用水，故其与水泵成本不纳入微喷设施造价。

## 四、工程造价表

| 序号 | 费用名称 | 单位 | 单价/元 | 数量 | 复价/万元 | 备注 |
|---|---|---|---|---|---|---|
| 1 | DN75×2.3（PE80-0.4MPa） | m | 8.8 | 370 | 0.3256 | 单价按照0.55kg/m，16元/kg计算 |
| 2 | DN50×2.0（PE80-0.4MPa） | m | 5.1 | 550 | 0.2805 | 单价按照0.32kg/m，16元/kg计算 |
| 3 | DN32×2.0（PE80-0.8MPa） | m | 3.2 | 354 | 0.1133 | 单价按照0.20kg/m，16元/kg计算 |
| 4 | DN25×2.0（PE80-0.8MPa） | m | 2.4 | 6334 | 1.5202 | 单价按照0.15kg/m，16元/kg计算 |
| 5 | DN75×90°弯头 | 个 | 7.5 | 2 | 0.0015 | |
| 6 | DN75×63三通 | 个 | 9.1 | 5 | 0.0046 | |
| 7 | DN75管帽 | 个 | 3.5 | 2 | 0.0007 | |
| 8 | DN50×32三通 | 个 | 2.4 | 16 | 0.0038 | |
| 9 | DN63管帽 | 个 | 2.3 | 5 | 0.0012 | |
| 10 | DN32×90°弯头 | 个 | 1.0 | 66 | 0.0064 | |
| 11 | DN32×25三通 | 个 | 1.2 | 107 | 0.0128 | |
| 12 | DN32管帽 | 个 | 0.4 | 66 | 0.0026 | |
| 13 | DN25管帽 | 个 | 0.3 | 107 | 0.0031 | |
| 14 | 四出口微喷头 | 套 | 5.5 | 3019 | 1.6605 | 嘴径为0.8mm |
| 15 | Φ4mm铁丝 | m | 0.5 | 6460 | 0.3230 | |
| 16 | 500kg塑料水桶 | 只 | 300 | 16 | 0.4800 | |
| 17 | DN25水泵 | 只 | 780 | 16 | 1.2480 | |
| 18 | DN25球阀 | 只 | 6.0 | 50 | 0.0300 | 1in |
| 19 | DN40球阀 | 只 | 23 | 5 | 0.0115 | |
| 20 | ISW65-100水泵机组 | 套 | 1100 | 3 | 0.3300 | 1.5kW×3 |
| 21 | 控制箱 | 只 | 550 | 3 | 0.1650 | 含电线300元 |
| 22 | DN25叠片式过滤器 | 只 | 33 | 32 | 0.1056 | |
| 23 | DN25水表 | 只 | 100 | 3 | 0.0300 | 每区挑选一个棚安装水表 |
| 24 | 压力表 | 只 | 100 | 3 | 0.0300 | |
| 25 | 安装费 | m² | 1.0 | | 1.6728 | 16728m² |
| 26 | 设计费（1～25项合计的5%） | | | | 0.4183 | |
| 27 | 合　计 | | | | 8.7810 | |

**注**　此为2012年造价。

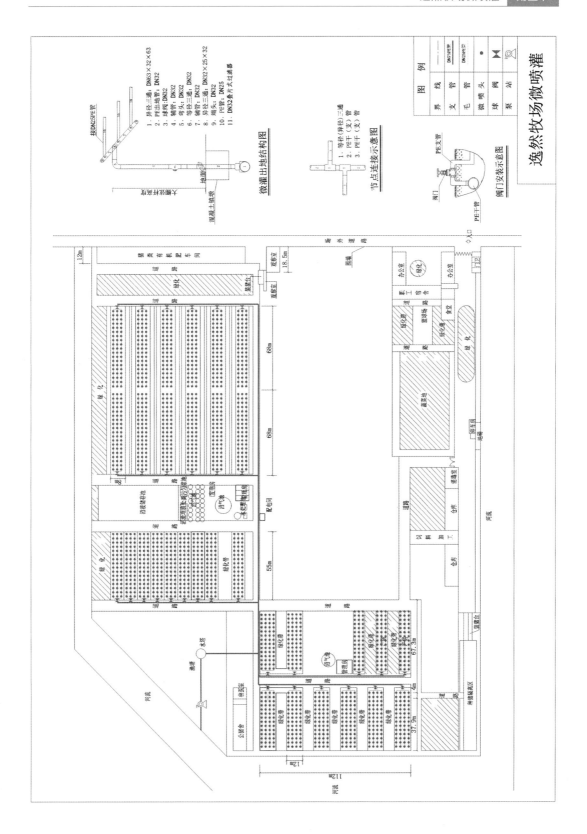

# 第六节　旱养鸭场微喷灌

## 一、项目简介

项目位于黄家埠镇，野鸭主人于 2005 年建第一个鸭场，面积 7080m²，2007 年 4 月安装微喷设施，取得很好的效益。2012 年异地建成第二个野鸭场，面积 2.49 万 m²，同年建成微喷设施。野鸭生性怕热不怕冷，因此特别需要微喷设备的降温作用，而且野鸭特别怕噪声，机动喷雾机的"突突"声会把鸭子"吓倒在地"，而微喷头只有"嘶嘶"声，用于消毒特别合适。

## 二、工程特性表

| 类　别 | 名　称 | 单　位 | 数　量 | 备　注 |
|---|---|---|---|---|
| 概况 | 鸭舍面积 | m² | 16128 | 包括运动场 |
| | 造价 | 万元 | 7.62 | 4.7 元/m² |
| | 代表性 | | | 旱养鸭场微喷灌 |
| 管材 | PE80 级 | MPa | 0.6 | |
| | DN63 干管 | m | 200 | 8.3m/亩 |
| | DN50 支管 | m | 354 | 14.6m/亩 |
| | DN25 毛管 | m | 5184 | 214m/亩 |
| 水泵 | ISW40－160 机组 | 套 | 4 | |
| | 流量 | m³/h | 6.3 | 流量范围为 4.4～8.3m³/h |
| | 扬程 | m | 32 | 扬程范围为 30～33m |
| | 功率 | kW | 2.2 | |
| 微喷头 | 旋转式 | 套 | 1656 | 喷嘴直径为 0.8mm |
| | 压力 | m | 22 | |
| | 流量 | L/h | 35 | |
| | 射程 | m | 3 | |
| 轮灌制度 | 轮喷面积 | m²/区 | 2016 | |
| | 轮喷区数 | 个 | 8 | |
| | 喷灌时间 1 | min/区 | 10 | 喷水降温 |
| | 喷灌时间 2 | min/区 | 5 | 喷药降温 |
| | 轮喷一遍 1 | min | 80 | 喷水 |
| | 轮喷一遍 2 | min | 40 | 喷药 |

### 三、设计说明

（1）一期项目区东西宽 150m，南北长 166m，面积 24900m²，折合 37.4 亩。其中有鸭舍（72m×14m＝1008m²）8 栋，每栋配有与舍面积相等的露天运动场，舍内舍外均安装微喷设施，面积 16128m²，折合 24.2 亩，占 65%，其余为道路和鱼塘。

（2）水源为水井，每两舍打一口井、配一台水泵，为一个单元。按惯例打井费用不列入本设计。

（3）选 ISW40-160 水泵 4 台，流量 6.3m³/h，扬程 32m，功率 2.2kW。水泵设 2 根进水管，分别连水井和药液桶，药管进口设过滤网罩。

（4）不设干管，支管为 DN50 PE 管，共 300m，单方向长 35m，水力损失 0.7m。支管与相邻单元连通，以备水量互补，正常运行时由阀门切断，相对独立。

（5）毛管选 DN25 PE 管，单根长 72m，水力损失 3.7m。每舍（包括运动场）布 9 支毛管，间距 3m。8 舍共 72 根、5184m。每支毛管匀布 23 个微喷头，间距 3m。

（6）选用旋转式微喷头，喷嘴直径 0.8mm，悬挂式安装，水压 22m 时，流量 35L/h，射程 2.8m，每舍设微喷头 207 个、共 1656 个。

（7）轮喷面积 2016m²，每只水泵管两个轮灌区，喷灌时间 10min/区，每单元 20min。喷药时间 5min/区，每单元 10min。

（8）设计总扬程。毛管进口水压 24m，喷头至水面高差 3m，水管水力损失 0.7m、过滤器水力损失 3m，合计 30.7m。

### 四、工程造价表

| 序号 | 费用名称 | 单位 | 单价/元 | 数量 | 复价/万元 | 备 注 |
|---|---|---|---|---|---|---|
| 1 | DN50×2.0（PE80-0.6MPa） | m | 5.1 | 320 | 0.1632 | 单价按照 0.32kg/m，16 元/m 计算 |
| 2 | DN25×2.0（PE80-0.8MPa） | m | 2.4 | 5184 | 1.2442 | 单价按照 0.15kg/m，16 元/m 计算 |
| 3 | DN50×90°弯头 | 个 | 3.0 | 10 | 0.0030 | |
| 4 | DN50×50 三通 | 个 | 4 | 4 | 0.0016 | |
| 5 | DN50×25 哈夫三通 | 个 | 5 | 72 | 0.0360 | |
| 6 | DN50 管帽 | 个 | 1.2 | 8 | 0.0010 | |
| 7 | DN25 管帽 | 个 | 0.32 | 72 | 0.0023 | |
| 8 | Φ6 钢丝 | m | 1.75 | 6000 | 1.0500 | |
| 9 | DN40 塑料球阀 | 只 | 23 | 12 | 0.0276 | |
| 10 | DN20 塑料球阀 | 只 | 3.8 | 72 | 0.0230 | |
| 11 | 旋转式微喷头 | 套 | 5.5 | 1656 | 0.9108 | |
| 12 | ISW40-160 水泵机组 | 套 | 1200 | 4 | 0.4800 | 2.2kW |

续表

| 序号 | 费用名称 | 单位 | 单价/元 | 数量 | 复价/万元 | 备　注 |
|---|---|---|---|---|---|---|
| 13 | 塑料水桶（800L） | 只 | 500 | 4 | 0.2000 | 代替泵房 |
| 14 | 钢板百叶箱 | 只 | 900 | 4 | 0.3600 | |
| 15 | DN32 叠片式过滤器 | 只 | 100 | 4 | 0.0400 | |
| 16 | 水泵控制箱 | 只 | 500 | 4 | 0.2000 | 含电线 300 元 |
| 17 | 安装费 | m² | 1.5 | 16128 | 2.4192 | |
| 18 | DN40 农用水表 | 只 | 560 | 1 | 0.0560 | |
| 19 | 压力表 | 只 | 100 | 4 | 0.0400 | |
| 20 | 设计费（1～19 项合计的 5%） | | | | 0.3628 | |
| 21 | 合　计 | | | | 7.4575 | |

**注**　此为 2012 年造价。

# 第七节　水养鸭场微喷灌

## 一、项目简介

"奥农野鸭场"二期工程于 2014 年建成，即露天水面养殖场，位于一期工程的外围，东、北、西三面，呈门字形，同年建成微喷设施，面积 2.94 万 m²，折合 44 亩，即为本项目（图 6-3）。

图 6-3　水养鸭场微喷灌（2016 年）

## 二、工程特性表

| 类 别 | 名 称 | 单 位 | 数 量 | 备 注 |
|---|---|---|---|---|
| 概况 | 面积 | m² | 28920 | 折合 43.4 亩 |
| | 造价 | 万元 | 9.46 | 3.3 元/m² |
| | 代表性 | | | 水养鸭场微喷 |
| 管道 | PE80 级 | MPa | 0.6 | 毛管 0.8MPa |
| | DN40 支管 | m | 280 | 3.7m/亩 |
| | DN25 毛管 | m | 12532 | 289m/亩 |
| 水泵 | ISW40-200A | 只 | 5 | |
| | 流量 | m³/h | 5.9 | 流量范围为 4.1～7.0m³/h |
| | 扬程 | m | 44 | 扬程范围为 42～45m |
| | 功率 | kW | 3 | |
| 微喷头 | 旋转式 | 套 | 3300 | 喷嘴直径为 8mm |
| | 压力 | m | 2 | 压力范围为 18～28m |
| | 流量 | L/h | 37 | 流量范围为 30～39L/h |
| | 射程 | m | 3.2 | 射程范围为 2.8～3.4m |
| 轮灌制度 | 轮喷面积 | m² | 1380 | 其中 3 号支管 1710m² |
| | 轮喷区数 | 个 | 20 | 每泵控制 4 个 |
| | 喷灌时间 | min | 7 | |
| | 轮喷一遍 | h | 3 | 含辅助时间 40min |
| | 喷灌周期 | 次/d | 2～4 | 降温 |
| | 喷药周期 | 次/周 | 1～2 | 消毒 |

## 三、设计说明

（1）鸭场分为 12 个小区，分别按顺时针方向编号 1～12 号，小区长度有 80m、84m、86m 三种，宽度均是 30m，每区 3.8 亩左右。

（2）配 ISW40-200（Ⅰ）A 同型号水泵机组 5 套，流量 5.9m³/h，扬程 44m，功率 4kW，并按顺时针方向编号 1～5 号。水配不建泵房，而配金属百叶箱代替。

（3）水泵以就近水井为水源，不设干管，直接连支管，每个小区设 1 支管，依次编号 1～12 号，总长 750m，其中 DN50 管 470m，DN40 管 280m。1～4 号、9～12 号支管长 35m，为 DN40 PE 管，水力损失 4.6m；5 号、8 号支管长 115m，6 号、7 号管长 120m，均采用 DN50 PE 管，水力损失 5.2m；支管固定于小区一端，距水面 2m，分别向小区连接毛管，毛管悬于水面上方。

（4）毛管为 DN25 PE 管，间距 3m，每区 10 根，共 9800m。单根长为 80～86m，布置微喷头 27～29 个，流量 1.04m³/h 时，末端水力损失 2.8m。共 120 根，每根配有球阀，可关闭其中任一根球阀。

（5）选用旋转式微喷头，喷嘴直径 0.8mm，水压 25m 时，流量 37L/h，射程 3.2m，安装间距 3.2m，共设微喷头 3300 个。

（6）最高设计扬程。喷头工作压力 25m，支管、毛管水力损失 8m，喷头与水面高差 1.5m，过滤器水力损失 5m，合计 39.5m。

（7）每台水泵配一个 1000L 的塑料桶，用于搅拌药液。水泵设两根进水管，各有阀门控制，分别接入水井和药液桶。

（8）水泵进水管口和药液管口分别设过滤网箱，密度 120 目；水泵出口设 1 个 DN40 叠片式过滤器，其后设压力表，选取 1 台水泵配水表即可。

（9）共有 12 个轮灌区，每台水泵控制 2～3 根支管，即控制 2～3 个区，但同时只能喷 1 个区。

（10）每个区喷灌时间 5～6min，1 台水泵轮喷一遍 10～18min，由一人操作，依次开启，5 台水泵轮喷一遍约 1h。

## 四、工程造价表

| 序号 | 费用名称 | 单位 | 单价/元 | 数量 | 复价/万元 | 备注 |
|---|---|---|---|---|---|---|
| 1 | ISW40-200（Ⅰ）A 水泵 | 套 | 1850 | 5 | 0.9250 | 4kW |
| 2 | DN50×2.0（PE80-0.6MPa） | m | 5.12 | 470 | 0.2406 | 单价按照 0.32kg/m，16 元/m 计算 |
| 3 | DN40×2.0（PE80-0.6MPa） | m | 4.0 | 280 | 0.1120 | 单价按照 0.25kg/m，16 元/m 计算 |
| 4 | DN25×2.0（PE80-0.8MPa） | m | 2.4 | 9800 | 2.3520 | 单价按照 0.15kg/m，16 元/m 计算 |
| 5 | DN50×90°弯头 | 个 | 3.0 | 10 | 0.0030 | |
| 6 | DN40×90°弯头 | 个 | 2.0 | 10 | 0.0020 | |
| 7 | DN50×25 哈夫三通 | 个 | 5.0 | 40 | 0.0200 | |
| 8 | DN40×25 哈夫三通 | 个 | 4.0 | 80 | 0.0080 | |
| 9 | DN20 旁通阀门 | 只 | 2.5 | 120 | 0.0300 | |
| 10 | DN32 球阀 | 只 | 10 | 18 | 0.0180 | |
| 11 | DN40 球阀 | 只 | 25 | 4 | 0.0100 | |
| 12 | DN25 管帽 | 个 | 0.50 | 120 | 0.0060 | |
| 13 | DN50 管帽 | 个 | 1.3 | 3 | 0.0003 | |
| 14 | DN40 管帽 | 个 | 1.0 | 8 | 0.0008 | |
| 15 | 过滤网箱（1m×1m×1m） | 只 | 300 | 5 | 0.0900 | |
| 16 | 过滤网箱（0.3m×0.3m×0.3m） | 只 | 100 | 5 | 0.0300 | 水桶内 |
| 17 | DN32 叠片式过滤器 | 只 | 110 | 5 | 0.0550 | |
| 18 | 4kW 开关盒 | 只 | 600 | 5 | 0.3000 | |
| 19 | Φ4mm 钢丝 | m | 0.5 | 12532 | 0.6266 | |
| 20 | 1000L 塑料桶 | 只 | 600 | 5 | 0.3000 | |
| 21 | 压力表 | 只 | 100 | 5 | 0.0500 | |
| 22 | DN40 农灌水表 | 只 | 550 | 1 | 0.0550 | 装 1 台水泵即可 |
| 23 | 微喷头 | 只 | 5.5 | 3300 | 1.8150 | |
| 24 | 钢板百叶箱 | 只 | 900 | 5 | 0.4500 | 代替泵房 |
| 25 | 安装费 | m² | 1.5 | 28920 | 4.3380 | |
| 26 | 设计费（1～25 项合计的 5%） | | | | 0.5794 | |
| 27 | 合计 | | | | 12.4167 | |

**注**　此为 2014 年造价。

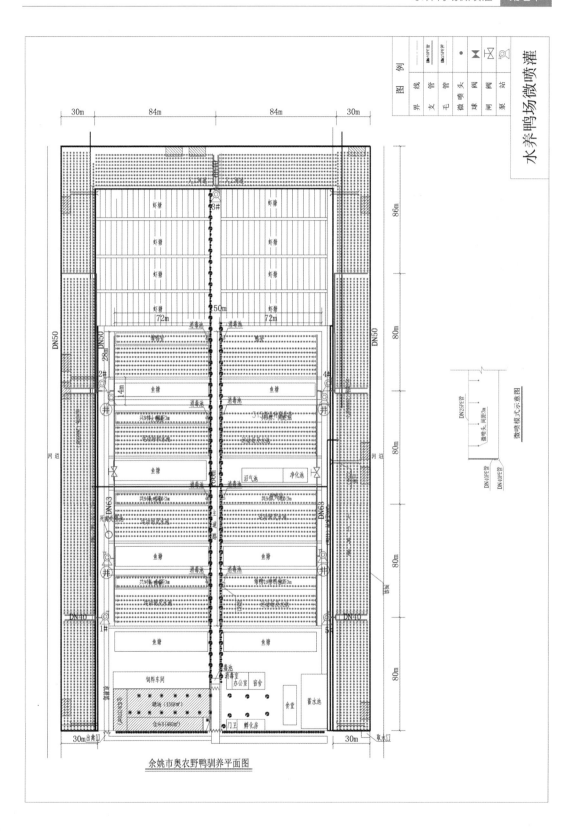

余姚市奥农野鸭驯养平面图

# 第八节 石 蛙 场 微 喷 灌

## 一、项目简介

项目位于陆埠镇山区，石蛙场主人从 2008 年开始在本村山岙建石蛙养殖场，面积 2630m² （图 6-4）。石蛙的适宜环境温度在 32℃ 以下；需要非常清洁的水，用农民的话说"石蛙要的水是可以做酒的水"；蛙类动物是用皮肤呼吸的，皮肤要保持湿润，且水中溶氧要高。但山区这样的优质水不足，所以需要微喷，既节水、增氧、又降温。2010 年 9 月从 400 多米外引溪水，安装了微喷设施。2013 年又从 2000 多米外引泉眼，以弥补水量不足，当年 9 月遇到高温干旱，气温达到 37~38℃，有微喷灌设备，每天、每 10min 喷水一次，较好地起到降温、保湿作用，避免损失一百多万元。

图 6-4 石蛙场微喷灌 （2009 年）

## 二、工程特性表

| 类 别 | 名 称 | 单 位 | 数 量 | 备 注 |
|---|---|---|---|---|
| 概况 | 面积 | m² | 2630 | |
| | 造价 | 万元 | 3.62 | 14 元/m² |
| | 代表性 | | | 石蛙场微喷灌 |
| 管道 | PE80 级 | MPa | 0.4 | |
| | DN63 引水管 | m | 570 | 139m/亩 |
| | DN32 引水管 | m | 200 | 4.9m/亩 |
| | DN25 引水管 | m | 2030 | 49m/亩 |
| 水泵 | 管道泵 | 台 | 6 | |
| | 流量 | m³/h | 1.5 | |
| | 扬程 | m | 32 | |
| | 功率 | kW | 0.75 | |
| 微喷头 | 旋转式 | 套 | 124 | 嘴径为 0.8mm |
| | 压力 | m | 22 | |
| | 流量 | L/h | 35 | |
| | 射程 | m | 3 | |

续表

| 类　别 | 名　称 | 单　位 | 数　量 | 备　注 |
|---|---|---|---|---|
| | 喷灌区 | 个 | 5 | |
| | 喷灌时间（降温） | min | 10 | |
| 喷灌制度 | 喷灌时间（增氧） | min | 20 | |
| | 喷灌周期（降温） | 次/d | 2～4 | |
| | 喷灌周期（增氧） | 次/d | 4 | |

## 三、设计说明

（1）石蛙场分 6 个养殖区。由于水源不足，分两路从远处引水，一路用 DN63 管从 420m 外溪道，另一路用 DN25 管从 2000m 外泉眼，引到水池、水桶储存，然后用水泵增压至各区微喷用，也可自流至各个水池换水。

（2）选用管道泵增压，流量 $1.5m^3/h$，扬程 32m，功率 0.75kW，同时可喷 40 个喷头，共配水泵 6 台，采用定时开关，实现自动间隙洒水。

（3）采用旋转式微喷头，喷嘴直径 0.8mm，悬挂式安装，水压 22m 时，流量 35L/h，射程 3m，每 2 排养殖池布置 1 根毛管，每 4 个池设 1 个喷头，共设 124 只喷头。

（4）分 6 个喷灌区，面积分别为 $360m^2$、$312m^2$、$288m^2$、$800m^2$、$630m^2$、$240m^2$，共 $2630m^2$，喷头数分别为 20 个、16 个、16 个、26 个、30 个、16 个，共 124 个。

（5）喷灌制度。各区独立喷水，降温为：每天喷 2～4 次，每次 10min。增氧为：每天喷 4 次，每次 20min。

## 四、工程造价表

| 序号 | 费用名称 | 单位 | 单价/元 | 数量 | 复价/万元 | 备　注 |
|---|---|---|---|---|---|---|
| 1 | DN63×2（PE80-0.4MPa） | m | 6.4 | 570 | 0.3648 | 单价按照 0.4kg/m，16 元/m 计算 |
| 2 | DN32×2（PE80-0.8MPa） | m | 3.2 | 200 | 0.0640 | 单价按照 0.2kg/m，16 元/m 计算 |
| 3 | DN25×2（PE80-0.8mPa） | m | 2.4 | 2030 | 0.4872 | 单价按照 0.15kg/m，16 元/m 计算 |
| 4 | $2m^3$ 塑料水桶 | 只 | 800 | 4 | 0.3200 | |
| 5 | $30m^3$ 水池 | $m^3$ | 500 | 30 | 1.5000 | |
| 6 | DN25 增压泵 | 只 | 780 | 6 | 0.3900 | |
| 7 | DN50 球阀 | 只 | 50 | 4 | 0.0200 | |
| 8 | DN25 球阀 | 只 | 5 | 12 | 0.0060 | |
| 9 | DN20 球阀 | 只 | 4 | 4 | 0.0016 | |
| 10 | 旋转式微喷头 | 只 | 5.5 | 124 | 0.0682 | |
| 11 | 安装费 | $m^2$ | 1.0 | 2630 | 0.2630 | |
| 12 | 定时开关 | 只 | 37 | 6 | 0.0222 | |
| 13 | 设计费（1～12 项合计的 5%） | | | | 0.1754 | |
| 14 | 合　计 | | | | 3.6824 | |

**注**　此为 2013 年造价。

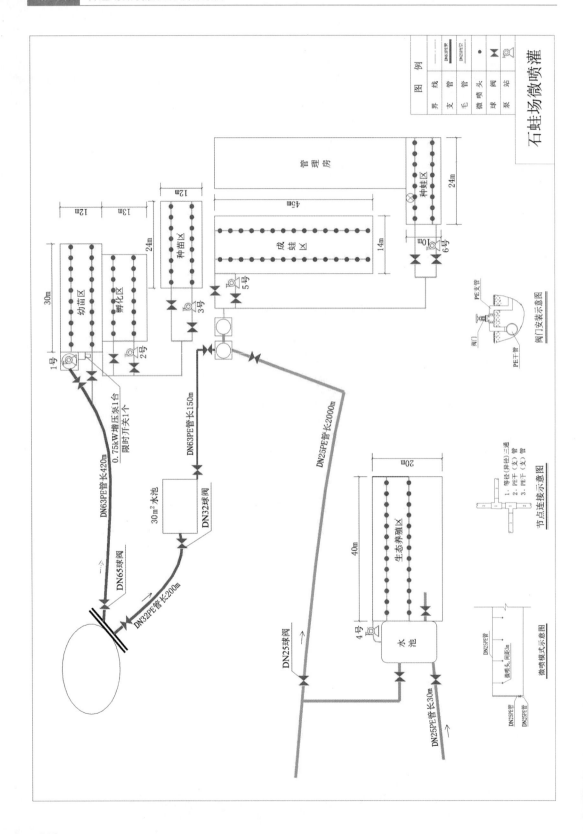

# 第九节　蚯蚓场微喷灌

## 一、项目简介

项目位于小曹娥镇，属于滨杭州湾平原，呈长方形，南北长 150m，东西宽 120m，面积 1.8 万 m²，折合 27 亩（图 6-5）。2010 年建成蚯蚓场，以生活废弃料为饲料，养殖"太平二号"蚯蚓，用作动物蛋白饲料、制药原料、钓鱼饵料等，是典型的生物环保项目。蚯蚓喜欢湿润的土壤环境，但灌水太多会"集体逃跑"，因此浇水是蚯蚓养殖场的重要工作，劳动强度大，劳力成本高。2012 年年底建成水带微喷灌，代替人工浇水，保持土壤湿度，经济效益很好。全年节省劳力成本 2.1 万元，平均 780 元/亩，净增收入每亩 6000 元。蚯蚓场主人展示蚯蚓微喷成果。

图 6-5　蚯蚓场主人展示蚯蚓
微喷灌的成果（2014 年）

## 二、工程特性表

| 类　别 | 名　称 | 单　位 | 数　量 | 备　注 |
|---|---|---|---|---|
| 概况 | 面积 | 亩 | 27 | 18000m² |
| | 造价 | 万元 | 4.02 | 1489 元/亩 |
| | 代表性 | | | 蚯蚓场微喷灌 |
| 管道 | PE80 级 | MPa | 0.4 | |
| | DN75 干管 | m | 190 | 7m/亩 |
| | DN63 支管 | m | 600 | 22m/亩 |

续表

| 类　别 | 名　称 | 单　位 | 数　量 | 备　注 |
|---|---|---|---|---|
| 喷水带 | N45 | m | 14400 | 喷水带寿命一般为 3 年，<br>按 2 倍需求量配备 |
|  | 水压 | m | 10 | 10 孔/m |
|  | 流量 | L/h | 28 | 孔径 0.8m |
| 水泵 | ISW50-160（Ⅰ） | 套 | 1 |  |
|  | 流量 | m³/h | 25 | 流量范围为 17.5～33.5m³/h |
|  | 扬程 | m | 32 | 扬程范围为 27.5～34.4m |
|  | 功率 | kW | 4 |  |
| 灌溉制度 | 轮灌面积 | 亩 | 3.4 | 2250m² |
|  | 轮灌区数 | 个 | 8 |  |
|  | 灌水时间 | h/区 | 0.5 | 喷水量为 5mm |
|  | 轮灌一遍 | h | 4 |  |
|  | 灌溉周期 | d | 2～3 |  |

## 三、设计说明

（1）项目分为 8 个轮灌小区，75m×30m/区，面积 3.4 亩。

（2）选 ISW 50-160（Ⅰ）型普通离心泵机组，流量 25m³/h，扬程 32m，电机功率 4kW。

（3）干管为 DN75 PE 管，长 190m，水力损失 12m。设 DN63 PE 支管 4 排，总长 600m，间距 30m，以干管为中心分为 8 条，分别由闸阀控制，每条长 75m，支管末端水力损失 5m。

（4）每条支管均布喷水带 30 条，长 30m/条，间距 2.5m，900m/区。选用 N45 微喷水带，直径 28mm，异 2 孔、每米 10 孔、孔径 0.8mm，湿润宽度 2～3m。带（30m）末端水力损失 1m，总长 7200m，另备 7200m 喷水带在 3 年后换新用。

（5）水源为河水，水泵进水口设过滤网箱，出水口设 DN65 叠片式过滤器 1 个，水力损失 3m。

（6）设计最高扬程。水带工作压力 10m，地面与水面高差 2m，干、支管水力损失 17m，过滤器水力损失 3m，合计 32m。

（7）小区喷水时间 0.5h，轮灌一遍 4h，灌水量 12.5m³，5mm/次，设耗水强度 2.5mm/d，灌溉周期 2～3d。

## 四、工程造价表

| 序号 | 费用名称 | 单位 | 单价/元 | 数量 | 复价/万元 | 备注 |
|---|---|---|---|---|---|---|
| 1 | DN75×2.3（PE80-0.4MPa） | m | 8.8 | 190 | 0.1672 | 单价按照 0.55kg/m，16 元/m 计算 |
| 2 | DN63×2.0（PE80-0.4MPa） | m | 6.4 | 600 | 0.3840 | 单价按照 0.40kg/m，16 元/m 计算 |
| 3 | DN25×2.3（PE80-1.0MPa） | m | 2.7 | 120 | 0.0324 | 单价按照 0.17kg/m，16 元/m 计算 |
| 4 | DN75×90°弯头 | 个 | 7.5 | 4 | 0.0030 | |
| 5 | DN75×63 三通 | 个 | 9.1 | 4 | 0.0036 | |
| 6 | DN63×63 三通 | 个 | 6.0 | 4 | 0.0024 | |
| 7 | DN63×90°弯头 | 个 | 4.7 | 16 | 0.0072 | |
| 8 | DN63×25 三通 | 个 | 3.6 | 240 | 0.0864 | |
| 9 | DN63 管帽 | 个 | 2.3 | 8 | 0.0018 | 占管道造价的 9.6% |
| 10 | DN50 塑球阀 | 只 | 48 | 8 | 0.0384 | |
| 11 | C20 镇墩（15cm×15cm×15cm） | 个 | 10 | 12 | 0.0120 | |
| 12 | DN25 塑料阀 | 只 | 2.5 | 240 | 0.0600 | |
| 13 | N45 微喷水带 | m | 0.35 | 14400 | 0.5040 | 微喷水带配双倍 |
| 14 | 泵房（2m×3m） | m² | 2000 | 6 | 1.2000 | |
| 15 | ISW50-160（Ⅰ） | 套 | 1776 | 1 | 0.1776 | 4kW |
| 16 | 配电箱 | 只 | 600 | 1 | 0.0600 | |
| 17 | 过滤网箱 | 只 | 500 | 1 | 0.0500 | |
| 18 | DN65 农用水表 | 只 | 650 | 1 | 0.0650 | |
| 19 | 压力表（0~0.6MPa） | 只 | 100 | 1 | 0.0100 | |
| 20 | DN65 叠片式过滤器 | 只 | 800 | 1 | 0.0800 | |
| 21 | 首部配件 | 套 | 400 | 1 | 0.0400 | |
| 22 | 管道安装费 | m | 8 | 910 | 0.8004 | 含水带铺设费 720 元 |
| 23 | 设备安装费 | | | | 0.0418 | |
| 24 | 设计费（1~23 项合计的 5%） | | | | 0.1914 | |
| 25 | 合　计 | | | | 4.0186 | |

**注**　此为 2012 年造价。

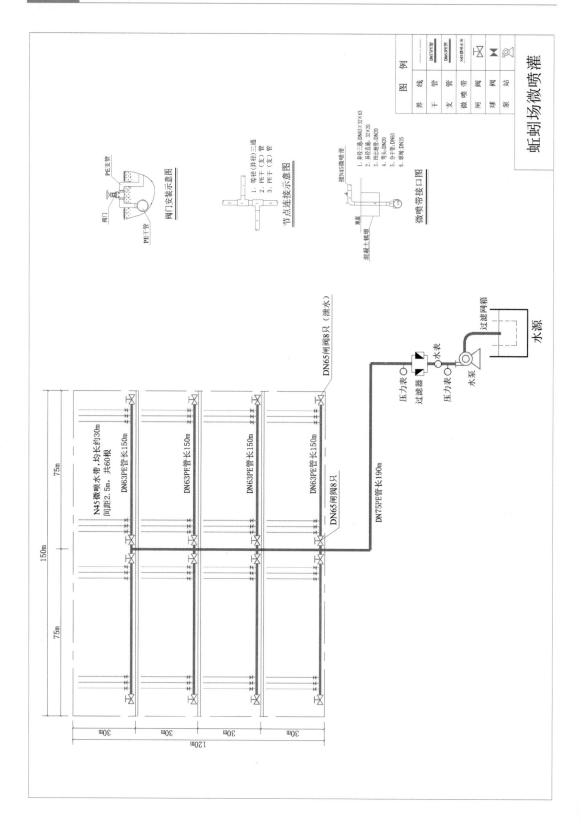

阀门安装示意图

节点连接示意图
1. 等径(异径)三通
2. PE干(支)管
3. PE干(支)管

微喷带接口图
1. 异径三通:DN63×32×63
2. 异径直通:32×20
3. PE出地管:DN20
4. 弯头:DN20
5. 分干管:DN63
6. 球阀:DN25

接N45微喷带

蚯蚓场微喷灌

图例

| 图线 | 界 |
| 管 | 干 |
| | 支 |
| 管带 | 微喷 |
| 阀 | 闸阀 |
| | 球阀 |
| 站 | 泵 |

DN75PE管
DN63PE管
N45微喷带水表

DN65闸阀8只(泄水)

N45微喷带,均长约30m
间距2.5m,共60根

DN63PE管长150m
DN63PE管长150m
DN63PE管长150m
DN63PE管长150m

DN65闸阀8只

DN75PE管长190m

压力表 过滤器
水表
压力表
水泵
过滤网箱
水源

75m
150m
75m

30m 30m 30m 30m
120m

# 第十节 羊场微喷灌

## 一、项目简介

项目位于小曹娥镇,属于平原经济作物区,2012年创建羊场(图6-6)。该场呈长方形,南北长85m、东西宽50m,面积4250m²,其中建南北方向架空式大棚5栋,栋间相隔4.5m,每栋(80m×6m)480m²,共2400m²。常年存栏3000头湖羊,湖羊的特性是毛厚怕热,因此2013年6月安装微喷设施,投资近2万元。热天用于羊舍降温,避免羊群中暑死亡,常年用于消毒。羊场主人介绍,与其他羊场比较,他的羊场夏季至少减少死亡200只,增加经济效益30万元。

图6-6 羊场微喷灌(2014年)

## 二、工程特性表

| 类 别 | 名 称 | 单 位 | 数 量 | 备 注 |
|---|---|---|---|---|
| 概况 | 羊舍面积 | m² | 2400 | 折3.6亩 |
| | 造价 | 万元 | 1.00 | 8.3元/m² |
| | 代表性 | | | 羊场微喷灌 |
| 管道 | PE80级 | MPa | 0.4 | |
| | DN50水管 | m | 450 | 引水管 |
| | DN63干管 | m | 42 | 11.6m/亩 |
| | DN32支管 | m | 40 | 11.1m/亩 |
| | DN25毛管 | m | 1200 | 569m/亩 |

续表

| 类 别 | 名 称 | 单 位 | 数 量 | 备 注 |
|---|---|---|---|---|
| 水泵 | ISB50－22－40 | 套 | 1 | |
| | 流量 | m³/h | 22 | 流量范围为15～28m³/h |
| | 扬程 | m | 38 | 扬程范围为35～40m |
| | 功率 | kW | 5.5 | |
| 微喷头 | 四出口微喷头 | 只 | 600 | 嘴径为0.6mm |
| | 压力 | m | 25 | |
| | 流量 | L/h | 26 | |
| | 射程 | m | 1.5 | |
| 喷灌制度 | 喷灌面积 | m² | 2400 | 全喷 |
| | 喷水降温 | min/次 | 15 | |
| | 喷水消毒 | min/次 | 5 | |

## 三、设计说明

（1）项目以自来水为水源，设 DN50 PE 引水管 450m，建设 4m³ 蓄水池 1 个，兼作药液池。

（2）选 ISB 50－22－38 型水泵机组，口径 50mm，扬程 38m，流量 22m³/h，功率 5.5kW。体积较小，放于管理房内，不另建泵房。

（3）干管长 42m，用 DN63 PE 管，水力损失 1.4m。

（4）每棚设 DN32 支管，T 形布置，从干管接出，为毛管供水，单管长 9m，设 1 个塑料球阀，水力损失 0.8m，共 5 个、45m。

（5）每棚设 DN25 毛管 3 根，共 15 根、1200m。单管长 80m，均布微喷头 40 个，水力损失 2.8m，以上 3 级管道水力损失共 5m。

（6）水泵进水管接入水池（也是药液池），水泵出水管安装 DN50 叠片式过滤器和压力表。

（7）设计最高扬程。微喷头工作压力 25m，喷头至水面高差 3.5m，管道水力损失 5m、过滤器水力损失 3m，合计 3.5m。

（8）本项目面积较小，一次性全喷，不轮喷，降温喷灌时间 15min，消毒喷药时间 5min。

## 四、工程造价表

| 序号 | 费用名称 | 单位 | 单价/元 | 数量 | 复价/万元 | 备注 |
|---|---|---|---|---|---|---|
| 1 | DN63×2.0（PE80-0.4MPa） | m | 6.4 | 42 | 0.0252 | 单价按照 0.40kg/m，16 元/m 计算 |
| 2 | DN50×2.0（PE80-0.4MPa） | m | 5.1 | 450 | 0.2295 | 单价按照 0.32kg/m，16 元/m 计算 |
| 3 | DN32×2.0（PE80-0.4MPa） | m | 3.2 | 45 | 0.0144 | 单价按照 0.20kg/m，16 元/m 计算 |
| 4 | DN25×2.0（PE80-0.8MPa） | m | 2.4 | 1200 | 0.2880 | 单价按照 0.15kg/m，16 元/m 计算 |
| 5 | DN63×90°弯头 | 个 | 5 | 2 | 0.0010 | |
| 6 | DN63×32 三通 | 个 | 4.0 | 6 | 0.0024 | |
| 7 | DN63 管帽 | 个 | 2.3 | 1 | 0.0003 | |
| 8 | DN32×90°弯头 | 个 | 1.0 | 5 | 0.0005 | |
| 9 | DN32×32 三通 | 个 | 1.6 | 5 | 0.0008 | |
| 10 | DN32×25 三通 | 个 | 1.2 | 15 | 0.0018 | |
| 11 | DN32 管帽 | 个 | 0.4 | 10 | 0.0004 | |
| 12 | DN25 管帽 | 个 | 0.3 | 15 | 0.0005 | |
| 13 | 离心式四出口微喷头 | 只 | 5.5 | 600 | 0.3300 | |
| 14 | Φ4mm 铁丝 | m | 0.5 | 1230 | 0.0615 | 固定毛管用 |
| 15 | DN25 塑料球阀 | 只 | 8 | 5 | 0.0040 | |
| 16 | ISB50-22-38 水泵机组 | 套 | 2500 | 1 | 0.2500 | |
| 17 | 控制箱（5.5kW） | 只 | 550 | 1 | 0.0700 | 含电源线 150 元 |
| 18 | DN50 水表 | 只 | 280 | 1 | 0.0280 | |
| 19 | 压力表（0~0.6MPa） | 只 | 100 | 1 | 0.0100 | |
| 20 | 水池（4m³） | 只 | | 1 | 0.1600 | |
| 21 | DN50 叠片式过滤器 | 只 | 615 | 1 | 0.0615 | |
| 22 | 安装费 | m² | 1.5 | 2400 | 0.3600 | |
| 23 | 设计费（1~22 项合计的 5%） | | | | 0.9494 | |
| 24 | 合　　计 | | | | 2.8492 | |

**注**　此为 2013 年造价。

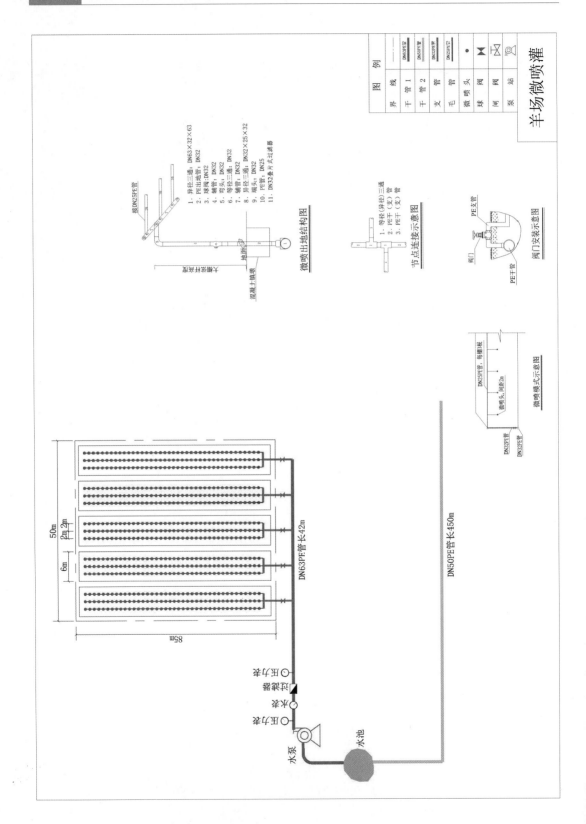

# 第十一节　鹅　场　微　喷　灌

## 一、项目简介

项目位于梁弄镇，是由 20 个连栋大棚（84m×8m）组成的白鹅场，面积 13440m²。2015 年 10 月建成微喷设施，总造价 9.55 万元，平均 7.1 元/m²，特点是棚外喷水、棚内喷雾，用于降温和消毒。

## 二、工程特性表

| 类　别 | 名　称 | 单　位 | 数　量 | 备　注 |
|---|---|---|---|---|
| 概况 | 大棚面积 | m² | 13440 | 折 20 亩 |
| | 造价 | 万元 | 9.55 | 7.1 元/m² |
| | 代表性 | | | 鹅场微喷灌 |
| 管道 | PE80 级 | MPa | 0.4 | 聚乙烯 |
| | DN75 干管 | m | 17 | 0.85m/亩 |
| | DN63 支管 | m | 158 | 7.8m/亩 |
| | DN32 分支管 | m | 190 | 9.5m/亩 |
| | DN25 毛管 | m | 1760 | 88m/亩、钢管 |
| | DN25 毛管 | m | 5040 | 252m/亩 |
| 水泵 | 50BPZ-45 | 套 | 1 | 自吸泵 |
| | 流量 | m³/h | 20 | |
| | 扬程 | m | 45 | |
| | 功率 | kW | 4.5 | |
| 微喷头 1 | 旋转式 | 套 | 420 | 嘴径为 1.0mm，棚外 |
| | 压力 | m | 25 | |
| | 流量 | L/h | 54 | |
| | 射程 | m | 3.3 | |
| 微喷头 2 | 离心式 | 套 | 2460 | 嘴径为 0.8mm，棚内 |
| | 压力 | m | 25 | |
| | 流量 | L/h | 35 | |
| | 射程 | m | 1.5 | |
| 喷灌制度 | 轮喷面积 | m² | 6720 | |
| | 轮喷区数 | 个 | 1 | 棚外降温 |
| | 喷灌时间 | min/区 | 20 | |
| | 喷灌周期 | 次/d | 3~5 | |

| 类　别 | 名　称 | 单　位 | 数　量 | 备　注 |
|---|---|---|---|---|
| | 轮喷面积 | m² | 2688 | |
| | 轮喷区数 | 个 | 5 | 棚内消毒或降温 |
| 轮喷制度 | 喷灌时间 | min/区 | 6 | |
| | 轮喷一遍 | min | 30 | |
| | 喷灌周期 | 次/d | 3～5 | 1～2次/周 |

## 三、设计说明

（1）选 50BPZ-45 自吸泵，流量 20m³/h，扬程 45m，配功率 4.5kW，进水口设置过滤网箱，出水管安装 D65 叠片式过滤器、压力表和水表。

（2）水源是位于鹅场东十几米的四明湖水库干渠，干管为 DN75 PE 管 17m，末端水力损失 0.8m。

（3）支管用 DN63 PE 管，长 158m，干管从中部接入，单方向长 76m，末端水力损失 3.8m。

（4）分支管有棚内、外两种，棚内为 DN32 PE 管，单管长 9m，共 20 根，总长 180m，水力损失 1.5m。棚顶外为 D20 钢管，管长度相同，水力损失 1m。

（5）毛管也内外有别，棚内用 DN25 PE 管，用钢丝悬空固定在离地 3m 处，每棚 3 根，间距 2.7m，83m/根，共 60 根，总长 4980m，单管水力损失 4.2m。棚外用 DN20 钢管，用混凝土支墩固定在棚顶，每棚 1 根、长 82m，共 20 根，总长 1640m，末端水力损失 5m。

（6）棚内采用四出口雾化喷头，喷嘴直径 0.8mm，水压 25m 时，流量 36L/h，间距 2m，每棚 126 个，共 2520 个，降温喷药两用。棚外采用旋转式微喷头，向上喷洒，喷嘴直径 1.0mm，水压 25m 时，流量 56L/h，射程 3.3m，间距 4m，每棚 21 个，共 420 个，只用于降温。

（7）设计最高扬程。喷头工作压力 25m，4 级管道水力损失 10.6m，过滤器水力损失 3m，水源与喷头垂直高差 8m，合计 46.6m。

（8）轮灌制度。棚内分 5 个轮喷区，每区 2688m²（4 棚、504 个喷头），每区喷水时间 6min，轮喷一遍 30min。棚外不分轮喷区，20 棚、420 个喷头 13440m² 一次全开，喷水时间 20min。喷灌周期为：降温每天 3～5 次，棚内外可同时进行，也可单独进行，消毒每周 1～2 次。

## 四、工程造价表

| 序号 | 费用名称 | 单位 | 单价/元 | 数量 | 复价/万元 | 备　注 |
|---|---|---|---|---|---|---|
| 1 | DN75×2.3（PE80-0.4MPa） | m | 8.8 | 17 | 0.0150 | 单价按照 0.55kg/m，16 元/m 计算 |
| 2 | DN63×2.0（PE80-0.4MPa） | m | 6.4 | 158 | 0.1011 | 单价按照 0.40kg/m，16 元/m 计算 |

| 序号 | 费 用 名 称 | 单位 | 单价/元 | 数量 | 复价/万元 | 备 注 |
|------|------------|------|--------|------|----------|-------|
| 3 | DN32×2.0（PE80-0.8MPa） | m | 3.2 | 190 | 0.0608 | 单价按照0.20kg/m，16元/m计算 |
| 4 | DN25×2.0（PE80-0.8MPa） | m | 2.4 | 5040 | 1.2096 | 单价按照0.15kg/m，16元/m计算 |
| 5 | DN75×90°弯头 | 只 | 7.5 | 2 | 0.0015 | |
| 6 | DN75×75 三通 | 只 | 1 | 8.9 | 0.0009 | |
| 7 | DN63×32 三通 | 只 | 4.0 | 20 | 0.0080 | |
| 8 | DN63×25 三通 | 只 | 3.6 | 20 | 0.0072 | |
| 9 | DN63 管帽 | 只 | 2.3 | 2 | 0.0005 | |
| 10 | DN32×32 三通 | 只 | 1.3 | 20 | 0.0026 | |
| 11 | DN32×25 三通 | 只 | 1.2 | 60 | 0.0072 | |
| 12 | DN32 管帽 | 只 | 0.4 | 40 | 0.0016 | |
| 13 | DN25 管帽 | 只 | 0.3 | 60 | 0.0018 | |
| 14 | DN20 镀锌钢管 | m | 9.8 | 1760 | 1.7248 | |
| 15 | DN32×90°弯头 | 只 | 1.4 | 20 | 0.0028 | 铸铁 |
| 16 | DN32×20 三通 | 只 | 2.5 | 420 | 0.1050 | 铸铁 |
| 17 | DN32 堵头 | 只 | 1 | 20 | 0.0020 | |
| 18 | 四出口离心式微喷头 | 只 | 5.5 | 2460 | 1.3530 | 棚内 |
| 19 | 旋转式微喷头 | 只 | 2.5 | 420 | 0.1050 | 棚外 |
| 20 | C20 镇墩（0.1m×0.1m×0.1m） | 个 | 5 | 210 | 0.1050 | |
| 21 | 65BZ-40 水泵机组 | 套 | 3000 | 1 | 0.3330 | 含配件 |
| 22 | 配电箱 | 只 | 500 | 1 | 0.0500 | 5.5kW |
| 23 | 过滤网箱 | 只 | 500 | 1 | 0.0500 | |
| 24 | DN65 叠片式过滤器 | 只 | 800 | 1 | 0.0800 | |
| 25 | DN65 农灌水表 | 只 | 660 | 1 | 0.0660 | |
| 26 | 水压表（0～0.6MPa） | 只 | 100 | 1 | 0.0100 | |
| 27 | 泵房（3m×3m） | | | | 1.8000 | |
| 28 | 安装费 | m² | 1.5 | 13440 | 2.0160 | |
| 29 | DN25 球阀 | 只 | 6.0 | 20 | 0.0120 | 塑料 |
| 30 | DN20 球阀 | 只 | 9.0 | 20 | 0.0180 | 金属 |
| 31 | 负压式吸肥小配件 | 套 | 100 | 1 | 0.0100 | 接口、球阀、塑管等 |
| 32 | 设计费（1～31项合计的5%） | | | | 0.4547 | |
| 33 | 合　计 | | | | 9.7151 | |

注　此为2015年造价。

鹅场微喷灌

图例

| 图 | 线 | | 界 | 干 管 | 支 管 | 微 喷 头 | 球 阀 | 泵 站 |

大棚剖面图

5.5m

微喷头，同距4m

DN25PE管

DN25PE管

微喷头，同距2m

大棚场外布置图

84m

微喷头，同距4m

A

A

8m

阀门安装示意图

PE支管

阀门

PE干管

节点连接示意图

1. 等径(异径)三通
2. PE干(支)管
3. PE干(支)管

四明湖干渠

DN75PE管长17m

DN75闸阀2个（泄水）

DN75PE管长158m

DN75闸阀2个

84m

大棚

8m

160m

# 第七章
# 喷滴灌工程施工质量监理

## 第一节 概 述

喷滴灌既是潜力最大的农业节水技术，又是实用可靠的农民增收技术，是农业现代化不可缺少的基础设施，是典型的绿色农业技术。

喷滴灌工程施工质量监理，分"监"和"理"两步。"监"是指监督，检查对比施工现状与有关技术标准、喷滴灌优化设计文件、施工合同文件的差异，是寻找偏差的过程。"理"是指管理，运用控制手段使施工现状与有关技术标准、喷滴灌优化设计文件、施工合同文件趋向一致，是纠正偏差的过程。

整个质量监理过程的重点是控制，使蓝图变现喷滴灌工程产品时尽量保持一致。主要的监理手段是运用 PDCA 质量管理循环流程，见图 7-1。

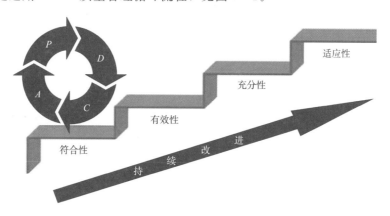

图 7-1 PDCA 质量管理循环流程图

PDCA 质量监理循环流程含义如下：

P（Plan）——计划，确定喷滴灌质量目标和施工计划。

D（Do）——执行，实现喷滴灌质量目标和施工计划中的内容。

C（Check）——检查，总结执行喷滴灌施工计划的结果，找出问题与质量偏差。

A（Action）——行动，对总结检查的结果即施工中的问题与质量偏差进行处理。

PDCA 四阶段的循环实质是快速反应、查找偏差的过程，并通过控制手段迅速采取纠正和预防措施，保持持续改进的运行状态。按照持续改进的原则，收集、整理形成施工质量文件，参建各方内部沟通并落实施工单位进行实施。通过监理单位的质量审核、不合格品的管理和数据分析以证实喷滴灌产品的符合性，确保质量管理体系的有效性，保证全部质量活动控制覆盖的充分性，持续改进施工质量，保证体系的适应性。

PDCA 循环就像爬楼梯一样，一个循环运转结束，喷滴灌工程实体质量与施工蓝图描绘的理想性产品会更接近一点，质量就会提高一步，然后再制定下一个循环，再运转、再提高，不断前进、不断提高。

实施喷滴灌施工质量监理具有以下特点：

（1）监理权受法律保护。监理对喷滴灌工程质量的监理权受到法律保护，通过业主的委托合同确定对喷滴灌工程质量管理的内容。

（2）全面的质量控制。喷滴灌工程质量监理是一项实施"全过程、全方位、全天候"的全面质量管理，与质量抽查的被动监理有显著不同，喷滴灌工程全部质量得到有效、全面的控制。

（3）预防为主的监理。喷滴灌工程质量监理强调"防患于未然"，着重事前监理和主动监理。

最终的喷滴灌施工质量成果是用户满意，这里有两层含义：①喷滴灌工程"实体质量"好，即使用年限较长，运行安全可靠；②"使用质量"好，即使用方便、便于维护，且运行成本较低。

# 第二节 预 先 控 制

预先控制的实质是超前控制，要超前到设计阶段，因为喷滴灌工程产品 80％以上的投资数量、质量属性等重要指标是在设计阶段完成的。例如我们要生产一个杯子，是设计成"金杯"还是"纸杯"呢？"金杯"造价昂贵，但使用安全可靠，而"纸杯"造价低廉，但使用次数有限。所以"金杯"类工程不经济且过度安全，而"纸杯"类工程不可靠且使用寿命受限。喷滴灌优化设计就是要在满足功能的前提下避免浪费，在经济和可靠之间寻找平衡点。

为了做好施工图设计阶段的监理，应主动查阅设计灌区的相关资料，了解灌区的自然条件、生产条件、社会经济条件等，充分理解不同灌溉系统的优缺点，与用户主动交流，由设计人员和用户共同确定喷滴灌系统模型，力求设计的喷滴灌系统模型在技术先进的前提下经济合理，在经济合理的基础上技术先进，使技术的先进性和经济的合理性完美结合，满足用户的要求。

应该紧扣"创造学""技术经济学""优化设计学"的基本思想，运用本书中的优化设计理论去监理喷滴灌工程的施工图设计。不同类型的喷滴灌系统，都有其最佳适用条件，且各类型的喷滴灌系统的投资造价、运行成本、生产效率、喷洒质量和对运行管理的要求均有差异。预定的喷滴灌工程质量目标的要求，需要通过设计加以具体化，衡量设计在技术上是否可行、工艺是否先进、经济是否合理、设备是否配套、结构是否安全可靠等，这将决定喷滴灌工程建成后的使用价值以及工程实体的质量。

总之，没有高质量的喷滴灌工程设计，就没有高质量的喷滴灌工程，精心设计、优化设计是喷滴灌工程质量的重要保障。为此，设计阶段质量监理时可以采取以下措施：

### 1. 经济合理性论证

根据当地的地形条件、作物种类、水源条件、地块大小、使用年限及分布特点、用户要求等进行喷滴灌项目经济合理性论证（通俗讲就是如何在最省钱的前提下，取得最佳喷滴灌效果）。

### 2. 限额优化设计

根据经济合理性论证结果提出限额设计（即单位面积工程造价），确定优化线路及设计要达到的质量标准（通俗讲就是每亩多少钱，是否能满足用户提出的最佳喷滴灌效果）。

### 3. 确定优化设计方案

考虑各种形式喷滴灌系统的优缺点，提出两种以上比较适合的喷滴灌类型，再通过认真的经济技术分析比较，确定优化设计方案，并为已确定的设计方案选定可行的最优参数。

### 4. 土地测绘

对各个设计范围进行测绘、定线和标桩，测定种植行向、水源位置和类型，决定管网布置方向，确定水泵和首部枢纽安装位置，根据现场测绘成果绘制施工平面图。

### 5. 设计过程跟踪

进行设计过程跟踪，及时发现质量问题，对不符合优化设计要求的，及时与设计单位沟通（指单元小型化、管径精准化、管材 PE 化、喷头塑料化、微喷水带化、滴灌薄壁化、肥药简约化）。

### 6. 审查成果提出意见

审查阶段性设计成果，并根据"功能保证、成本节约"的原则，提出修改意见。

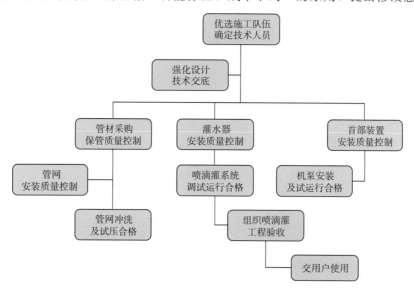

图 7-2　喷滴灌工程施工质量控制流程图

**7. 比较主材和设备**

对设计提出的主要材料和设备进行比较，在价格合理的基础上确保其质量符合要求。

**8. 设计文件验收**

与用户一起做好设计文件验收工作，完成蓝图的质量监理工作。

**9. 制定施工质量控制流程图**

预先制定后续的喷滴灌工程施工质量控制流程图，以达到靶向控制目的，见图 7 - 2。

# 第三节　事　前　控　制

事前控制就是喷滴灌工程施工前的质量控制，对可能会发生的问题做好针对性措施。"打铁先得自身硬"，监理应该是在设计、施工、管理等方面均具有较丰富实践经验的复合型人才，做到一专多能，否则就会在喷滴灌工程质量控制问题上"心中无数，束手无策"，就谈不上事前控制。就喷滴灌工程而言，作为监理要懂得管道材料的性能及安装工艺、喷水器的性能参数及安装要求、水泵电机设备安装、电气自动化等多方面的知识。

## 一、优选施工队伍

"优选施工队伍，确保工程质量"，这句话说起来容易，做起来并不容易。因为目前建设市场上专业的喷滴灌施工队伍并不多，绝大多数是由给排水施工队伍演化而来，他们对喷滴灌工程技术不熟悉，更不知道如何匹配喷滴灌工程和相应的农业生产要求。经过实践，一个合格的喷滴灌施工队伍必须具备以下条件：

**1. 配备施工所需的喷滴灌施工设备**

如小型挖土机具（开沟机）、切割工具、套扣工具、热熔焊接工具、煨制工具、吊装工具、管道强度试验工具、测量放样仪器等。

**2. 掌握熟练的喷滴灌施工技术**

如 PE 管的热熔对接（主管道常用）、电熔连接（小口径）、机械连接（法兰连接）及其他常用的氩弧焊、惰性气体保护焊、激光焊等各类焊接技术，以及机电设备和金属结构设备安装调试技术；个别自动化较高的灌区还涉及智能化软件开发应用技术，如电控程式和手机 APP 开发应用。

**3. 高素质的专业管理人员**

人是工程质量的创造者，工程质量控制必须以人为核心，发挥人的积极性、创造性。高素质的专业管理人员主要是指经过专业的培训和考试、取得相应岗位证书和职称证书的工程管理人员，他们的工作目标是以人的工作质量确保工序质量和工程质量。

**4. 成功的喷滴灌施工案例**

"实践是检验真理的唯一标准"。施工队伍的能力如何可以通过之前成功的施工案例来体现和佐证。如果施工队伍没设备、没技术，或者虽然有设备、有技术，但管理人员素质不高、过多地考虑自身的经济效益、一味地偷工减料等，很难有人与之合作。只有当施工队伍既有设备、有技术，又配备了高素质管理人员，能认真为用户服务，人们愿意让他试着干，但这时施工队伍能拿出优秀的喷滴灌工程产品时，人们会很信任地与之合作。

5. 等价择优、等质择廉

目前很多喷滴灌业主往往侧重于考虑报价，而轻视施工组织设计的合理性和可行性。实际上喷滴灌工程更要注意施工队伍提供的设备型号、规格、数量能否适应设计精度的要求，施工队伍技术工人数量和专业管理人员的施工经历能否满足工程质量和进度管理的需求。对施工队伍的选择，不仅关系到工程质量，而且对工程进度和投资都有很大影响。不能一味压低报价，从而造成质量、进度各方面失控。

如果采用招标形式确定喷滴灌施工队伍的，建议参考以上5方面的内容，并根据对应的喷滴灌系统模式在招标文件中加以明确具体的技术条款。而在实际操作中，不仅要考虑施工队伍资质、经历、信誉，更重要的是要考虑施工队伍的这些资质、经历、信誉与拟建喷滴灌工程的复杂程度是否对应。对于不太复杂的喷滴灌工程，一般不宜选择资质高的施工队伍，因为资质高的施工队伍，对某些小型喷滴灌工程往往不太重视，效果适得其反。而选择与拟建喷滴灌工程相应的资质、信誉较好、做过类似工程的施工队伍比较适宜。

## 二、强化设计技术交底

针对多数施工队伍对喷滴灌工程技术并不熟知的问题，监理在设计技术交底时应给施工方进行强调和强化。目的是使施工人员对工程特点、技术质量要求、施工方法与措施等方面有一个较详细的了解，以便科学地组织施工，避免技术质量等事故的发生。实际上针对不同类型的农作物及不同地形（山区、平原）的情况，设计书中往往不能详细反映，导致与实地对照时问题较多。为改变"边施工边设计"的不良习惯，监理要做好桥梁纽带工作，把发现的问题与设计意图及使用方的要求有效融合起来。

1. 设计单位详细说明

邀请设计单位对将要组织施工的喷滴灌工程的设计意图、施工注意事项、功能、特点等进行详细说明，针对交叉作业如何协作配合，在技术措施上如何协调一致做必要的说明，以确保施工作业质量，对施工时可能产生的质量问题提出预防性措施。校核图纸与水源、地形、作物种植及首部位置是否相符，地面以下是否有电缆、光缆、输油管道等不可开挖事项。

2. 确定施工中要实行的制度

"没有规矩，不成方圆"，根据喷滴灌工程实施现况，明确参建各方要恪守的制度，使整个施工过程有"规矩"地运行，确保质量可控。

（1）开工报审制度。施工方在施工前应根据喷滴灌工程实际情况编制可实施的施工组织设计，其中包括人员、机械、材料安排、施工方案、进度计划安排、质量保证措施及安全保证措施等内容，监理审批合格签发开工令后，才允许施工方开工。

（2）材料和设备报验制度。各类管材、喷头及构配件要求具备出厂合格证、试验报告单等质量保证资料，水泵、水表、施肥器等设备要求提供出厂合格证、装配使用说明书等，只有报审合格的材料和设备才允许在喷滴灌工程中使用。

（3）测量放样申报确认制度。根据图示位置对即将开挖的喷滴灌干管、支管、毛管的开挖线路进行放样，确保开挖尺寸、管路间距符合要求。由业主、监理、施工三方参加测量放样签证，这是按实计量的要求，也是工程质量保障的要求。

（4）工序开工制度。每一道工序开工前都要经监理现场确认后方可施工，以确保每一次的施工质量可控。如放样结束时，由施工方提请土方开挖的开仓申请，经监理现场确认其施工机械、人员、安全保证措施到位后签证工序开仓许可，只有经签证的那部分长度才允许开挖。当管道管沟开挖了 500m，而要对其中的 300m 安装管道时，施工方要提请安管的开仓申请，经监理现场确认，认为安管机具、安装技工、安全保证措施到位后签发安管许可开仓证。以此类推，确保每一道工序在可控范围内。

（5）工程质量检测检验制度。喷滴灌工程要使用的管材、管件、配套设备，无论甲方供应还是施工方自行采购，均要求施工方进行自检，自检合格的基础上由监理在现场取样进行平行检测，只有检测合格的才能被使用。管道安装结束后覆土前须根据设计文件要求进行试压，管道强度试验合格后方能隐蔽。

3. 全面解答施工方对图纸和制度建设上存在的疑问

只有施工方完全理解设计意图、建成目标、喷滴灌使用功能，按施工中确定的制度按部就班地组织施工，才能较好地让"蓝图"变成喷滴灌工程产品。着重让施工方检查图纸以下内容：

（1）图纸是否符合规定。检查喷滴灌工程施工图设计是否符合国家有关技术、经济政策和有关规定。

（2）图纸是否符合现场实况。检查喷滴灌工程施工图提供的地质条件和地形是否符合现场实际情况。

（3）图示参数与实测数有无矛盾。检查喷滴灌工程建设项目坐标、标高与总平面图中标注是否一致，与现状农田基本设施之间的几何尺寸关系以及轴线关系和方向等有无矛盾和差错。

（4）图示金属结构、机电设备与实际线路是否相符。检查喷滴灌工程图纸及说明是否齐全和清楚明确，核对喷滴灌线路与金属结构、机电设备安装等图纸是否相符，相互间的关系尺寸、标高是否一致。

（5）设计特殊点预判。检查喷滴灌工程施工图中有哪些施工特别困难的部位，采用哪些特殊材料、构件与配件，货源如何组织。

三、勤练监理"内功"

监理引导和控制喷滴灌工程质量的前进方向，要做到"自身硬"须加强监理内部的素质提升，练好"内功"。

1. 事前监理

努力开展事前监理，对喷滴灌工程的设计文件、技术标准、施工方法、验收规程等做到心中有数，在施工前跟施工方进行图纸工程量的确认和适用规范标准的统一。

2. 有效沟通

学会预测喷滴灌工程施工中可能出现的情况和问题，有效沟通喷滴灌使用方，教育和引导施工方在规定的质量路线上前进。

### 3. 做好记录

认真做好喷滴灌工程建设中遇到各种情况的记录工作，对埋管部分，必须进行现场质量检验和记录工程量，隐蔽管道时做好旁站记录。

### 4. 吃苦耐劳

每天深入喷滴灌工程施工现场，及时了解和掌握工程建设的最新情况，杜绝事后大规模返工情况的出现。

### 5. 改进方法

不断改进工作方法，提高监理水平，充分利用自己的经验和知识上的优势，及时解决喷滴灌工程中发现的各种疑难问题。

简言之，喷滴灌工程施工质量事先控制，要求监理在工序活动开始前就必须对"做什么？""为什么？"以及"如何做？"等问题有整体的筹划和清晰的控制思路，思考在先，行动在后，用思想指导行动，以保证喷滴灌工程施工质量目标实现的一种控制。事先控制是一种理想的，也是事半功倍、功效卓著的控制，是质量管理者的追求。

# 第四节　事　中　控　制

事中控制阶段时间长、工种多、干扰多、难度大，是喷滴灌工程实体质量的形成阶段，也是监理工作的核心，直接关系喷滴灌工程的成败。事中控制要求严格检查、及时反馈、及时整改，最重要的步骤就是纠偏措施的落实。监理对于现场巡视、检查时发现的问题应做好记录，并按照设计图纸及施工规范，要求施工队伍及时纠正或整改，做到"监"和"理"并用。

## 一、严把管材、附件及设备质量关

俗话说"巧妇难为无米之炊"，如果用于喷滴灌施工的"米"都是蛀的，很难让人相信煮出来的饭会是喷香可口的。可见喷滴灌施工原料的把关极其重要，用于喷滴灌施工的管材、附件及设备将成为永久性工程的组成部分，其质量不过关，喷滴灌工程产品就难以合格。为此提出以下控制要求：

### 1. 审核证明资料

用于喷滴灌系统的 PE 管材、水泵、电机、灌水器、阀门、压力表等，必须有出厂合格证和技术性能报告，进口设备还应查验厂家提供的商检证明。

### 2. 到厂家考察

必要时，参与到厂家的考察、评审，参与订货合同拟定和签约工作。

### 3. 进场前检验

不管材料是否甲方供应，均要求施工方对拟采用的管材、附件和设备进行检验及测试，合格后报监理签证。

### 4. 现场验证

不管材料是否甲方供应，监理均要参加设备进场的开箱检查。对管材、附件进行现场检验，或者采取平行检验的方法，现场取样后送试验室检验，独立验证现场施工材料的合格性。

5. 管材、管件、设备存放条件的控制

从管材、管件、设备等进场，到其使用或施工安装通常都存在一定的时间间隔。在此段时间内，如果对管材、管件、设备，保管不良或存放时间较长，将可能导致产品质量状况恶化，如损伤、变质、毁坏等。因此，应根据管材、管件、设备的特点，按照防潮、防晒、防锈、防腐蚀、通风、温度等方面的不同要求，安排适宜的存放环境，以保证其存放期间的质量。

6. 练就"火眼金睛"

有些不良施工方在"进场前检验"和"现场验证"环节提供的材料是合格的，而在大面积施工时就可能以次充好，使用不合格品。喷滴灌工程 50%以上的造价是管材的价格，个别施工方为追求更多利润往往铤而走险，现场施工中发现问题最多的是 PE 管材以回料代替新料，给工程造成很大隐患，故监理人员应具备现场鉴别的能力。

（1）PE 管材、管件品质鉴别。PE 管材和管件的内外壁应光滑平整，无气泡裂纹、无脱皮和明显的痕纹、无凹陷及可见的缺损，管口不得有破损、裂口、变形等缺陷，且色泽基本一致，PE 管材的端面应垂直于管材的轴线，管件应完整、无缺损、无变形，PE 管材规格尺寸应符合国家标准的规定。

（2）PE 回料管与新料管的区别。PE 回料管外壁多斑点，内壁较粗糙，个别还伴有小气泡；而 PE 新料管外壁光泽好、内壁光滑，外表乌黑发亮，有清晰的竖纹。部分回料管散发异味，而新料管无异味。回料管标识不清、蓝线局部不平顺；而新料管一般打印国标字样，蓝线条清晰平滑。

（3）PE 管材质量试验检测。如果目测鉴别有困难，就现场取样封存后送试验室，进行氧化诱导试验，新管材的抗氧化时间能超过 40min，而回料抗氧化时间随回料加工的次数增加而明显减少。塑料材料一次加工就是氧化过程，一般回料加工一次，抗氧化时间就减少 50%以上，如测出的结果为 20min 或 10min，那就是一次回料或二次回料，一目了然。氧化诱导试验的主要设备是差示扫描量热仪，见图 7-3。

图 7-3  差示扫描量热仪

（氧化诱导是一种采用差热分析法，以塑料分子链断裂时的放热反映为依据，
测试塑料在高温氧气中加速老化程度的方法。）

## 二、"样板先行"原则

喷滴灌项目属于量大面广、安装为主的工程，为使大面积施工时质量有保障，较好的做法是先划出一小块地做样板施工，样板工程经过监理、业主、设计共同验收，确认质量合格后方可大面积施工。

在样板施工阶段可以采取试验性的施工方法，通过试验找到一种因地制宜且更高效的施工方法，如更适用的焊接方法、更快捷的喷头安装方法、更完美的水表等金属设备的连接方法。

喷滴灌工程中如果应用"四新"技术（新技术、新工艺、新材料、新设备），必须采用"样板先行"原则，以确认"四新"技术在工程施工中不会出现"水土不服"状况。

样板工程中得出的施工方法和质量验收成果，将推广至全部施工范围。大面积施工时就采用样板工程中得出的稳定可靠技术、统一的质量标准编制而成的作业指导书，一般情况下不允许再创新施工。因为大面积施工时更注重效益优先，在资源消耗最小的前提下取得最优施工效果。

## 三、"刹车"理论

一辆高级轿车能跑180km/h，一辆低端轿车能跑120km/h，把两辆车的发动机互换一下，装了低端轿车发动机的高级轿车还是能跑180km/h，装了高级轿车发动机的低端轿车还是只能跑120km/h。原因竟是刹车系统，当低端轿车超过120km/h时很难刹住车，极易出现安全事故。所以在喷滴灌工程施工监理时也要引进"刹车"理论，当工程质量出现问题时，监理要勇于制动，敢做"刹车"。

在施工中出现质量问题时，监理要及时阻截施工，待质量原因查明，施工方整改落实后再放行施工。施工中发现质量问题及时"刹车"，是为了避免出现大量返工，是为了按设计要求完成施工任务。

暂停施工时，管件、阀门、压力表等设备应放在室内，避免暴晒、雨淋和积水浸泡。存放在室外的塑料管及管件应加盖防护，正在施工安装的管道敞开端应临时封闭，以防杂物进入管道。未排除质量问题前应切断施工电源，妥善保管安装工具。

## 四、喷滴灌工序质量控制

### 1. 管沟开挖质量控制

（1）管线放样。施工放线时须设置控制网点，按先主管后支管、毛管的顺序进行。管道中心线每隔30m打一桩，并在管线的各转折点、闸阀、分管处或地形复杂变化较大处加桩，桩上标明开挖深度。

（2）管沟开挖。常见的管沟开挖有矩形、梯形和混合型，见图7-4，其开挖形状以设计断面为准，一般要求设计埋深不小于50cm。开挖的管沟要求底平、沟直，清除沟底杂物。开挖管沟时应规划好堆土的位置，应将开挖的土方堆放在布管的单侧（目的是在未堆土的一侧便于管材安装前摆放）。在农田开挖管沟时，应将表层土与底层土分层堆放。机械开挖时沟底设计标高以上 0.10m 的原状土应予以保留，由人工清理至开挖标高，人工清理沟底时应认真按沟底标高和宽度开挖，并使沟底土壤结构不受扰动或破坏。

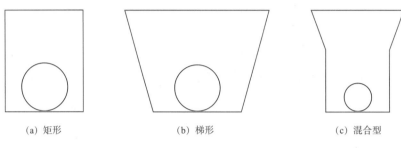

(a) 矩形　　　　　　　　　(b) 梯形　　　　　　　　　(c) 混合型

图 7-4　管沟断面形状

（3）地面截水。管沟开挖时常会遇到雨水、污水及灌溉水流入沟内影响施工。在滨海等粉砂性土区往往会造成塌方（图 7-5）、不均匀沉降、管道下沉或上浮等，发生这种现象不仅会影响开挖工作，还会影响管道安装质量，为避免这种情况的发生需根据开挖现场情况设置地面截水。

图 7-5　管沟断面滑动状况

图 7-5 是某工地管道安装完成后，施工时地面截水未设置，饱和土在水压的作用下导致土体滑动，PE 管口撕裂。

2. 喷滴灌管网安装质量控制

（1）管材入槽质量控制。在平原地区管网埋深较浅，农作物耕作时会对管材有不同程度伤害。在山区（杨梅山、竹林等）由于受实际地面形状、高程等多重因素影响，导致管沟开挖不规则。施工人员贪图方便、责任心不强，管材埋深经常不能保证，有的甚至部分裸露在地面上，会使管道寿命大大缩短。为此应根据现场实地情况及种植作物情况与喷滴灌使用方共同确定安管线路并按以下要求进行：

1）喷滴灌管道安装应严格按管道直径从大到小进行，即先干管再支管后毛管的先后顺序施工。

2）安装前，应对管道材质、型号、规格和尺寸进行复查，管内应保持清洁，不得混入杂物。

3）铺管时不宜过紧，应成自然弯曲状态留出一定的收缩余量。管线和纵剖面要力求平顺，减少折点，当遇到地下构筑物不得置以驼峰管时，应加装排气阀，防止管道发生气阻现象。

4）管道入槽放置过程中务必通过精确测量确定管道高程，待管道埋深及高程完全符合设计要求后才能进行管道连接工序的施工。

（2）PE管热熔质量控制。不管是PE管的热熔焊机连接（主管道）（图7-6），还是电熔焊机连接（小口径）（图7-7），都要注意温度、压力、时间三要素。热熔焊是指用热熔焊机对两根待焊接的管子端口进行铣削加热，然后对接熔合加热区域将两根管子连接起来的方式。电熔焊是指用一个电熔管件套在两根管子上，通过对电熔管件通电加热进行焊接的方式。在热熔（电熔）前必须对加热板、模头表面以及管材焊接面进行清洁，否则会因管材焊接面存在杂质，而形成热熔缺陷，致使管路出现漏水的现象。PE管材在过高温度时材料降解使其碳化，故PE管材热熔（电熔）焊接时温度不应过高，一般为200~240℃。PE管材热熔（电熔）时间和压力随着PE管壁厚的增加而增加，热熔（电熔）焊接时要根据规程和参数进行严格控制。同时要注意以下事项：

1）操作人员必须经专业培训并取得上岗资格证后才能进行热熔（电熔）焊接操作。

2）热熔（电熔）焊口冷却时间可适当缩短，但应保证其充分冷却。

3）热熔（电熔）焊口冷却期间，严禁对其施加任何外力。

4）每次热熔（电熔）完成后，应对其进行外观检验，不符合要求的必须切断返工。

图7-6　热熔焊机连接示意图

图7-7　电熔焊机连接示意图

（3）其他管材的连接控制。喷滴灌主管材为PE管，但为满足局部使用功能的要求会配套其他材质的管材，如钢管、PVC管等。它们的连接按设计要求监理时还应同时着重控制以下几点：

1）焊接。除了规范要求的外观质量外，还必须符合：①不同材质的管道之间不能焊接，焊条必须根据焊接母材材质选用，否则接口强度达不到标准要求，易出现裂纹，造成渗漏；②管材壁厚大于4mm以上不得使用气焊，应使用电焊，按工艺要求铲坡口，保证焊缝厚度，达到严密性；③管道的对口焊缝或弯曲部位不得焊支管。

2）丝接。螺纹应规整，不得出现断丝或缺丝，螺纹加工的扣数和螺纹加工锥度必须符合工艺标准，螺纹安装后应外露2~3扣且无外露填料并做好防腐处理。

3）法兰连接。法兰应垂直于管道中心线，对接后应能保证两法兰表面平行，防止环缝不均导致加垫后衬垫受力不均而出现渗漏。螺杆突出螺母长度应一致，且不大于螺杆直径的1/2，朝向应合理。

4）丝接中的活接头、卡箍等所用的密封圈（垫）及法兰盘连接所使用的衬垫材质必须符合介质温度、压力要求，这是接口严密性的关键。各类○形密封圈及法兰衬垫的产品质量及安装方法必须满足以下要求：①耐热橡胶圈（垫）及石棉橡胶板垫的规格、材质必须符合国家产品质量标准，并应有相应产品法定检测证明；②法兰及丝接密封垫一个接口不得使用2个以上衬垫，衬垫厚度应符合工艺标准及设计要求，不得设置斜面垫（偏垫），法兰衬垫不得凸入管内壁。

5）卡箍（套）式连接。两管口端面平整，无缝隙，凹凸槽应均匀，接口应严密平直，无变形，卡箍安装方向应一致。

6）橡胶圈接口。橡胶圈应使用合格的硅橡胶圈，外观应粗细均匀，无气泡，承插口间隙不得小于3mm，间隙准确、接口平直无扭曲，接口最大的偏转角度不超过2°。

（4）附属设备及管件安装控制。附属设备（如闸阀、水表等）、管件（如三通、弯头等）与管道连接后要避免自身重量加压在管道上，如果设计混凝土镇墩应按图浇筑固定，如未设计混凝土镇墩也应垫置加固支撑，确保附属设备及管件固定，防止水锤现象对管道的冲击破坏。附属设备、管件与PE管的主要连接方式为机械连接［如丝接、承插粘接、法兰连接、卡箍（套）式连接等］，安装施工监理时注意以下规定：

1）PE管上直径大于65mm的闸阀应安装在底座上。

2）附属设备及管件连接处不得有污物、油迹和毛刺。干、支管上安装闸阀时，确保连接牢固不漏水。

3）有水流方向标识的阀门及水表必须按标识方向安装，不得使用翻新和直径不合规格的附属设备。

4）附属设备及管件中心线应与管道轴线重合，紧固螺栓齐全，能自由穿入孔内，止水垫不得阻挡过水断面。

5）阀门要设置在便于操作、维修的位置，并结合当地用户的使用习惯进行调整，特别是手动操作系统，要将阀门安装在喷头的喷洒范围之外，防止操作人员被淋湿。

（5）镇压回填质量控制。喷滴灌管网安装完毕后，在未试压合格之前不得回填隐蔽，以防止大面积回填后因试压不合格又查不出漏水处而进行大面积返工开挖。但是为了固定管线走向和附属设备根据实际经验提出部分镇压回填。

1）原则上根据管线放样时的桩号位置1～2m管线延长线范围内进行局部回填，地形变化处增加回填面。

2）按轮灌区为单位及时进行镇压回填。

3）镇压回填以能固定管道为准，不允许全断面回填。

3. 管网冲洗质量控制

管网冲洗以轮灌区为单位进行，对暂不连接的管口要采取临时封闭措施，冲洗的目的是管道内达到洁净，符合使用要求，冲洗为干管、支管、毛管逐级进行，冲洗过程中随时检查管道情况，并做好冲洗记录。冲洗控制如下：

（1）冲洗前检查管道输水方向改变处（三通、弯头处）、管道直径改变的连接处（变径处）、水压变化较大处（阀门连接处）、管道末端是否固定可靠，以防止水锤现象对管道的冲击破坏。

（2）安装临时加压泵并连接轮灌区干管。将干管排水阀和各出地管球阀打开，缓慢打开轮灌区总控制阀，使水流缓缓流入管道。

（3）等干管末端出水清洁后关闭干管末端阀门，干管冲洗完毕。

（4）打开支管尾部堵头进行支管冲洗，直到支管末端出水清洁为止，支管冲洗完毕。

（5）安装支管尾部堵头冲洗毛管，直到毛管末端出水清洁为止，毛管冲洗完毕。

**4. 管网试压质量控制**

对已安装管道的接点、接口、支撑及附属设备闸阀、水表等管件进行详细的外观检查并确认镇压回填管线定位牢固后，再根据设计要求打开阀门，检查管道能否正常排气、排水（水必须满管流出），然后将阀门关闭，若一切正常就可以进行水压试验。

试验时升压应缓慢，升到试验压力的 50%，初检无泄漏等情况后，再逐步达到设计要求的试验压力，此时进、出口阀均应处于关闭状态，同时保压 10min，管道压力下降不大于 0.05MPa，无爆管和漏水等异常情况时试压合格。

应该注意，管材的公称压力是指温度在 20℃时输水的工作压力。夏天试压应选择气温相对较低的早晨，如在午后温度较高时进行灌水试压，由于管材暴晒在阳光下，其黑色管壁极易吸收热量，使管材内试压水温度迅速升高，最高温度可达 50℃以上，会导致管材韧性破裂。因此在温度较高时试压，应根据水温选择相应的折减系数来计算管材的试验压力，见表 7-1。

表 7-1　　　　　　　　　　不同水温下 PE 管材抗压折减系数表

| 温度/℃ | 20 | 25 | 30 | 40 | 50 |
|---|---|---|---|---|---|
| 折减系数 | 1.0 | 0.93 | 0.87 | 0.80 | 0.74 |

**5. 管沟回填质量控制**

管道试压合格后大面积回填时，宜在管道充满水的情况下进行。回填前先将沟内积水排除，以免产生"弹簧土"，造成地基下沉。回填土料应选用无腐蚀性、无坚硬物体并且较干燥的土壤，不得采用冻土回填，不得含有碎石、砖块、垃圾等杂物。管道两侧应对称回填、同时夯实，以防止管道位移和转动，填土与夯实操作中要注意防止损坏管道和管件。采用机械回填时，机械不得在管道上方行驶。竖管位置应人工回填并采取有效的保护措施，管道上方周围地面要恢复到自然平面。

**6. 灌水器安装质量控制**

灌水器是指各类带流道的喷头、微喷头、微喷水带、滴灌管（带）等，安装前要了解拟安装灌水器的工作压力、流量、射程等性能，施工中为防止施工方随意安装的情况，监理时应注意以下几点：

（1）按设计要求熟悉灌水器的类型特性，即给作物"洗淋浴"（喷灌），还是给作物下"毛毛雨"（微喷灌），或是给作物"打点滴"（滴灌）。

（2）按图检查灌水器的型号是否与图纸相符，确认喷嘴或流道出口直径是否满足要求。

（3）优化设计中以塑料喷头、微喷头为主，安装前检查塑料部分是否完好，无裂开或老化情况，注意喷头、微喷头转动部分是否灵活，弹簧是否锈蚀。微喷水带、滴灌管（带）铺设在地面或膜下时要注意流道出口面向上放置。

（4）安装灌水器前必须再次用水冲洗管道，把落入管道内的泥和杂物冲出，避免喷头、滴头堵塞。

（5）确保灌水器与管道的连接紧固、密封可靠。

7. 首部装置安装质量控制

首部装置安装前要求施工人员全面了解各种设备性能，熟练掌握安装技术要求和方法，备好各种工具和测试仪表等。全面核对设备规格、型号，安装时注意各设备（过滤器、压力表、支架等）必须安放垂直，弯管与法兰连接必须水平，以保证牢固并美观。

（1）电机与水泵安装要求。电机与水泵安装应按产品说明书进行，电机外壳必须接地，接地方式应符合电机安装规定，保持电机及电控柜内外的清洁和干燥，机泵必须用螺栓固定在混凝土基座上，移动式机泵必须固定在专用架上或行走器上。通电检查试运行，单机试运转的目的是：①检查运转方向是否相符，为系统调试做准备；②检查电机与水泵的本体质量和安装质量、机组振动情况、噪声情况、轴承温升情况等；③弥补开箱检查的不足，如果在试运转时发现问题，联系生产厂家从速处理。

（2）过滤器安装要求。过滤器应按说明书所提供的安装图纸进行安装，并应注意水流方向标记，不得反向。自动冲洗式过滤器的传感器等电气元器件应按产品规定线路安装，离心式过滤器应固定在相应的基础上，网式过滤器要支撑在混凝土墩或砖垛上，周围留有60cm 以上空间，便于冲洗拆卸操作。

（3）施肥（药）罐安装要求。采用施肥（药）罐时，应按产品说明书要求安装，须放置在过滤器前并检查进出口水管与过滤器连接是否牢固以及进出方向是否正确。如使用软管，应防止扭曲打折。

（4）量测仪表和保护设备安装要求。安装前应清除封口和接头处的油污和杂物，压力表必须垂直安装在环形连接管的上表面，不能水平安装，安装时不得碰撞；按产品说明书要求和水流方向标记水平安装水表，并注意便于观察；按设计要求和流向标记安装逆止阀、进排气阀，保证其正常工作。

（5）取水口清淤处理。在取水口设置自制的过滤网箱时，要根据附近河床或渠底淤积情况进行清淤，根据回淤情况在取水口周边增设拦淤设施。

# 第五节  事  后  控  制

喷滴灌工程施工质量监理重点是事前控制，主要精力用在事中控制，从管道材料、附件质量和施工操作工作质量，确保喷滴灌工程在正常条件下施工、使用和维护，从源头上减少事后控制的监理工作量。事后控制的主要工作是"查漏补缺"，把喷滴灌工程不合格部分及时反馈给设计单位和施工单位进行设计变更或返工、整改。

## 一、事后检验实行质量一票否决

### 1. 实行工序质量一票否决

喷滴灌工程的每道工序完成后，监理都要实地检验工序质量，对工序质量有疑问的，进一步检查或试验。例如若认为热熔焊接工序质量可能有问题，但接头外观很完整，肉眼无法检验时，最普遍的做法就是现场取样，封样后送相应试验检测机构。如检测合格，同意隐蔽或进入下一道工序；如检测不合格，只能扩大取样。当扩大取样合格时，根据抽查数理统计原理判定为该工序合格，仅对初验的不合格品进行处理，当扩大取样不合格时，判定为该工序不合格，对该工序所包含的施工内容全数返工处理。要说明的是一般情况下是不允许全数取样的，因为全数取样对喷滴灌这种面广量大的工程来说不经济。

### 2. 实行分部工程质量一票否决

当喷滴灌工程首部枢纽分部、管网安装分部等分部工程完成后监理都要进行事后分部质量认证（实体工程质量检验及工程质量书面评定），出具分部工程质量鉴定书。运用质量问题与计量支付相挂钩这个核心手段来强化对施工方的分部工程质量控制，即分部工程的质量认证不合格就不支付相应分部工程款，使监理在分部工程质量控制上始终处于主动、积极的地位。

### 3. 实行单位工程质量一票否决

喷滴灌工程具有独立的设计文件，具备独立施工条件并能形成独立使用功能，为了方便质量管理应把整个连片施工的喷滴灌工程按区域定义为单位工程。每个单位工程完工后，监理要加强对工程实体的检查，逐项逐段检查质量问题，并列出清单，特别是接口、管道闸阀、施工边角等质量控制易遗漏的死角，整改后按清单消项，整改不到位的一律不得进行单位工程验收。

## 二、管材合理损耗控制

一般来说管材损耗占总量的5％以内是合理的，实际施工中经常发现施工方自行采购的管材损耗能基本控制在合理范围，而甲方供应管材浪费比较严重，有的损耗甚至超过了10％。喷滴灌工程50％以上的工程造价来自管材，而管材的严重浪费会使造价不合理提高。

### 1. 储藏、领用控制

甲方供应管材，虽然一定程度上保证了管材质量，但是由于施工期时间长，且储藏、领用不规范，致使管材浪费、结余较多，产生后续保管难、保管成本大等问题。针对这种情况，要求配给管材时，由施工方出具监理签证的安管开仓证，严格按开工证上同意安装管道的长度（延长米）数量领用甲方供应的管材和管件。喷滴灌工程结束后除保留维护维修所需的少量管材和配件外，从现场清除并运出剩余管材、管配件、施工装备和垃圾，并保持整个现场的整洁。

### 2. 现场施工控制

在甲方供应的管材施工中，工地上散置管材较多，监理应在每条道管安装结束后进行检查，让施工方每天收集余料管，符合质量要求的尽量在下一次安管时利用，有时仅仅是施工方多热熔了一个接头就可以把余管完美融进管网，既保证质量又节约投资。

### 三、喷滴灌系统调试运行

喷滴灌系统运行前必须做好系统的调试工作，机电设备、过滤器、施肥（药）罐、控制阀门和计量仪器仪表等全部检查完毕后，进行机电设备试运行；检查各设备、部件安装的正确性，以及能否平稳运行、制动可靠等；检查管道中的阀类手柄是否被阻挡，导致操作困难；法兰、活接头、伸缩节等需要维护操作的设备是否互相阻挡或埋入土体，造成不易检修和使用。

（1）系统试运行应按设计要求分轮灌组运行，环境温度最佳为 5～30℃。

（2）灌水时每次开启一个轮灌组，当一个轮灌组结束后，先开启下一个轮灌组，严禁先关后开。

（3）系统第一次运行时，需进行调压，使系统各支管进口压力大致相等，调压完毕后在阀门相应位置做好标记，以保证在其以后的运行中开启度能维持在该水平。

（4）系统运行时必须严格控制压力表读数，应将系统控制在设计压力下运行，以保证系统能安全有效地运行。

（5）系统试运行期间对管网进行巡视，检查管网运行情况。观察管件、阀门等处，如发现渗水、漏水、破裂、脱落等现象，应做好记录并及时处理，处理后再进行试运行，直到合格为止。

（6）系统试运行过程中要对整体的运行情况建档，包括开关机时间、灌水时间、使用水量、使用电量等进行记录，并及时整理分析相关数据，为科学灌溉提供依据。

（7）理论计算与实际应用可能存在差距，实际水泵扬程达不到设计计算值，管道线路等引起的水力损失大于设计计算值，喷头实际性能达不到理论值；这些都将导致灌水器的工作压力、流量、射程等性能达不到额定的最小值。为此在系统试运行过程中要关注灌水死角，校核设计成果，必要时从设计、施工上采取相应措施，以保障喷滴灌工程的正常使用。

### 四、喷滴灌工程验收

喷滴灌工程验收是施工过程的最后一道程序，它是工程产品投资建设成果转入生产或使用的标志，也是全面考核投资效益、检验设计和施工质量的重要环节。

1. 整编资料

喷滴灌工程完工后及时整理施工记录、质量评定资料、质量保证资料、往来文件并绘制竣工图等，以备验收之用。

2. 处理质量遗漏问题

对喷滴灌工程全面检查，认真审查施工方提交的质量检验报告及其他质量文件，对有疑点的部位进行复查和复验。在正确地调查、分析和判断质量控制遗漏问题的基础上，督促施工方进行处理。

3. 验收准备

审核施工方提交的喷滴灌工程资料，对质量遗漏问题通过检查、鉴定做出确认。对处理后符合规定要求和能够满足使用要求的才可以提请验收。

### 4. 工程验收

为了保证喷滴灌工程的使用功能、有效延长喷滴灌工程寿命，验收时要编制详细合理、符合农作物（或养殖场）喷滴灌使用方案（使用手册、注意事项等）和运维操作制度，邀请使用方、施工方、设计方共同参与，一起根据实情确认喷滴灌工程的"实体质量"和"使用质量"。

总之，喷滴灌工程在以验收整改为主的事后控制阶段，要从全方位、多角度提出整改意见，这是对喷滴灌工程质量的全面评价，也是对喷滴灌工程质量的预先控制、事前控制、事中控制的检验。它是利用反馈信息实施的控制，控制的重点是今后的生产活动，其控制思想是总结过去的经验与教训，把今后的事情做得更好。在喷滴灌工程建设中要使质量控制有成效，顺利通过完工验收，整个建设过程就要处在预先、事前、事中、事后喷滴灌工程质量"全过程，全方位"的监控中。

## 第六节　后监理阶段运维探索

喷滴灌工程建设是基础，管理是关键，充分发挥喷滴灌效益是目的。要吸取以前重建轻管、前建后损的教训，坚持高质量施工、高标准运维的原则，把喷滴灌工程运维放在突出位置上来抓，这不仅要提高工程建设质量，而且要掌握正确的使用方法，加强后期的运行和养护管理。

在喷滴灌工程验收阶段要编制整个喷滴灌系统的使用手册、注意事项等，并能够直观地表示对开关、阀门、喷滴灌设施等设备的使用方法，从而避免不必要的资源浪费或者因闸阀开启不合理导致部分管线压力过大，从而造成破损。验收以后喷滴灌工程的正确使用和养护是保证喷滴灌工程长期发挥效益不可缺少的环节，由于喷滴灌管网系统是由不同种类的部件组合而成，往往因不同构件的连接不紧密，在使用过程中或多或少会出现破损、渗水现象，因此需要定期养护和维修，并培养一批专业技术人员进行专项养护。

### 一、喷滴灌工程运维现状

#### 1. 运维管理资金支持力度不够

从资金的角度看，由于前期喷滴灌工程成本投入较大，后续的维护资金不足，这成为制约喷滴灌工程良性运行的短板。运维资金的不足也大大增加了维护管理工作的落实难度，使优化管理成为一纸空谈。

#### 2. 专业技术水平不高

在喷滴灌工程建设阶段，政府部门会动用专项资金进行补助，保证工程能高效完成，这受到广大喷滴灌受益群众的欢迎。但是在规划设计阶段缺乏对运维的深入考虑，忽略了后续运行管理维护的重要性。当前喷滴灌基层运维人员主要来自用户和乡村合作社，普遍专业性不强，缺乏专业的教育与培训，无法将先进的管理理念和技术应用到实际工作中，运行维护管理模式比较粗犷。

#### 3. 工程使用寿命短

已建好的喷滴灌工程很多设施都暴露在田间，很容易损坏，没有设立专职管理维护和安全运行人员，常常出现喷滴灌工程未达到设计使用年限，就已老化失修严重，喷滴灌系统带病工作、抽水泵提前报废、管道水量漏失严重等问题。

## 二、喷滴灌工程运维建议

针对运维管理中存在的问题创新管理模式，需要未雨绸缪，规划长期有效的运维管护方案，建立科学有效的运维管护体系。

### 1. 落实运维资金

公益性、经济性是喷滴灌工程最显著的特征。政府应落实运维管护资金或与喷滴灌用户达成运行维护补助协议，在政府资金保障的基础上，通过政府与喷滴灌用户互补，落实运行维护管理所需的费用，为运维管护工作的开展提供更好的支持。

### 2. 打破运维管护旧模式

想要从真正意义上改变运维管护的现状，就必须大力培养专业型人才，替代技术落后的运维人员，通过改革改变喷滴灌运维现状，使之良性发展。如建立专业的喷滴灌运维管护单位，把喷滴灌运维委托给专业的第三方机构。

### 3. 监理及运维管护一体化

全面型、专业型人才对喷滴灌工程后续运维管护尤为重要，如果新型监理人员能在后续的运维管护中担任运维工作，那么当前的滴灌工程运维现状或许会有较大的转变。与当前的运维人员相比较，新型的监理运维人员有以下优势：

（1）监理比其他人更清楚工程建设中的细节，对于工程后续运行的把控更加轻松。

（2）监理本身就是服务性的专业化知识复合型人才，能更快适应运维工作的要求。

（3）监理单位后期转变为运维管护单位后，监理为后续的管理就会考虑得更多，促进被监理工程更加科学化的管理。运行出现故障后监理也可以及时排查并修复，从而确保切实发挥工程效益并长期合理的运行。

## 三、明确权责并健全体制

宁波市水利局在浙江省率先引入水工程管理物业化的思想，2015 年年底及 2016 年年初对工程管理人员集中进行专业知识和技术培训，批准了部分水利监理单位从事水工程运维，并颁发相应的资质证书，落实了运维财政支持资金。在转变观念的同时，提倡第三方专业化管理模式，提高了工程完工后的管理水平和效率。

建议已批准资质的运维企业具体负责固定区域内喷滴灌工程的管理、运行和维护，保障该区域喷滴灌工程能长久、安全地发挥效益。只要有利于工程效益发挥，有利于工程资产的保值增值，有利于农民增收和农村社会稳定，就可以进行尝试，但必须着眼于工程运维单位本身的良性运行和可持续发展。

# 第八章
# 喷滴灌的功能和效益

谨以本章回答"南方为什么也要搞节水灌溉"！

早在 2005 年，有位镇长问笔者："我们这里不缺水，为什么也要节水灌溉？"笔者答："现在粮食多了，为什么还有那么多姑娘、先生在节食？"这位镇长说："我理解了！"

一方面，南方虽然每年需要抗洪排涝，但也同样存在农业、工业、生活、环境用水的矛盾，每年会出现不同程度的干旱缺水、供水紧张。农业是用水大户，只有农业"抓节水"才能实现全社会"保供水"，所以农业同样需要节约用水。

另一方面，传统的大水漫灌方式，不但浪费宝贵的水资源，而且使作物受"渍害"，未能达到应有的高产，还造成肥料和农药大量流失，是河道污染的主要来源，所以农业更需要"节制"灌水。

"好雨知时节。"喷滴灌是按照作物需要适时、适量灌水，并可结合施肥，是科学的灌溉技术。喷滴灌既能解决"有水灌不到"（坡地）的难题，又能解决"有水灌太多"的问题，具有灌水抗旱、施肥施药等多种功能，具有增收节本、节水减排等综合效益，是农业现代化不可或缺的新设施。

年均降水量 2600mm 的台湾省早已普及喷灌和滴灌，作为其精致农业的必备设施；降水量在 1500～2500mm 之间的海南、云南、广东、广西等省（自治区），近几年喷滴灌发展如火如荼、方兴未艾。正如现代家庭都有自来水一样，现代农业必须配套喷灌、微喷灌、滴灌等高效灌溉设施，现把笔者在余姚市的实践以及调查总结梳理如下。

## 第一节 多 种 功 能

喷灌、微喷灌、滴灌具有灌水抗旱、施肥施药、除霜除雪、淋沙洗尘、降温增湿等多种功能。

### 一、灌水抗旱

#### 1. 坡地灌溉

喷灌抗旱在山区的优势尤为突显，因为坡地无法常规灌溉，往往是水库内碧波荡漾、溪道里流水潺潺，却眼睁睁看着作物受旱、农民减收。喷灌则是雨从天降，不受地形影响，"风来松涛鸣，雨去竹泪落"，千百年的"靠天山"一举成为现代化的喷灌地。

余姚已在缓坡山地建喷灌 5.5 万亩，沐浴竹笋、苗木（红枫、樱花）、茶叶、杨梅等十多种作物，见表 8-1，占山区宜建面积的 50%，占全市喷滴灌面积的 39%。

表 8-1 余姚山地喷灌作物面积

| 作物 | 竹笋 | 苗木 | 茶叶 | 杨梅 | 樱桃 | 甜柿 | 板栗 | 猕猴桃 | 桃子 | 石斛 | 蓝莓 | 香榧 |
|------|------|------|------|------|------|------|------|--------|------|------|------|------|
| 万亩 | 1.47 | 1.25 | 1.01 | 0.85 | 0.22 | 0.14 | 0.13 | 0.13 | 0.12 | 0.08 | 0.06 | 0.03 |

### 2. 猕猴桃抗旱

猕猴桃喜欢阴湿，是各种作物中对水分敏感的代表，如果水分跟不上，轻则叶片下垂周边枯黄，重则果实发软，直至植株枯萎。同时猕猴桃要求排水灵通，土壤通透性要好，水分太多了就烂根，所以不能漫灌。马渚镇四联水果园的主人对培育猕猴桃有丰富的经验，附近同行都尊称他为师傅，他对前来取经的农户讲得最多的是："如不装微喷灌，猕猴桃不用种的！"见图 8-1。

图 8-1　喷灌的猕猴桃

## 二、施肥施药

当前我国正在大力推广"水肥一体化"，喷滴灌设施是实现水肥一体化的载体。在多雨的南方，水肥同灌的次数往往多于单纯灌水。

### 1. 微喷灌施肥

三七市镇绿洲果蔬农庄主人介绍，大棚草莓每畦都用地膜包着，以前施追肥时得先在每两株之间的地膜上挖个孔，然后一勺一勺浇施肥液，浇 2 个棚（约 1 亩）需一个工日。2009 年开始用膜下微喷水带施肥，15min 能同时施 6 个棚，生长期内"水肥同灌"2～3次，施肥均匀使果实个大且匀称，实现了优质高产。

喷灌施肥时，化肥溶液直接用喷灌喷施的情况不多，因为喷灌管道系统直径大，药液浪费也大，但已有各种形式的喷灌施肥。

### 2. 先撒肥后喷水

本来农户常把化肥撒在田里，下雨则化肥溶化，但如果不下雨，则化肥"晒干"，就全部浪费了，而如下雨量较大，则肥料大部分流失。有了喷灌，农民就挑选晴天先撒好化肥，然后喷灌 15min，肥料溶化渗入土壤，农民高兴地说"现在老天自己做了！"

### 3. 蔬菜喷施沼液

泗门镇黄潭蔬菜合作社有块 200 亩蔬菜地，附近有一家奶牛场，2011 年安装了喷灌，就把牧场的沼液用管道引入肥液池，与化肥混合用喷灌施到菜地，每年喷施肥料 4～5 次，节约化肥成本 1100 元/亩，还节约劳力成本 600 元/亩，全年节约成本 34 万元。

### 4. 水稻喷施沼液

陆埠镇鼎绿农场承包了 300 亩低洼田种植有机水稻，不施化肥，也不用农药，2016 年农场安装了用手机控制的喷灌系统，一是为喷施沼液、节省劳力；二是为控制灌水、减少病虫害。2017 年喷水 30 多次，喷施沼液 3 次，收到了预期的效果。

### 5. 微喷施药

微喷施药发挥了微喷灌"蒙蒙细雨"之长，除大棚作物以外，主要应用在养殖场。余姚从 2003 年起把微喷灌设备安装于畜禽养殖场，开始用于喷水降温，每年用两个半月，2007 年起用于喷药消毒，每周 1～2 次，全年 12 个月喷 60～100 次。采用微灌喷洒，雾状药液悬浮在空中，弥漫整个空间，属于立体消毒，效果好于喷雾机，且没有噪声，宁静的环境有利于动物生长。

防疫是养殖业的首要问题，微喷灌恰是价廉物美的喷药设施，余姚规模化畜禽场全部装上了微喷设施，总面积 42.4 万 $m^2$，覆盖猪、鸭、鸡、鹅等 8 种动物，见表 8-2。

表 8-2　　　　　　　　　　　养殖场微喷灌设施面积表

| 名称 | 猪场 | 鸭场 | 鸡场 | 鹅场 | 蚓场 | 羊场 | 石蛙场 | 兔场 | 合计 |
|---|---|---|---|---|---|---|---|---|---|
| 面积/万 $m^2$ | 21.48 | 8.89 | 3.86 | 2.35 | 1.80 | 1.46 | 1.45 | 1.12 | 42.41 |

## 三、除霜除雪

每年早春三月，且大部分出现在 3 月 12 日左右，北方寒潮南侵，初暖乍寒，称为"倒春寒"，易引起降霜，此时可以用喷灌除霜。俗话说"下雪还是烊雪冷"，根据物理学原理，在喷水结冰的过程中有"凝结热"释放，使气温略有提升，起到保护幼芽的效果。

### 1. 除霜

下霜时用喷灌喷洒茶园、果桑等作物，使茶树表面结冰，利用水汽变冰过程中释放的凝结热保护嫩芽。喷水过程中作物挂满冰凌，看起来很可怕，但冰凌融化后茶芽依然葱绿，说明没有冻伤，而没有喷灌的茶芽呈棕红色，说明受冻凋萎了。三七市镇德氏家茶场 500 多亩茶园 2008 年全部装上喷灌，每年春天用喷灌除霜保护新茶嫩芽，避免了冻害。

### 2. 除雪

除雪是指用喷灌清除大棚外积雪。塑料连幢大棚积雪很厚时，会危及棚架安全，但人无法上去除雪，此时用喷灌"水到雪除"。有不少农户棚内装微喷灌和滴灌，又在大棚外装喷灌，3 种设备各取所长。

## 四、淋洗沙尘

沙尘包括两方面：一是北方沙尘暴对南方的影响，"下黄沙"自古有之，只是当时不知道这是从"三千里云和月之外"遥远的北方飞来的；二是本地企业、工地、交通运输产生的灰尘。

### 1. 花期淋沙

樱桃开花在 2—3 月，杨梅开花是 4 月，此时期如果遇到沙尘暴，沙尘落在花蕾上，就会影响受粉，导致减产。如位于海拔 500～800m 的四明山镇悬岩村有 2000 多亩樱桃，

2008年在完成小水库除险加固以后，利用水库70m地形高差安装自压喷灌，见图8-2。其功能为：一是秋天喷水抗旱；二是春天冲洗沙尘。

2. 杨梅洗尘

杨梅是世间少有的无皮水果，生长过程中易粘上灰尘，但人们吃杨梅时大都未经淋洗。安装喷灌后，如果遇上"空梅"（梅雨季节下雨少），可以喷灌2～3次补水抗旱，促使果实迅速膨大；采摘以前用喷灌淋洗灰尘，不仅卫生，而且味道更加鲜美，一举多得。

图8-2 樱桃喷灌（悬岩村）

### 五、降温增湿

1. 养殖场降温

2003年陆埠镇科农獭兔场安装微喷灌设备，出发点是降低獭兔热天死亡率。高温天气微喷灌4～6次，每次开15min，舍内温度降至35℃以内，结果不但死亡率降低，还意外发现母兔夏天怀孕率提高，当年增加经济效益8万余元，是微喷设施投入的3.3倍。2004年、2007年相继扩大至鸡场、猪场，又发现温度降低以后，猪的胃口好了，饲料浪费减少，料肉比提高，还可以节约饲料成本。

2. 育秧大棚降温

水稻大棚育秧有"高温烧苗"的风险，常规措施是大水漫灌，又会引起"烂秧"，顾此失彼。应用微喷灌后，稻秧从淹水变成"淋水"，促进根系发达，质量提高，又能防止高温烧苗，见图8-3。农户从实践中认识到大棚育秧一定要用喷灌。阳明街道丰乐村育秧大户的5亩大棚装上微喷灌以后，秧苗质量提高，每亩苗播种面积从50亩扩大至80亩，可以多种30亩稻田，秧苗价格80元/亩，1茬苗增收2400元/亩，每年3—7月培育3茬秧苗，一亩大棚每年增收7200元；同时节省劳力成本2016元/亩，则5亩大棚两方面合计增加收入4.6万多元。

图8-3 水稻育秧微喷灌

3. 蚯蚓场增湿

蚯蚓喜欢湿润的土壤环境，湿度应控制在饱和水量的60%～70%、土壤水分不足或灌水太多蚯蚓均会集体逃跑，因此浇水是蚯蚓养殖中一项颇有风险的工作。用微喷灌增湿可以精确控制水量，保证养殖安全。适宜的湿润环境能促进蚯蚓繁殖，使产量提高25%左右。

## 第二节 综 合 效 益

喷滴灌具有优质增产、省工省肥、节水节电等增收节本效益，以及减少农业面源污染的综合效益，是名副其实的高效节水灌溉。

## 一、优质增产

### 1. 优质

喷滴灌能提高农产品的质量。由于降雨不匀，土壤大干大湿引起裂果是梨、葡萄、樱桃等大多数水果都存在的问题，会引起细菌感染，果品级别降低，影响果农收入。采用滴灌，在葡萄膨大期滴水 3～4 次，土壤湿度保持在田间持水量的 75％～85％，裂果将大大减少，上等品率从 50％～60％提高到 70％～80％，糖度从 15 度提高到 18 度，价格平均增加 1.5 元/kg。

### 2. 增产

陈钧魁桃园用微喷灌，水肥同灌，盘桃果形普遍增大，最大的 500g，成为"桃子王"，连一辈子从事桃树研究的浙大教授也称"没见过这么大的桃子"，桃园主人还自信地在微信上"摆擂台"，谁家有桃子比他大的，他以每个 200 元收购，见图 8-4。

图 8-4　喷灌桃园的"桃子王"

目前水果已不单纯追求高产，而追求优质。采取"疏花疏果"等农艺措施限制个数，追求体积，而喷滴灌主要对果实体积促进作用显著，增产比例为 5％～10％；而蔬菜的增产幅度为 15％～30％。

## 二、省工省肥

农业生产主要成本包括种子、肥料、农药和劳动力 4 项，前 3 项可节约的空间并不大，唯有劳力成本节约的空间最大。而喷滴灌可节约灌水、施肥、施药劳力成本的 80％，这笔效益账很容易算，是农业大户青睐喷滴灌最直接的动机。大田喷灌和大棚作物省工省肥（药）大致在 600～1200 元/亩，而工厂化育秧节省劳力成本每亩可达 4000 元以上。

### 1. 大田蔬菜喷灌

每亩节省 4 个工日，150 元/工，每亩节约 600 元；化肥每茬少用 1 包（50kg）/亩，220 元/包，一年 3 茬 3 包（节肥率 33％），全年节约 660 元/亩，两者合计 1260 元/亩。

### 2. 大棚葡萄滴灌

使棚内小气候湿度降低，药喷次数从 5～6 次减至 1～2 次，节省农药、化肥、劳力 3

项成本合计 642 元/亩。

### 3. 大棚草莓微滴灌

微滴灌就是把微喷水带铺在地膜下面，视作滴灌。每亩节省 12 个工日，节工率 80%，100 元/工，年节约劳力成本 1200 元/亩。

### 4. 工厂化育菜秧

康绿蔬菜公司的 83 亩育秧大棚采用微喷灌，见图 8-5。每年培育菜秧 5~6 茬，每天节省 60 个浇水劳动力，每工 100 元，每天 6000 元，育秧期喷水 60 天，节约劳动力成本 36 万元，分摊至每亩为 4337 元。

图 8-5　大棚菜秧微喷灌

### 5. 工厂化育茶苗

德氏家茶场有 20 亩育苗大棚，2011 年 5 月装微喷灌，夏季隔天喷 1 次，每次可省 30 个工日，全年节省 1500 工日，节约劳力成本 10.5 万元，每亩 5250 元。

### 6. 大棚培育石斛

山区鹿亭乡白鹿村一位老党支部书记，2010 年在海拔 450m 山上建大棚 43 个种植石斛，同时安装微喷灌，见图 8-6 和图 5-4。春季每星期喷 1 次水，夏秋两季每隔 3 天喷 1

图 8-6　树上石斛滴灌

次，全年约喷 70 次，节省浇水用工约 1000 个，每工 110 元，一年节省 11 万元，每亩 7330 元。2016 年又把石斛"种"到了 1000 株大松树上，并安装了滴箭。

## 三、节水节电

### 1. 节约水量

一般旱地漫灌一次需水 $20\sim30\text{m}^3/$ 亩，而喷滴灌 1 次需水 $6.6\sim10\text{m}^3/$ 亩，节水 2/3，每次节水 $16.6\text{m}^3$。大田作物平均灌 6 次，全年节水 $100\text{m}^3/$ 亩；大棚作物灌水次数多，节水量达 $200\sim300\text{m}^3/$ 亩。

### 2. 节约能源

在山区灌区，90％是自压喷灌，不用柴油也不耗电，水质清澈无污染，是典型的"绿色灌溉"。在平原灌区，传统灌溉亩均用水 $150\text{m}^3$，亩均耗电 10 度；大田喷滴灌亩均用水 $50\text{m}^3$，亩均耗电 $15\text{kW}\cdot\text{h}$，每亩多用 $5\text{kW}\cdot\text{h}$ 电。与喷滴灌平均增收效益 1000 元/亩比较，效益为 200 元/$(\text{kW}\cdot\text{h})$，是我国平均能耗产出率的 10 倍！

### 3. 养殖场节能

喷雾（水）是最节能的绿色降温措施，2010 年上海世博会采用喷雾降温就是最好的证明。畜禽场用微喷降温，一个 $300\sim400\text{m}^2$ 的大棚，一台 $1.1\text{kW}$ 电机的水泵每天开机 $4\sim6$ 次，每次不超过 15min，每天耗电仅 $1\text{kW}\cdot\text{h}$；而如果采用空调机装机需 $10\text{kW}$，每天用电量达 $30\text{kW}\cdot\text{h}$，相差 30 倍。一位养殖场主人说得好："如果用空调，就是政府免费送，我们也用不起！"

# 第三节　经　济　效　益

喷滴灌的综合效益可总结为经济、节水、减排三方面，其中经济效益最能打动农民的心。据笔者 2015 年对约 76 家农户调查，并按加权法平均，再乘上推广系数 0.6，得出大面积平均增收节本效益为 930 元/亩。考虑近两年物价指数上升因数，2017 年约为 1000 元/亩，其中部分农户高达每亩数千元乃至数万元，个别超过十万元！笔者认为：喷滴灌的效益取决于农户经营素质的高低，特别是大户，经营面积大、风险也大，对新技术的敏感性强，安装喷滴灌的积极性高，管理得好，效益发挥得好，经济效益可谓惊人，举例如下。

## 一、德氏家茶场

茶场位于缓坡山地。2001 年仅有 40 亩时茶园就安装了半移动喷灌，2006 年面积扩大了 500 多亩，两年后全部装上固定喷灌。喷灌设备用于抗旱和防冻，增产、减灾、节本，经济效益显著。茶场专门生产高档名茶，干茶产量 10 公斤/亩，纵观 15 年实践经验，主人认为喷灌贡献率（增产率）有 15％，即平均增产 1.5 公斤/亩。该场有绿茶、白茶、黄金芽茶（自主开发），各占 1/3。

2009 年调查，利润分别为 1200 元/kg、2000 元/kg、6000 元/kg，净增收分别是 1800 元/亩、3000 元/亩、9000 元/亩。平均 4600 元/亩，全场 500 亩喷灌年增收 230 万元，至

2014 年笔者回访时还是这个效益。

2017 年调查，利润分别降至 300 元/kg、1000 元/kg、2000 元/kg，净增收相应为 450 元/亩、1500 元/亩、3000 元/亩。平均 1650 元/亩，全场增收有 82.5 万元。

茶场另有 20 亩大棚苗圃，2011 年安装了微喷灌，培育黄金芽茶苗，每亩基数为 16.5 万株。浇水由人工改为微喷灌后，茶苗出圃率从 40% 提高到 75%，提高了 35%，每亩多出茶苗 5.8 万株。2014 年调查，1.8 元/株，亩增收达 10.4 万元，20 亩苗圃增收 200 万元，当然这是动态的；2017 年回访，售价降至 0.55 元/株，亩增收还有 3.2 万元，苗圃年增收 64 万元。

## 二、康绿蔬菜公司

蔬菜基地位于杭州湾冲积平原。2007 年安装蔬菜喷灌 700 亩，2010 年扩大至 900 余亩，总经理多次说"喷灌比下雨好！蔬菜一年种 3 茬，只要有 1 茬碰到干旱，喷灌的效益每亩就有 1000 多元。"而这样的干旱每年都要碰到，大田喷灌每年为公司增加收入近 100 万元。

公司 2007 年建 20 亩育秧大棚，同年安装微喷灌（图 8-7），2012 年扩大至 83 亩，每年育秧 5～6 茬，每亩可秧种 80 亩大田，其培育的秧苗可供 3.2 万亩大田种植。每亩价格 340 元，2012—2015 年连续 4 年产值超 1000 万元，亩产值 12.5 万元，仅节省劳力成本以保守的 40% 净利计算，亩利润 5 万元。主人说："如果没有喷灌我最多只能搞 10 亩大棚，因为现在劳力请不到，所以搞现代农业一定要装喷滴灌。"以微喷灌贡献率 20% 计，育苗大棚每年增收 200 万元。两者合计该公司喷灌增收效益达 300 万元/亩。

图 8-7 蔬菜育秧大棚微喷灌（2012 年）

2017 年回访，近两年大田效益 500～600 元/亩，大棚总收入仍有 900 多万元，两者的喷灌效益超过 230 万元。

## 三、百果园农庄

该园建于 2000 年，位于山区人造平地，土层薄（20～30cm）、保水性差。面积 530 亩，种有蓝莓 150 亩（已投产 100 亩），樱桃 130 亩，果桑 80 亩，还有柑橘、冬枣、柿子、花卉等 100 亩。2007 年安装喷滴灌，蓝莓用滴灌，樱桃用微喷灌，果桑用喷灌，2017 年 8 月调查效益如下：

1. 蓝莓

平均亩产 500kg，进超市价格 80 元/kg，产值 4 万元/亩，平水年滴灌贡献率 25%，增收效益 1 万元/亩；遇上 2013 年、2017 年这样的高温干旱年份，贡献率 55%，即减灾增收效益 2.2 万元/亩。以平水年计，已投产的 100 亩，每年效益 100 万元。

2. 樱桃

樱桃有"三怕":一怕"倒春寒"、二怕"落黄沙"、三怕裂果;这三怕都可以用微喷灌解决。如果不装微喷设施,3 年中盛产 1 年、半收 1 年、无收 1 年,樱桃目前亩产 400kg,出售价 100 元/kg,亩产值 4 万元,平均贡献率 50%,减灾增收 2 万元/亩,合计为 130 亩、年增收 260 万元。

这两种作物增收效益 360 万元/年(图 8-8)。

图 8-8　农户向记者介绍收益

## 四、绿洲果蔬农庄

该农庄位于靠近山脚的平地。有大棚草莓 22 亩,2009 年安装膜下滴灌,草莓每年 9 月初移栽后,隔日灌 1 次,这 20 多天灌 10 多次,10 月至次年 4 月灌 3~5 次,生长期共灌 15 次左右,其中水肥同灌 1~2 次。农庄主人 2014 年介绍:"每亩增产 250kg 是保守的,其实还不止!"草莓价格从春节前后 44 元/kg 起,第二年 5 月降至 10 元/kg,以保守价平均 20 元/kg 计,增加收入 5000 元/亩,加上节约劳力成本 1200 元/亩,两者合计 6200 元/亩,农庄全年增收 13.6 万元(图 8-9)。

图 8-9　农户向记者展示滴灌收益

## 五、四联钧魁果园

该果园位于平原，面积 110 亩，原为水稻田，经过有机肥改造，2009 年种蟠桃 60 亩，2010 年种猕猴桃 50 亩，同年 10 月安装微喷灌，2017 年 9 月回访效益。

### 1. 猕猴桃

猕猴桃喜欢阴湿，喷灌效果明显，近几年亩产量达到 2500kg，价格 10 元/kg，亩产值 2.5 万元，平常年份喷灌贡献率 20%~30%，增收 5000~7500 元/亩；2007 年遇高温干旱，灌水比往年多，5 月灌 6 次，6 月灌 10 次，7—9 月灌 24 次，总灌 40 次，每次 20min，少灌勤灌。干旱年贡献率 50%，减灾增收 1.25 万元/亩，小计 62.5 万元。

### 2. 蟠桃树

蟠桃树是耐旱植物，但为防裂果要灌水，正常年份微喷灌贡献率 25% 左右，增收 5000~6000 元/亩。干旱年份贡献率 1/3，今年施肥灌水 7~8 次，总喷灌约 20 次，比猕猴桃少一半；蟠桃亩产 900kg，售价 30 元/kg，亩产值 2.7 万元，其中减灾增收 8000 元/亩，

图 8-10 农户向记者介绍果园喷灌效益

小计 48 万元。

两者合计，该园全年增收 102.5 万元（图 8-10）。

## 六、东篱农场

农场位于低山丘陵，面积 105 亩。桃树 35 亩，位于一个小山头；蓝莓 30 亩，樱桃、猕猴桃各 20 亩位于山间平地。2013 年秋安装喷微灌，桃树、蓝莓安装喷灌，樱桃、猕猴桃安装微喷灌，2017 年 9 月回访效益（图 8-11）。

图 8-11 东篱农场喷灌

### 1. 蓝莓

2007年喷水30多次，亩产量400kg，价格100元/kg，亩产值4万元，喷灌贡献率40%（平水年20%），增收1.6万元/亩，小计48万元/年。

### 2. 樱桃

微喷灌15次，是蓝莓的50%，亩产量100kg（投产第一年），价格100元/kg，亩产值1万元，微喷灌贡献率1/3，增收3300元/亩，小计6.6万元/年。

以上两种作物2017年增收约54.5万元。

### 3. 桃树

桃树没有用喷灌，原因是：①桃树本身耐旱性较强；②山头土层厚度超过1m，土壤没失水。猕猴桃今年因得病没有投产。

## 七、正江葡萄园

该园位于1974年围垦的海涂地上，呈碱性、pH值8.6，面积70亩。2010年创新种咸地葡萄，同时安装膜下水带微喷灌（图8-12），每年喷水11～12次（其中2次施肥），比老地（淡地）多一倍，既灌水、又压盐，pH值降至6.5，适宜葡萄生长。2014—2017年以来产量控制在1650kg/亩左右，价格10元/kg，亩产值1.7万元左右，其中微喷灌贡献率25%，增收4000～5000元/亩。

图8-12　冬天把水带绑在大棚柱子上（2014年）

这个葡萄园近几年的喷灌效益是31.5万元/年。

## 八、竹山农户

该农户承包了6亩毛竹山，位于被誉为"浙东小延安"的浙东抗日革命根据地司令部附近，经过多年精心培育，并于2012年安装喷灌。古人语"雨后春笋"，每年喷水40～50次，一年三笋（鞭笋、冬笋、毛笋）都比周围农户高出一大截。笔者于2017年2月调查：每年5月至10月的120天中，平均每天出售鞭笋25斤，合计3000斤，500斤/亩，25元/斤，亩收入1.25万元，农户诚恳表示："如果没有喷灌，收入一半也不会到"，证明这片竹山喷灌的效益大于5000元/亩。当年12月笔者再次回访时农户介绍，冬笋、毛笋两种笋的增收效益为5000多元/亩，3种笋合计增收1万多元/亩。

竹山喷灌，为这家农户每年增收6余万元。

2017年该农户又承包7亩竹山，并安装了喷灌，经济效益还将翻番。

## 九、奥农鸭场

该鸭场位于杭州湾南岸1974年围垦的新土地上，2009—2012年建成鸭场3万多m²，同时安装微喷灌设施，饲养野鸭，存栏5万羽。微喷夏季用于喷水降温（野鸭怕热不怕冷），喷 10 多分钟，舍内气温降低 5～6℃，一天喷 2～4 次；全年用于喷药防疫，每周 1～2 次。2017 年夏天减少鸭子死亡 4000 羽，价格 90 元/羽，减灾效益 36 万元，同时节省饲料成本 2 元/羽，5 万羽鸭节省 10 万元，全年还节省喷药劳动力成本 6 万元，3 项合计 52 万元/年。

### 十、逸然猪场

该猪场也位于杭州湾畔，与奥农鸭场相邻，于 2010 年建成连栋大棚式猪舍 1.7 万 m²，存栏猪 5000 头。2012 年建成舍内微喷灌，并建成地下蓄水池 3 个、容积共 1500m³，存储大棚雨水，用作微喷水源。常年用于喷药消毒，平时 1～2 次/周，热天 2～3 次/周，全年约 100 次；热天喷水降温，2～3h/次，4～6 次/h，整个夏季约 400 次。2017 年回访效益如下：

(1) 节省饲料：50 元/头×5000 头＝25 万元。

(2) 节省药费：8 元/头×12000 头＝9.6 万元。

(3) 节省劳力：5 元/头×12000 头＝6 万元。

(4) 减少死亡：100 头×500 元/头＝5 万元。

(5) 微喷灌对这个猪场的全年效益为 45.6 万元。

# 第四节　浙江省推广效益

2008 年 8 月、12 月，浙江省政府副省长茅临生两次到余姚考察经济型喷滴灌技术，见图 8-13、图 8-14，并作出评价："经济型喷滴灌是转变我省农业增长方式的切入点，是农业增效农民增收的好技术。"

图 8-13　副省长茅临生考察葡萄滴灌　　　　图 8-14　副省长茅临生考察兔场微喷

同年 11 月，浙江省水利厅在余姚举行经济型喷滴灌现场会，见图 8-15。

2009 年 4 月，浙江省政府在余姚召开推广现场会，同年 9 月省政府发出文件，明确今后 4 年内在蔬菜、茶叶、果品、竹笋、花卉、苗木、蚕桑、食用菌等作物发展喷滴灌 100 万亩。此后 5 年间浙江省水利厅、宁波农科院共举办 37 期喷滴灌技术培训班，培训省、

图 8-15 水利厅现场会

市、县、乡四级水利工程师、农技人员和农业大户，受训 5000 多人次，每个乡镇都有 1～2 个经过喷滴灌技术培训的学员。

至 2017 年年底，浙江全省新发展喷滴灌 205 万亩，节约建设投资 16.8 亿元（820 元/亩），累计推广 978 万亩，节本增收 97.8 亿元（930 元/亩），合计 114.6 亿元；同时建设养殖场微喷灌 100 万 $m^2$，累计经济效益 1.2 亿元；两者共计 88 亿元。减少化肥用量 24.5 万 t，节水 9.8 亿 $m^3$，已建喷滴灌工程今后每年可为农民增收 20 亿元，为社会节约 20 个西湖。

2015 年初，浙江省政府再次发出文件，计划在"十三五"期间新发展喷滴灌 300 万亩，是国家发展与改革委员会、水利部下达计划的 3.8 倍。

## 附录一

# 截至 2015 年年底全国高效节水
# 灌溉发展情况统计表

| 地 区 | 高效节水灌溉面积/万亩 | | | | 高效节水灌溉占总灌溉面积比重/% |
|---|---|---|---|---|---|
| | 小计 | 喷灌 | 微灌 | 管灌 | |
| 全国总计 | 26885 | 5622 | 7895 | 13368 | 25 |
| 北 京 | 278 | 56 | 22 | 200 | 78 |
| 天 津 | 231 | 7 | 4 | 220 | 47 |
| 河 北 | 4230 | 290 | 163 | 3777 | 59 |
| 山 西 | 995 | 115 | 68 | 812 | 43 |
| 内蒙古 | 2513 | 756 | 927 | 829 | 45 |
| 辽 宁 | 986 | 213 | 513 | 260 | 40 |
| 吉 林 | 926 | 539 | 202 | 185 | 34 |
| 黑龙江 | 2253 | 2107 | 130 | 16 | 27 |
| 上 海 | 115 | 5 | 1 | 109 | 25 |
| 江 苏 | 578 | 98 | 81 | 398 | 9 |
| 浙 江 | 248 | 82 | 74 | 93 | 11 |
| 安 徽 | 258 | 149 | 24 | 85 | 4 |
| 福 建 | 329 | 135 | 49 | 146 | 18 |
| 江 西 | 122 | 31 | 50 | 41 | 4 |
| 山 东 | 3188 | 209 | 110 | 2869 | 38 |
| 河 南 | 1807 | 242 | 42 | 1523 | 23 |
| 湖 北 | 461 | 167 | 98 | 196 | 10 |
| 湖 南 | 24 | 7 | 2 | 16 | 0.5 |
| 广 东 | 54 | 13 | 10 | 31 | 2 |
| 广 西 | 172 | 42 | 59 | 72 | 7 |
| 海 南 | 70 | 13 | 20 | 38 | 14 |
| 重 庆 | 86 | 18 | 3 | 65 | 8 |
| 四 川 | 235 | 71 | 24 | 140 | 5 |
| 贵 州 | 175 | 36 | 30 | 109 | 11 |
| 云 南 | 239 | 24 | 53 | 162 | 9 |
| 西 藏 | 25 | 0 | 0 | 25 | 4 |
| 陕 西 | 551 | 47 | 66 | 438 | 27 |
| 甘 肃 | 529 | 38 | 255 | 235 | 23 |
| 青 海 | 56 | 3 | 9 | 44 | 14 |
| 宁 夏 | 236 | 54 | 126 | 56 | 27 |
| 新 疆 | 4913 | 55 | 4682 | 176 | 51 |

**注** 此表中数据来源于水利部、国家发展与改革委员会、农业部、国土资源部《"十三五"新增1亿亩高效节水灌溉面积实施方案》。

# 附录二

## "十三五"期间各省（自治区、直辖市）高效节水灌溉建设任务

单位：万亩

| 地　区 | 小计 | 管灌 | 喷灌 | 微灌 |
|---|---|---|---|---|
| 全　国 | 10000 | 4015 | 2074 | 3911 |
| 北　京 | 40 | 0 | 15 | 25 |
| 天　津 | 40 | 39 | 0 | 1 |
| 河　北 | 1000 | 565 | 225 | 210 |
| 山　西 | 300 | 135 | 55 | 110 |
| 内蒙古 | 1000 | 0 | 300 | 700 |
| 辽　宁 | 300 | 195 | 10 | 95 |
| 吉　林 | 300 | 30 | 205 | 65 |
| 黑龙江 | 500 | 35 | 420 | 45 |
| 上　海 | 5 | 4 | 0 | 1 |
| 江　苏 | 200 | 145 | 30 | 25 |
| 浙　江 | 110 | 25 | 45 | 40 |
| 安　徽 | 160 | 55 | 75 | 30 |
| 福　建 | 80 | 40 | 30 | 10 |
| 江　西 | 100 | 25 | 30 | 45 |
| 山　东 | 950 | 810 | 70 | 70 |
| 河　南 | 650 | 525 | 65 | 60 |
| 湖　北 | 150 | 65 | 55 | 30 |
| 湖　南 | 150 | 70 | 55 | 25 |
| 广　东 | 50 | 15 | 30 | 5 |
| 广　西 | 480 | 225 | 80 | 175 |
| 海　南 | 20 | 7 | 5 | 8 |
| 重　庆 | 70 | 40 | 20 | 10 |
| 四　川 | 200 | 130 | 30 | 40 |
| 贵　州 | 70 | 50 | 15 | 5 |
| 云　南 | 500 | 265 | 100 | 135 |
| 西　藏 | 5 | 3 | 1 | 1 |
| 陕　西 | 260 | 140 | 25 | 95 |
| 甘　肃 | 550 | 285 | 60 | 205 |
| 青　海 | 80 | 45 | 5 | 30 |
| 宁　夏 | 180 | 5 | 15 | 160 |
| 新　疆 | 1200 | 42 | 3 | 1155 |
| 兵　团 | 300 | 0 | 0 | 300 |

注　此表中数据来源于水利部、国家发展与改革委员会、农业部、国土资源部《"十三五"新增1亿亩高效节水灌溉面积实施方案》。

# 附录三

## 小流量塑料管水力计算表

附表 3-1　　　　　　　小流量塑料管水力计算表一

| Q | | $d_外=16mm$ | | $d_外=20mm$ | | $d_外=25mm$ | | $d_外=32mm$ | |
|---|---|---|---|---|---|---|---|---|---|
| 单位为 m³/h | 单位为 L/s | $v/(m \cdot s^{-1})$ | 100i | $v/(m \cdot s^{-1})$ | 100i | $v/(m \cdot s^{-1})$ | 100i | $v/(m \cdot s^{-1})$ | 100i |
| 0.09 | 0.025 | 0.22 | 1.06 | | | | | | |
| 0.108 | 0.03 | 0.27 | 1.52 | | | | | | |
| 0.126 | 0.035 | 0.31 | 1.95 | | | | | | |
| 0.144 | 0.04 | 0.35 | 2.41 | 0.20 | 0.625 | | | | |
| 0.162 | 0.045 | 0.40 | 3.06 | 0.22 | 0.740 | | | | |
| 0.180 | 0.05 | 0.44 | 3.62 | 0.25 | 0.930 | | | | |
| 0.198 | 0.055 | 0.49 | 4.38 | 0.27 | 1.060 | | | | |
| 0.216 | 0.060 | 0.53 | 5.04 | 0.30 | 1.280 | | | | |
| 0.234 | 0.065 | 0.58 | 5.92 | 0.32 | 1.430 | | | | |
| 0.252 | 0.070 | 0.62 | 6.66 | 0.35 | 1.680 | | | | |
| 0.270 | 0.075 | 0.66 | 7.46 | 0.37 | 1.860 | 0.24 | 0.655 | | |
| 0.280 | 0.080 | 0.71 | 8.45 | 0.40 | 2.140 | 0.25 | 0.705 | | |
| 0.306 | 0.085 | 0.75 | 9.34 | 0.42 | 2.330 | 0.27 | 0.805 | | |
| 0.324 | 0.090 | 0.80 | 10.48 | 0.45 | 2.621 | 0.29 | 0.915 | | |
| 0.342 | 0.095 | 0.84 | 11.41 | 0.47 | 2.840 | 0.30 | 0.975 | | |
| 0.360 | 0.10 | 0.89 | 12.70 | 0.50 | 3.160 | 0.32 | 1.090 | | |
| 0.396 | 0.11 | 0.97 | 14.70 | 0.55 | 3.760 | 0.35 | 1.280 | | |
| 0.432 | 0.12 | 1.06 | 17.25 | 0.60 | 4.380 | 0.38 | 1.485 | 0.21 | 0.359 |
| 0.468 | 0.13 | 1.15 | 19.95 | 0.65 | 5.040 | 0.42 | 1.773 | 0.23 | 0.419 |
| 0.504 | 0.14 | 1.24 | 22.80 | 0.70 | 5.760 | 0.45 | 2.000 | 0.25 | 0.488 |
| 0.540 | 0.15 | 1.33 | 25.80 | 0.75 | 6.52 | 0.48 | 2.24 | 0.26 | 0.519 |
| 0.576 | 0.16 | 1.42 | 29.00 | 0.80 | 7.31 | 0.51 | 2.49 | 0.28 | 0.594 |
| 0.612 | 0.17 | 1.51 | 32.40 | 0.85 | 8.15 | 0.54 | 2.76 | 0.30 | 0.674 |
| 0.648 | 0.18 | 1.59 | 35.50 | 0.90 | 9.00 | 0.57 | 3.04 | 0.31 | 0.714 |
| 0.684 | 0.19 | 1.68 | 39.10 | 0.94 | 9.72 | 0.61 | 3.44 | 0.33 | 0.860 |

注　100i：100m 管道长的水力损失，m。

小流量塑料管的水力计算表二

附表 3-2

| Q 单位为 m³/h | Q 单位为 L/s | 16 v/(m·s⁻¹) | 16 100i | 20 v/(m·s⁻¹) | 20 100i | 25 v/(m·s⁻¹) | 25 100i | 32 v/(m·s⁻¹) | 32 100i | 40 v/(m·s⁻¹) | 40 100i | 50 v/(m·s⁻¹) | 50 100i | 63 v/(m·s⁻¹) | 63 100i | 75 v/(m·s⁻¹) | 75 100i | 90 v/(m·s⁻¹) | 90 100i | 110 v/(m·s⁻¹) | 110 100i |
|---|---|---|---|---|---|---|---|---|---|---|---|---|---|---|---|---|---|---|---|---|---|
| 0.72 | 0.20 | 1.77 | 42.90 | 1.00 | 10.85 | 0.64 | 3.74 | 0.35 | 0.885 | 0.22 | 0.293 | — | — | — | — | — | — | — | — | — | — |
| 0.90 | 0.25 | 2.21 | 63.60 | 1.24 | 15.90 | 0.80 | 5.55 | 0.44 | 1.33 | 0.28 | 0.448 | — | — | — | — | — | — | — | — | — | — |
| 1.08 | 0.30 | 2.65 | 87.90 | 1.49 | 22.00 | 0.96 | 7.66 | 0.53 | 1.84 | 0.33 | 0.603 | 0.21 | 0.205 | — | — | — | — | — | — | — | — |
| 1.26 | 0.35 | 3.10 | 115.80 | 1.74 | 29.00 | 1.11 | 9.95 | 0.61 | 2.37 | 0.39 | 0.810 | 0.24 | 0.258 | — | — | — | — | — | — | — | — |
| 1.44 | 0.40 | — | — | 1.99 | 36.80 | 1.27 | 12.60 | 0.70 | 3.03 | 0.44 | 1.002 | 0.28 | 0.338 | — | — | — | — | — | — | — | — |
| 1.62 | 0.45 | — | — | 2.24 | 45.40 | 1.43 | 15.55 | 0.79 | 3.75 | 0.50 | 1.260 | 0.31 | 0.406 | — | — | — | — | — | — | — | — |
| 1.80 | 0.50 | — | — | 2.49 | 54.70 | 1.59 | 18.80 | 0.87 | 4.45 | 0.55 | 1.490 | 0.34 | 0.481 | 0.21 | 0.152 | — | — | — | — | — | — |
| 1.98 | 0.55 | — | — | 2.74 | 64.89 | 1.75 | 22.30 | 0.96 | 5.30 | 0.61 | 1.800 | 0.38 | 0.585 | 0.23 | 0.177 | — | — | — | — | — | — |
| 2.16 | 0.60 | — | — | 2.99 | 75.87 | 1.91 | 26.00 | 1.05 | 6.25 | 0.66 | 2.060 | 0.41 | 0.670 | 0.25 | 0.206 | — | — | — | — | — | — |
| 2.34 | 0.65 | — | — | — | — | 2.07 | 30.00 | 1.14 | 7.21 | 0.72 | 2.400 | 0.45 | 0.786 | 0.27 | 0.235 | — | — | — | — | — | — |
| 2.52 | 0.70 | — | — | — | — | 2.23 | 34.20 | 1.22 | 8.14 | 0.77 | 2.710 | 0.48 | 0.885 | 0.30 | 0.284 | 0.20 | 0.108 | — | — | — | — |
| 2.70 | 0.75 | — | — | — | — | 2.38 | 38.40 | 1.31 | 9.22 | 0.83 | 3.090 | 0.52 | 1.020 | 0.32 | 0.317 | 0.21 | 0.118 | — | — | — | — |
| 2.88 | 0.80 | — | — | — | — | 2.54 | 43.10 | 1.40 | 10.35 | 0.88 | 3.430 | 0.55 | 1.125 | 0.34 | 0.356 | 0.23 | 0.138 | — | — | — | — |
| 3.06 | 0.85 | — | — | — | — | 2.70 | 48.10 | 1.48 | 11.45 | 0.94 | 3.850 | 0.59 | 1.275 | 0.36 | 0.392 | 0.24 | 0.149 | — | — | — | — |
| 3.24 | 0.90 | — | — | — | — | 2.86 | 53.30 | 1.57 | 12.70 | 0.99 | 4.230 | 0.62 | 1.390 | 0.38 | 0.432 | 0.26 | 0.171 | — | — | — | — |
| 3.42 | 0.95 | — | — | — | — | 3.02 | 58.50 | 1.66 | 14.00 | 1.05 | 4.70 | 0.65 | 1.510 | 0.40 | 0.473 | 0.27 | 0.184 | — | — | — | — |
| 3.60 | 1.00 | — | — | — | — | — | — | 1.75 | 15.40 | 1.10 | 5.10 | 0.69 | 1.685 | 0.42 | 0.517 | 0.28 | 0.195 | — | — | — | — |
| 3.96 | 1.10 | — | — | — | — | — | — | 1.92 | 18.15 | 1.21 | 6.04 | 0.76 | 1.990 | 0.47 | 0.630 | 0.31 | 0.234 | 0.21 | 0.0938 | — | — |
| 4.32 | 1.20 | — | — | — | — | — | — | 2.10 | 21.20 | 1.32 | 7.03 | 0.83 | 2.335 | 0.51 | 0.725 | 0.34 | 0.278 | 0.23 | 0.1093 | — | — |
| 4.68 | 1.30 | — | — | — | — | — | — | 2.28 | 24.60 | 1.43 | 8.11 | 0.90 | 2.690 | 0.55 | 0.831 | 0.37 | 0.320 | 0.25 | 0.127 | — | — |
| 5.04 | 1.40 | — | — | — | — | — | — | 2.45 | 27.90 | 1.54 | 9.25 | 0.96 | 3.02 | 0.59 | 0.944 | 0.40 | 0.370 | 0.27 | 0.145 | — | — |
| 5.40 | 1.50 | — | — | — | — | — | — | 2.62 | 31.40 | 1.65 | 10.48 | 1.04 | 3.48 | 0.63 | 1.060 | 0.43 | 0.420 | 0.29 | 0.165 | 0.20 | 0.067 |
| 5.76 | 1.60 | — | — | — | — | — | — | 2.80 | 35.40 | 1.76 | 11.70 | 1.10 | 3.84 | 0.68 | 1.215 | 0.45 | 0.473 | 0.31 | 0.186 | 0.21 | 0.073 |
| 6.12 | 1.70 | — | — | — | — | — | — | 2.97 | 39.30 | 1.87 | 13.10 | 1.17 | 4.29 | 0.72 | 1.344 | 0.48 | 0.510 | 0.33 | 0.208 | 0.22 | 0.079 |
| 6.48 | 1.80 | — | — | — | — | — | — | — | — | 1.98 | 14.45 | 1.24 | 4.75 | 0.76 | 1.480 | 0.51 | 0.566 | 0.35 | 0.231 | 0.23 | 0.085 |

注　100i：100m 管道长的水力损失，m。

小流量塑料管的水力计算表三

附表 3－3

$d_外$/mm

| Q (m³/h) | Q (L/s) | 40 v/(m·s⁻¹) | 40 100i | 50 v/(m·s⁻¹) | 50 100i | 63 v/(m·s⁻¹) | 63 100i | 75 v/(m·s⁻¹) | 75 100i | 90 v/(m·s⁻¹) | 90 100i | 110 v/(m·s⁻¹) | 110 100i | 125 v/(m·s⁻¹) | 125 100i | 140 v/(m·s⁻¹) | 140 100i | 160 v/(m·s⁻¹) | 160 100i | 180 v/(m·s⁻¹) | 180 100i |
|---|---|---|---|---|---|---|---|---|---|---|---|---|---|---|---|---|---|---|---|---|---|
| 6.84 | 1.90 | 2.09 | 15.90 | 1.31 | 5.25 | 0.80 | 1.620 | 0.54 | 0.626 | 0.37 | 0.254 | 0.25 | 0.099 | — | — | — | — | — | — | — | — |
| 7.20 | 2.00 | 2.20 | 17.43 | 1.38 | 5.75 | 0.84 | 1.770 | 0.57 | 0.690 | 0.39 | 0.280 | 0.26 | 0.106 | — | — | — | — | — | — | — | — |
| 7.56 | 2.10 | 2.32 | 19.15 | 1.45 | 6.28 | 0.89 | 1.970 | 0.60 | 0.756 | 0.41 | 0.307 | 0.27 | 0.113 | 0.21 | 0.0626 | — | — | — | — | — | — |
| 7.92 | 2.20 | 2.42 | 20.65 | 1.52 | 6.83 | 0.93 | 2.120 | 0.63 | 0.825 | 0.43 | 0.334 | 0.29 | 0.129 | 0.22 | 0.0675 | — | — | — | — | — | — |
| 8.28 | 2.30 | 2.53 | 22.30 | 1.58 | 7.30 | 0.97 | 2.280 | 0.65 | 0.872 | 0.45 | 0.360 | 0.30 | 0.137 | 0.23 | 0.0729 | — | — | — | — | — | — |
| 8.64 | 2.40 | 2.64 | 24.10 | 1.65 | 7.90 | 1.01 | 2.44 | 0.68 | 0.945 | 0.47 | 0.390 | 0.31 | 0.145 | 0.24 | 0.0789 | — | — | — | — | — | — |
| 9.00 | 2.50 | 2.75 | 25.80 | 1.72 | 8.50 | 1.05 | 2.62 | 0.71 | 1.020 | 0.49 | 0.420 | 0.33 | 0.163 | 0.25 | 0.0848 | 0.20 | 0.0499 | — | — | — | — |
| 9.36 | 2.60 | 2.86 | 27.70 | 1.79 | 9.13 | 1.10 | 2.84 | 0.74 | 1.100 | 0.51 | 0.450 | 0.34 | 0.172 | 0.26 | 0.0903 | 0.21 | 0.0546 | — | — | — | — |
| 9.72 | 2.70 | 2.98 | 29.90 | 1.86 | 9.80 | 1.14 | 3.04 | 0.77 | 1.180 | 0.53 | 0.482 | 0.35 | 0.180 | 0.27 | 0.0968 | 0.22 | 0.0590 | — | — | — | — |
| 10.08 | 2.80 | 3.08 | 31.60 | 1.93 | 10.41 | 1.18 | 3.22 | 0.80 | 1.260 | 0.55 | 0.515 | 0.36 | 0.189 | 0.28 | 0.103 | 0.224 | 0.0606 | — | — | — | — |
| 10.44 | 2.90 | | | 2.00 | 11.10 | 1.22 | 3.43 | 0.82 | 1.320 | 0.56 | 0.532 | 0.38 | 0.209 | 0.29 | 0.110 | 0.23 | 0.0637 | — | — | — | — |
| 10.80 | 3.00 | | | 2.06 | 11.70 | 1.27 | 3.68 | 0.85 | 1.407 | 0.58 | 0.567 | 0.39 | 0.218 | 0.30 | 0.117 | 0.24 | 0.0690 | — | — | — | — |
| 11.16 | 3.10 | | | 2.14 | 12.55 | 1.31 | 3.88 | 0.88 | 1.495 | 0.60 | 0.600 | 0.40 | 0.228 | 0.31 | 0.124 | 0.25 | 0.0742 | — | — | — | — |
| 11.52 | 3.20 | | | 2.20 | 13.15 | 1.35 | 4.10 | 0.91 | 1.590 | 0.62 | 0.637 | 0.42 | 0.250 | 0.32 | 0.131 | 0.26 | 0.0789 | — | — | — | — |
| 11.88 | 3.30 | | | 2.28 | 14.00 | 1.39 | 4.32 | 0.94 | 1.680 | 0.64 | 0.675 | 0.43 | 0.260 | 0.33 | 0.139 | 0.27 | 0.0846 | 0.203 | 0.0435 | — | — |
| 12.24 | 3.40 | | | 2.34 | 14.65 | 1.44 | 4.60 | 0.97 | 1.775 | 0.66 | 0.712 | 0.44 | 0.271 | 0.34 | 0.147 | 0.273 | 0.0867 | 0.209 | 0.457 | — | — |
| 12.60 | 3.50 | | | 2.41 | 15.50 | 1.48 | 4.84 | 0.99 | 1.840 | 0.68 | 0.750 | 0.46 | 0.293 | 0.35 | 0.154 | 0.28 | 0.0900 | 0.215 | 0.0464 | — | — |
| 12.96 | 3.60 | | | 2.48 | 16.25 | 1.52 | 5.05 | 1.02 | 1.940 | 0.70 | 0.790 | 0.47 | 0.304 | 0.36 | 0.162 | 0.29 | 0.0960 | 0.221 | 0.0502 | — | — |
| 13.32 | 3.70 | | | 2.54 | 16.95 | 1.56 | 5.30 | 1.05 | 2.045 | 0.72 | 0.830 | 0.48 | 0.316 | 0.37 | 0.170 | 0.30 | 0.102 | 0.227 | 0.0538 | — | — |
| 13.68 | 3.80 | | | 2.62 | 17.90 | 1.61 | 5.53 | 1.08 | 2.145 | 0.74 | 0.873 | 0.49 | 0.325 | 0.38 | 0.179 | 0.31 | 0.108 | 0.233 | 0.0533 | — | — |
| 14.04 | 3.90 | | | 2.68 | 18.70 | 1.65 | 5.85 | 1.11 | 2.260 | 0.76 | 0.915 | 0.51 | 0.351 | 0.39 | 0.187 | 0.314 | 0.111 | 0.240 | 0.0586 | — | — |
| 14.40 | 4.00 | | | 2.75 | 19.55 | 1.69 | 6.03 | 1.14 | 2.370 | 0.78 | 0.957 | 0.52 | 0.364 | 0.40 | 0.196 | 0.32 | 0.1145 | 0.246 | 0.0609 | — | — |
| 14.76 | 4.10 | | | 2.82 | 20.50 | 1.73 | 6.35 | 1.16 | 2.440 | 0.80 | 1.000 | 0.53 | 0.376 | 0.41 | 0.204 | 0.33 | 0.1215 | 0.252 | 0.0634 | 0.199 | 0.0364 |
| 15.05 | 4.20 | | | 2.89 | 21.30 | 1.77. | 6.65 | 1.19 | 2.550 | 0.82 | 1.050 | 0.55 | 0.402 | 0.42 | 0.214 | 0.34 | 0.128 | 0.258 | 0.0663 | 0.204 | 0.0379 |
| 15.48 | 4.30 | | | 2.96 | 22.30 | 12.81 | 6.88 | 1.22 | 2.670 | 0.83 | 1.070 | 0.56 | 0.414 | 0.43 | 0.222 | 0.35 | 0.134 | 0.264 | 0.0396 | 0.208 | 0.0392 |

注 100i：100m 管道长的水力损失，m。

附表 3－4　小流量塑料管的水力计算表　四

$d_外$/mm

| Q 单位为 m³/h | Q 单位为 L/s | 50 v/(m·s⁻¹) | 50 100i | 63 v/(m·s⁻¹) | 63 100i | 75 v/(m·s⁻¹) | 75 100i | 90 v/(m·s⁻¹) | 90 100i | 110 v/(m·s⁻¹) | 110 100i | 125 v/(m·s⁻¹) | 125 100i | 140 v/(m·s⁻¹) | 140 100i | 160 v/(m·s⁻¹) | 160 100i | 180 v/(m·s⁻¹) | 180 100i | 200 v/(m·s⁻¹) | 200 100i |
|---|---|---|---|---|---|---|---|---|---|---|---|---|---|---|---|---|---|---|---|---|---|
| 15.84 | 4.4 | 3.03 | — | 1.86 | 7.25 | 1.25 | 2.780 | 0.85 | 1.115 | 0.57 | 0.428 | 0.44 | 0.231 | 0.353 | 0.137 | 0.270 | 0.0718 | 0.214 | 0.0412 | — | — |
| 16.20 | 4.5 | — | — | 1.90 | 7.52 | 1.28 | 2.910 | 0.87 | 1.165 | 0.58 | 0.442 | 0.45 | 0.240 | 0.36 | 0.141 | 0.276 | 0.0751 | 0.218 | 0.0427 | — | — |
| 16.56 | 4.6 | — | — | 1.94 | 7.80 | 1.30 | 2.985 | 0.89 | 1.215 | 0.60 | 0.469 | 0.46 | 0.250 | 0.37 | 0.148 | 0.283 | 0.0780 | 0.224 | 0.0446 | — | — |
| 16.92 | 4.7 | — | — | 1.98 | 8.07 | 1.33 | 3.110 | 0.91 | 1.260 | 0.61 | 0.484 | 0.47 | 0.260 | 0.38 | 0.156 | 0.288 | 0.0812 | 0.228 | 0.0462 | — | — |
| 17.28 | 4.8 | — | — | 2.02 | 8.35 | 1.36 | 3.240 | 0.93 | 1.300 | 0.62 | 0.498 | 0.48 | 0.270 | 0.39 | 0.163 | 0.295 | 0.0848 | 0.233 | 0.0478 | — | — |
| 17.64 | 4.9 | — | — | 2.06 | 8.65 | 1.39 | 3.36 | 0.95 | 1.360 | 0.64 | 0.526 | 0.49 | 0.280 | 0.393 | 0.166 | 0.301 | 0.0870 | 0.238 | 0.0496 | — | — |
| 18.00 | 5.0 | — | — | 2.11 | 9.04 | 1.42 | 3.50 | 0.97 | 1.410 | 0.65 | 0.540 | 0.50 | 0.290 | 0.400 | 0.171 | 0.307 | 0.0908 | 0.242 | 0.0514 | — | — |
| 18.36 | 5.1 | — | — | 2.15 | 9.35 | 1.45 | 3.62 | 0.99 | 1.460 | 0.66 | 0.556 | 0.51 | 0.300 | 0.410 | 0.179 | 0.313 | 0.0937 | 0.247 | 0.0532 | 0.200 | 0.0323 |
| 18.72 | 5.2 | — | — | 2.19 | 9.65 | 1.48 | 3.76 | 1.01 | 1.512 | 0.68 | 0.585 | 0.52 | 0.311 | 0.420 | 0.187 | 0.319 | 0.0975 | 0.252 | 0.0551 | 0.204 | 0.0334 |
| 19.08 | 5.3 | — | — | 2.24 | 10.04 | 1.50 | 3.85 | 1.03 | 1.570 | 0.69 | 0.601 | 0.53 | 0.322 | 0.430 | 0.195 | 0.326 | 0.1020 | 0.257 | 0.0568 | 0.208 | 0.0344 |
| 19.44 | 5.4 | — | — | 2.28 | 10.38 | 1.53 | 3.99 | 1.05 | 1.630 | 0.70 | 0.616 | 0.54 | 0.332 | 0.433 | 0.196 | 0.331 | 0.1040 | 0.262 | 0.0589 | 0.212 | 0.0357 |
| 19.80 | 5.5 | — | — | 2.32 | 10.70 | 1.56 | 4.12 | 1.07 | 1.680 | 0.71 | 0.632 | 0.55 | 0.343 | 0.440 | 0.202 | 0.337 | 0.1070 | 0.267 | 0.0613 | 0.216 | 0.0368 |
| 20.16 | 5.6 | — | — | 2.36 | 11.07 | 1.59 | 4.27 | 1.09 | 1.735 | 0.73 | 0.664 | 0.56 | 0.355 | 0.450 | 0.210 | 0.344 | 0.1110 | 0.272 | 0.0634 | 0.220 | 0.0382 |
| 20.52 | 5.7 | — | — | 2.40 | 11.41 | 1.62 | 4.40 | 1.11 | 1.790 | 0.74 | 0.681 | 0.57 | 0.365 | 0.460 | 0.218 | 0.350 | 0.1145 | 0.276 | 0.0650 | 0.224 | 0.0394 |
| 20.88 | 5.8 | — | — | 2.44 | 11.75 | 1.65 | 4.55 | 1.13 | 1.850 | 0.75 | 0.697 | 0.58 | 0.377 | 0.470 | 0.227 | 0.356 | 0.1180 | 0.281 | 0.0669 | 0.228 | 0.0407 |
| 21.24 | 5.9 | — | — | 2.48 | 12.06 | 1.68 | 4.70 | 1.15 | 1.910 | 0.77 | 0.730 | 0.59 | 0.389 | 0.472 | 0.228 | 0.362 | 0.1240 | 0.286 | 0.0688 | 0.232 | 0.0422 |
| 21.60 | 6.0 | — | — | 2.53 | 12.50 | 1.70 | 4.82 | 1.17 | 1.970 | 0.78 | 0.746 | 0.60 | 0.401 | 0.480 | 0.236 | 0.368 | 0.1255 | 0.291 | 0.0713 | 0.236 | 0.0433 |
| 21.96 | 6.1 | — | — | 2.57 | 12.87 | 1.73 | 4.95 | 1.18 | 2.000 | 0.79 | 0.765 | 0.61 | 0.414 | 0.490 | 0.244 | 0.374 | 0.1285 | 0.296 | 0.0733 | 0.240 | 0.0447 |
| 22.32 | 6.2 | — | — | 2.62 | 13.20 | 1.76 | 5.10 | 1.20 | 2.060 | 0.81 | 0.800 | 0.62 | 0.425 | 0.500 | 0.253 | 0.381 | 0.1330 | 0.300 | 0.0752 | 0.244 | 0.0458 |
| 22.68 | 6.3 | — | — | 2.66 | 13.70 | 1.79 | 5.26 | 1.22 | 2.120 | 0.82 | 0.846 | 0.63 | 0.436 | 0.510 | 0.262 | 0.387 | 0.1373 | 0.306 | 0.0778 | 0.248 | 0.0472 |
| 23.04 | 6.4 | — | — | 2.70 | 14.05 | 1.82 | 5.42 | 1.24 | 2.180 | 0.83 | 0.834 | 0.64 | 0.450 | 0.513 | 0.264 | 0.393 | 0.1410 | 0.310 | 0.0796 | 0.251 | 0.0484 |
| 23.40 | 6.5 | — | — | 2.74 | 14.40 | 1.84 | 5.53 | 1.26 | 2.240 | 0.84 | 0.852 | 0.65 | 0.461 | 0.520 | 0.271 | 0.400 | 0.1455 | 0.315 | 0.0815 | 0.255 | 0.0494 |
| 23.76 | 6.6 | — | — | 2.78 | 14.80 | 1.88 | 5.75 | 1.28 | 2.310 | 0.86 | 0.888 | 0.66 | 0.475 | 0.530 | 0.281 | 0.405 | 0.1482 | 0.320 | 0.0840 | 0.259 | 0.0517 |
| 24.12 | 6.7 | — | — | 2.82 | 15.20 | 1.90 | 5.87 | 1.30 | 2.370 | 0.87 | 0.906 | 0.67 | 0.488 | 0.540 | 0.290 | 0.412 | 0.1560 | 0.325 | 0.0865 | 0.263 | 0.05 |
| 24.48 | 6.8 | — | — | 2.86 | 15.55 | 1.93 | 6.01 | 1.32 | 2.435 | 0.88 | 0.925 | 0.68 | 0.500 | 0.550 | 0.300 | 0.418 | 0.1565 | 0.330 | 0.0893 | 0.267 | 0.0538 |

注　100i：100m 管道长的水力损失，m。

附表 3 - 5

小流量塑料管的水力计算表五

| Q | | $d_外$/mm | | | | | | | | | | | | | | | | | |
|---|---|---|---|---|---|---|---|---|---|---|---|---|---|---|---|---|---|---|---|
| | | 63 | | 75 | | 90 | | 110 | | 125 | | 140 | | 160 | | 180 | | 200 | |
| 单位为 m³/h | 单位为 L/s | $v$/(m·s⁻¹) | 100i | $v$/(m·s⁻¹) | 100i | $v$/(m·s⁻¹) | 100i | $v$/(m·s⁻¹) | 100i | $v$/(m·s⁻¹) | 100i | $v$/(m·s⁻¹) | 100i | $v$/(m·s⁻¹) | 100i | $v$/(m·s⁻¹) | 100i | $v$/(m·s⁻¹) | 100i |
| 24.84 | 6.9 | 2.92 | 15.90 | 1.96 | 6.19 | 1.34 | 2.500 | 0.90 | 0.964 | 0.69 | 0.514 | 0.553 | 0.302 | 0.423 | 0.1610 | 0.335 | 0.0915 | 0.271 | 0.0554 |
| 25.20 | 7.0 | 2.95 | 16.45 | 1.99 | 6.35 | 1.36 | 2.565 | 0.91 | 0.983 | 0.70 | 0.526 | 0.560 | 0.310 | 0.430 | 0.1655 | 0.340 | 0.0943 | 0.275 | 0.0568 |
| 25.56 | 7.1 | 3.00 | 16.92 | 2.02 | 6.52 | 1.38 | 2.635 | 0.92 | 1.000 | 0.71 | 0.540 | 0.570 | 0.318 | 0.436 | 0.1690 | 0.344 | 0.0963 | 0.279 | 0.0585 |
| 25.92 | 7.2 | — | — | 2.04 | 6.63 | 1.40 | 2.700 | 0.94 | 1.040 | 0.72 | 0.554 | 0.580 | 0.329 | 0.442 | 0.1725 | 0.349 | 0.0982 | 0.282 | 0.0590 |
| 26.28 | 7.3 | — | — | 2.07 | 6.82 | 1.42 | 2.780 | 0.95 | 1.060 | 0.73 | 0.566 | 0.590 | 0.340 | 0.448 | 0.1770 | 0.354 | 0.1005 | 0.287 | 0.0613 |
| 26.64 | 7.4 | — | — | 2.10 | 7.00 | 1.44 | 2.840 | 0.96 | 1.080 | 0.74 | 0.581 | 0.593 | 0.345 | 0.454 | 0.1830 | 0.359 | 0.1030 | 0.290 | 0.0624 |
| 27.00 | 7.5 | — | — | 2.13 | 7.18 | 1.46 | 2.920 | 0.97 | 1.096 | 0.75 | 0.595 | 0.600 | 0.350 | 0.460 | 0.1860 | 0.364 | 0.1055 | 0.294 | 0.0642 |
| 27.36 | 7.6 | — | — | 2.15 | 7.30 | 1.47 | 2.945 | 0.99 | 1.140 | 0.76 | 0.609 | 0.610 | 0.360 | 0.467 | 0.1915 | 0.369 | 0.1080 | 0.299 | 0.0658 |
| 27.72 | 7.7 | — | — | 2.18 | 7.48 | 1.49 | 3.020 | 1.00 | 1.161 | 0.77 | 0.624 | 0.620 | 0.371 | 0.473 | 0.1945 | 0.374 | 0.1108 | 0.302 | 0.0670 |
| 28.08 | 7.8 | — | — | 2.21 | 7.65 | 1.51 | 3.100 | 1.01 | 1.181 | 0.78 | 0.638 | 0.630 | 0.381 | 0.478 | 0.1990 | 0.378 | 0.1132 | 0.306 | 0.0686 |
| 28.44 | 7.9 | — | — | 2.24 | 7.84 | 1.53 | 3.170 | 1.03 | 1.224 | 0.79 | 0.653 | 0.633 | 0.384 | 0.484 | 0.2040 | 0.384 | 0.1162 | 0.310 | 0.0703 |
| 28.80 | 8.0 | — | — | 2.27 | 8.03 | 1.55 | 3.240 | 1.04 | 1.245 | 0.80 | 0.668 | 0.640 | 0.393 | 0.492 | 0.2100 | 0.388 | 0.1184 | 0.314 | 0.0720 |
| 29.16 | 8.1 | — | — | 2.30 | 8.22 | 1.57 | 3.320 | 1.05 | 1.269 | 0.81 | 0.682 | 0.650 | 0.403 | 0.498 | 0.2140 | 0.393 | 0.1210 | 0.318 | 0.0738 |
| 29.52 | 8.2 | — | — | 2.33 | 8.40 | 1.59 | 3.390 | 1.07 | 1.308 | 0.82 | 0.698 | 0.660 | 0.415 | 0.503 | 0.2170 | 0.398 | 0.1240 | 0.322 | 0.0754 |
| 29.88 | 8.3 | — | — | 2.36 | 8.60 | 1.61 | 3.465 | 1.08 | 1.330 | 0.83 | 0.713 | 0.670 | 0.426 | 0.510 | 0.2230 | 0.403 | 0.1270 | 0.326 | 0.0770 |
| 30.24 | 8.4 | — | — | 2.38 | 8.70 | 1.63 | 3.54 | 1.09 | 1.352 | 0.84 | 0.728 | 0.673 | 0.430 | 0.516 | 0.2280 | 0.408 | 0.1290 | 0.330 | 0.0788 |
| 30.60 | 8.5 | — | — | 2.42 | 9.00 | 1.65 | 3.62 | 1.11 | 1.398 | 0.85 | 0.744 | 0.680 | 0.437 | 0.523 | 0.2330 | 0.412 | 0.1320 | 0.334 | 0.0805 |
| 30.96 | 8.6 | — | — | 2.44 | 9.13 | 1.67 | 3.70 | 1.12 | 1.420 | 0.86 | 0.759 | 0.690 | 0.449 | 0.528 | 0.2380 | 0.417 | 0.1350 | 0.338 | 0.0822 |
| 31.32 | 8.7 | — | — | 2.47 | 9.32 | 1.69 | 3.78 | 1.13 | 1.441 | 0.87 | 0.776 | 0.700 | 0.460 | 0.534 | 0.2420 | 0.422 | 0.1375 | 0.342 | 0.0838 |
| 31.68 | 8.8 | — | — | 2.50 | 9.53 | 1.71 | 3.86 | 1.14 | 1.465 | 0.88 | 0.791 | 0.710 | 0.470 | 0.540 | 0.2460 | 0.427 | 0.1400 | 0.346 | 0.0855 |
| 32.04 | 8.9 | — | — | 2.53 | 9.72 | 1.73 | 3.930 | 1.16 | 1.510 | 0.89 | 0.810 | 0.720 | 0.484 | 0.547 | 0.252 | 0.433 | 0.1440 | 0.350 | 0.0870 |
| 32.40 | 9.0 | — | — | 2.56 | 9.95 | 1.75 | 4.020 | 1.17 | 1.537 | 0.90 | 0.821 | 0.723 | 0.487 | 0.553 | 0.258 | 0.436 | 0.1465 | 0.354 | 0.0888 |
| 33.30 | 9.25 | — | — | 2.62 | 10.33 | 1.80 | 4.230 | 1.20 | 1.605 | 0.92 | 0.855 | 0.740 | 0.508 | 0.570 | 0.272 | 0.450 | 0.1540 | 0.36 | 0.0916 |
| 34.20 | 9.50 | — | — | 2.70 | 10.91 | 1.84 | 4.390 | 1.24 | 1.700 | 0.95 | 0.906 | 0.760 | 0.531 | 0.580 | 0.281 | 0.460 | 0.1605 | 0.37 | 0.0059 |
| 35.10 | 9.75 | — | — | 2.77 | 11.42 | 1.89 | 4.610 | 1.27 | 1.775 | 0.97 | 0.940 | 0.780 | 0.556 | 0.600 | 0.298 | 0.470 | 0.1670 | 0.38 | 0.1010 |

注：100i：100m管道长的水力损失，m。

小流量塑料管的水力计算表六

附表 3－6

| Q | | $d_{外}$/mm | | | | | | | | | | | | | | | |
|---|---|---|---|---|---|---|---|---|---|---|---|---|---|---|---|---|---|
| | | 75 | | 90 | | 110 | | 125 | | 140 | | 160 | | 180 | | 200 | |
| 单位为 m³/h | 单位为 L/s | v/(m·s⁻¹) | 100i | v/(m·s⁻¹) | 100i | v/(m·s⁻¹) | 100i | v/(m·s⁻¹) | 100i | v/(m·s⁻¹) | 100i | v/(m·s⁻¹) | 100i | v/(m·s⁻¹) | 100i | v/(m·s⁻¹) | 100i |
| 36.00 | 10.00 | 2.84 | 11.93 | 1.94 | 4.825 | 1.30 | 1.850 | 1.00 | 0.993 | 0.800 | 0.584 | 0.620 | 0.316 | 0.490 | 0.1795 | 0.39 | 0.1055 |
| 36.90 | 10.25 | 2.91 | 12.48 | 1.99 | 5.050 | 1.33 | 1.923 | 1.02 | 1.028 | 0.820 | 0.608 | 0.630 | 0.25 | 0.500 | 0.1855 | 0.40 | 0.1105 |
| 37.80 | 10.50 | 2.98 | 13.00 | 2.04 | 5.270 | 1.37 | 2.030 | 1.05 | 1.082 | 0.840 | 0.635 | 0.650 | 0.343 | 0.510 | 0.1920 | 0.41 | 0.1155 |
| 38.70 | 10.75 | 3.05 | 13.55 | 2.09 | 5.500 | 1.40 | 2.115 | 1.07 | 1.118 | 0.860 | 0.664 | 0.660 | 0.353 | 0.520 | 0.1990 | 0.42 | 0.1208 |
| 39.60 | 11.00 | — | — | 2.14 | 5.750 | 1.43 | 2.190 | 1.10 | 1.175 | 0.880 | 0.690 | 0.680 | 0.372 | 0.540 | 0.2125 | 0.43 | 0.1258 |
| 40.50 | 11.25 | — | — | 2.18 | 5.940 | 1.46 | 2.27 | 1.12 | 1.213 | 0.900 | 0.719 | 0.690 | 0.382 | 0.550 | 0.2200 | 0.44 | 0.1310 |
| 41.40 | 11.50 | — | — | 2.23 | 6.150 | 1.49 | 2.36 | 1.15 | 1.272 | 0.920 | 0.746 | 0.710 | 0.401 | 0.560 | 0.2270 | 0.45 | 0.1358 |
| 42.30 | 11.75 | — | — | 2.28 | 6.420 | 1.53 | 2.47 | 1.17 | 1.312 | 0.940 | 0.777 | 0.720 | 0.412 | 0.570 | 0.2340 | 0.46 | 0.1415 |
| 43.20 | 12.00 | — | — | 2.33 | 6.670 | 1.56 | 2.56 | 1.20 | 1.370 | 0.960 | 0.806 | 0.740 | 0.433 | 0.580 | 0.2420 | 0.47 | 0.1470 |
| 44.10 | 12.25 | — | — | 2.38 | 6.920 | 1.59 | 2.65 | 1.22 | 1.413 | 0.980 | 0.835 | 0.750 | 0.443 | 0.600 | 0.2570 | 0.48 | 0.1530 |
| 45.00 | 12.50 | — | — | 2.42 | 7.150 | 1.62 | 2.73 | 1.25 | 1.472 | 1.000 | 0.867 | 0.770 | 0.464 | 0.610 | 0.2645 | 0.49 | 0.1585 |
| 45.90 | 12.75 | — | — | 2.48 | 7.450 | 1.66 | 2.86 | 1.27 | 1.515 | 1.020 | 0.910 | 0.780 | 0.475 | 0.620 | 0.2720 | 0.50 | 0.1640 |
| 46.80 | 13.00 | — | — | 2.52 | 7.660 | 1.69 | 2.95 | 1.30 | 1.580 | 1.040 | 0.925 | 0.800 | 0.497 | 0.630 | 0.2800 | 0.51 | 0.1695 |
| 47.70 | 13.25 | — | — | 2.57 | 7.940 | 1.72 | 3.04 | 1.32 | 1.622 | 1.060 | 0.960 | 0.810 | 0.508 | 0.650 | 0.2960 | 0.52 | 0.1755 |
| 48.60 | 13.50 | — | — | 2.62 | 8.220 | 1.76 | 3.16 | 1.35 | 1.690 | 1.080 | 0.992 | 0.830 | 0.530 | 0.660 | 0.3050 | 0.53 | 0.1820 |
| 49.50 | 13.75 | — | — | 2.67 | 8.480 | 1.79 | 3.26 | 1.37 | 1.732 | 1.100 | 1.028 | 0.850 | 0.555 | 0.670 | 0.313 | 0.54 | 0.1875 |
| 50.40 | 14.00 | — | — | 2.72 | 8.775 | 1.82 | 3.36 | 1.40 | 1.803 | 1.120 | 1.061 | 0.860 | 0.566 | 0.680 | 0.320 | 0.55 | 0.1940 |
| 51.30 | 14.25 | — | — | 2.77 | 9.075 | 1.85 | 3.46 | 1.42 | 1.850 | 1.140 | 1.095 | 0.880 | 0.589 | 0.690 | 0.330 | 0.56 | 0.2005 |
| 52.20 | 14.50 | — | — | 2.82 | 9.370 | 1.89 | 3.60 | 1.45 | 1.915 | 1.160 | 1.130 | 0.890 | 0.604 | 0.710 | 0.346 | 0.57 | 0.2065 |
| 53.10 | 14.75 | — | — | 2.86 | 9.600 | 1.92 | 3.69 | 1.47 | 1.965 | 1.180 | 1.160 | 0.910 | 0.626 | 0.720 | 0.355 | 0.58 | 0.2130 |
| 54.00 | 15.00 | — | — | 2.91 | 9.90 | 1.95 | 3.80 | 1.50 | 2.020 | 1.200 | 1.200 | 0.920 | 0.637 | 0.730 | 0.364 | 0.59 | 0.2200 |
| 55.80 | 15.50 | — | — | 3.00 | 10.45 | 2.02 | 4.04 | 1.55 | 2.160 | 1.250 | 1.290 | 0.950 | 0.674 | 0.750 | 0.382 | 0.61 | 0.2335 |
| 57.60 | 16.00 | — | — | — | — | 2.08 | 4.26 | 1.60 | 2.280 | 1.280 | 1.345 | 0.980 | 0.713 | 0.780 | 0.408 | 0.63 | 0.2470 |
| 59.40 | 16.50 | — | — | — | — | 2.14 | 4.48 | 1.65 | 2.430 | 1.320 | 1.420 | 1.010 | 0.751 | 0.800 | 0.428 | 0.65 | 0.2610 |
| 61.20 | 17.00 | — | — | — | — | 2.21 | 4.74 | 1.70 | 2.545 | 1.360 | 1.497 | 1.050 | 0.806 | 0.830 | 0.457 | 0.67 | 0.2760 |

注　100i：100m 管道长的水力损失，m。

附表 3 - 7

小流量塑料管的水力计算表七

| Q 单位为 m³/h | Q 单位为 L/s | d外/mm 110 v (m·s⁻¹) | d外/mm 110 100i | d外/mm 125 v (m·s⁻¹) | d外/mm 125 100i | d外/mm 140 v (m·s⁻¹) | d外/mm 140 100i | d外/mm 160 v (m·s⁻¹) | d外/mm 160 100i | d外/mm 180 v (m·s⁻¹) | d外/mm 180 100i | d外/mm 200 v (m·s⁻¹) | d外/mm 200 100i |
|---|---|---|---|---|---|---|---|---|---|---|---|---|---|
| 63.0 | 17.5 | 2.28 | 5.00 | 1.75 | 2.680 | 1.400 | 1.580 | 1.080 | 0.846 | 0.850 | 0.477 | 0.69 | 0.2910 |
| 64.8 | 18.0 | 2.34 | 5.24 | 1.80 | 2.820 | 1.440 | 1.655 | 1.110 | 0.889 | 0.880 | 0.506 | 0.71 | 0.3050 |
| 66.6 | 18.5 | 2.40 | 5.50 | 1.85 | 2.960 | 1.480 | 1.740 | 1.140 | 0.933 | 0.900 | 0.527 | 0.73 | 0.3250 |
| 68.4 | 19.0 | 2.47 | 5.76 | 1.90 | 3.105 | 1.520 | 1.820 | 1.170 | 0.976 | 0.920 | 0.548 | 0.75 | 0.3370 |
| 70.2 | 19.5 | 2.54 | 6.05 | 1.95 | 3.240 | 1.560 | 1.910 | 1.200 | 1.022 | 0.950 | 0.581 | 0.77 | 0.3530 |
| 72.0 | 20.0 | 2.60 | 6.33 | 2.00 | 3.390 | 1.600 | 1.995 | 1.230 | 1.068 | 0.970 | 0.602 | 0.79 | 0.3700 |
| 73.8 | 20.5 | 2.66 | 6.60 | 2.05 | 3.540 | 1.650 | 2.110 | 1.260 | 1.112 | 1.000 | 0.637 | 0.81 | 0.3860 |
| 75.6 | 21.0 | 2.73 | 6.89 | 2.09 | 3.670 | 1.690 | 2.200 | 1.290 | 1.161 | 1.020 | 0.660 | 0.83 | 0.4030 |
| 77.4 | 21.5 | 2.79 | 7.19 | 2.14 | 3.830 | 1.730 | 2.290 | 1.320 | 1.210 | 1.040 | 0.682 | 0.85 | 0.4220 |
| 79.2 | 22.0 | 2.86 | 7.48 | 2.19 | 3.980 | 1.770 | 2.390 | 1.350 | 1.258 | 1.070 | 0.717 | 0.86 | 0.4300 |
| 81.0 | 22.5 | 2.93 | 7.83 | 2.24 | 4.15 | 1.81 | 2.48 | 1.38 | 1.308 | 1.090 | 0.742 | 0.88 | 0.448 |
| 82.8 | 23.0 | 2.99 | 8.13 | 2.29 | 4.32 | 1.85 | 2.58 | 1.41 | 1.360 | 1.120 | 0.780 | 0.90 | 0.466 |
| 84.6 | 23.5 | 3.05 | 8.41 | 2.34 | 4.48 | 1.89 | 2.69 | 1.45 | 1.430 | 1.140 | 0.803 | 0.92 | 0.484 |
| 86.4 | 24.0 | — | — | 2.39 | 4.67 | 1.93 | 2.78 | 1.48 | 1.485 | 1.160 | 0.830 | 0.94 | 0.504 |
| 88.2 | 24.5 | — | — | 2.44 | 4.84 | 1.97 | 2.89 | 1.50 | 1.515 | 1.190 | 0.866 | 0.96 | 0.523 |
| 90.0 | 25.0 | — | — | 2.49 | 5.00 | 2.01 | 3.00 | 1.54 | 1.590 | 1.210 | 0.884 | 0.98 | 0.542 |
| 91.8 | 25.5 | — | — | 2.54 | 5.17 | 2.05 | 3.10 | 1.57 | 1.650 | 1.240 | 0.933 | 1.00 | 0.562 |
| 93.6 | 26.0 | — | — | 2.59 | 5.36 | 2.09 | 3.21 | 1.60 | 1.700 | 1.260 | 0.958 | 1.02 | 0.582 |
| 95.4 | 26.5 | — | — | 2.64 | 5.56 | 2.12 | 3.28 | 1.63 | 1.760 | 1.290 | 1.000 | 1.04 | 0.602 |
| 97.2 | 27.0 | — | — | 2.69 | 5.74 | 2.16 | 3.40 | 1.66 | 1.815 | 1.310 | 1.030 | 1.06 | 0.622 |
| 99.0 | 27.5 | — | — | 2.74 | 5.92 | 2.21 | 3.54 | 1.69 | 1.875 | 1.340 | 1.070 | 1.00 | 0.643 |
| 100.8 | 28.0 | — | — | 2.79 | 6.14 | 2.25 | 3.65 | 1.72 | 1.930 | 1.360 | 1.100 | 1.10 | 0.664 |
| 102.6 | 28.5 | — | — | 2.84 | 6.31 | 2.29 | 3.78 | 1.75 | 1.990 | 1.380 | 1.125 | 1.12 | 0.687 |
| 104.4 | 29.0 | — | — | 2.89 | 6.50 | 2.33 | 3.89 | 1.78 | 2.050 | 1.410 | 1.175 | 1.14 | 0.707 |
| 106.2 | 29.5 | — | — | 2.94 | 6.74 | 2.37 | 4.00 | 1.82 | 2.140 | 1.430 | 1.201 | 1.16 | 0.731 |

注　100i：100m 管道长的水力损失，m。

附表 3 - 8　小流量塑料管的水力计算表八

$d_外$/mm

| Q 单位为 m³/h | Q 单位为 L/s | 125 $v$/(m·s⁻¹) | 125 100i | 140 $v$/(m·s⁻¹) | 140 100i | 160 $v$/(m·s⁻¹) | 160 100i | 180 $v$/(m·s⁻¹) | 180 100i | 200 $v$/(m·s⁻¹) | 200 100i |
|---|---|---|---|---|---|---|---|---|---|---|---|
| 108.0 | 30.0 | 2.99 | 6.94 | 2.41 | 4.14 | 1.84 | 2.180 | 1.460 | 1.245 | 1.18 | 0.753 |
| 109.8 | 30.5 | — | — | 2.45 | 4.25 | 1.88 | 2.270 | 1.480 | 1.288 | 1.20 | 0.776 |
| 111.6 | 31.0 | — | — | 2.49 | 4.36 | 1.91 | 2.330 | 1.510 | 1.350 | 1.22 | 0.800 |
| 113.4 | 31.5 | — | — | 2.53 | 4.50 | 1.94 | 2.390 | 1.530 | 1.360 | 1.24 | 0.822 |
| 115.2 | 32.0 | — | — | 2.57 | 4.62 | 1.97 | 2.460 | 1.550 | 1.383 | 1.26 | 0.846 |
| 117.0 | 32.5 | — | — | 2.61 | 4.76 | 2.00 | 2.53 | 1.58 | 1.435 | 1.28 | 0.870 |
| 118.8 | 33.0 | — | — | 2.65 | 4.89 | 2.02 | 2.57 | 1.60 | 1.465 | 1.30 | 0.893 |
| 120.6 | 33.5 | — | — | 2.69 | 5.01 | 2.05 | 2.64 | 1.63 | 1.515 | 1.32 | 0.918 |
| 122.4 | 34.0 | — | — | 2.73 | 5.14 | 2.09 | 2.74 | 1.65 | 1.550 | 1.34 | 0.942 |
| 124.2 | 34.5 | — | — | 2.77 | 5.28 | 2.12 | 2.80 | 1.68 | 1.600 | 1.36 | 0.968 |
| 126.0 | 35.0 | — | — | 2.81 | 5.42 | 2.15 | 2.87 | 1.70 | 1.665 | 1.38 | 0.993 |
| 127.8 | 35.5 | — | — | 2.85 | 5.56 | 2.18 | 2.95 | 1.72 | 1.675 | 1.40 | 1.020 |
| 129.6 | 36.0 | — | — | 2.89 | 5.68 | 2.22 | 3.04 | 1.75 | 1.720 | 1.41 | 1.035 |
| 131.4 | 36.5 | — | — | 2.93 | 5.84 | 2.24 | 3.09 | 1.77 | 1.770 | 1.43 | 1.060 |
| 133.2 | 37.0 | — | — | 2.97 | 5.98 | 2.27 | 3.16 | 1.80 | 1.810 | 1.46 | 1.100 |
| 135.0 | 37.5 | — | — | 3.01 | 6.10 | 2.30 | 3.24 | 1.82 | 1.840 | 1.47 | 1.110 |
| 136.8 | 38.0 | — | — | — | — | 2.33 | 3.32 | 1.85 | 1.900 | 1.49 | 1.140 |
| 138.6 | 38.5 | — | — | — | — | 2.36 | 3.39 | 1.87 | 1.940 | 1.51 | 1.168 |
| 140.4 | 39.0 | — | — | — | — | 2.40 | 3.50 | 1.89 | 1.975 | 1.53 | 1.195 |
| 142.2 | 39.5 | — | — | — | — | 2.43 | 3.57 | 1.92 | 2.030 | 1.55 | 1.220 |
| 144.0 | 40.0 | — | — | — | — | 2.46 | 3.64 | 1.94 | 2.065 | 1.57 | 1.255 |
| 147.6 | 41.0 | — | — | — | — | 2.52 | 3.81 | 1.99 | 2.160 | 1.61 | 1.310 |
| 151.2 | 42.0 | — | — | — | — | 2.58 | 3.96 | 2.04 | 2.260 | 1.65 | 1.365 |
| 154.8 | 43.0 | — | — | — | — | 2.64 | 4.14 | 2.09 | 2.360 | 1.69 | 1.425 |
| 158.4 | 44.0 | — | — | — | — | 2.70 | 4.31 | 2.14 | 2.460 | 1.73 | 1.485 |

注　100i: 100m 管道长的水力损失，m。

附表 3–9 小流量塑料管的水力计算表九

| Q | | $d_{外}=160mm$ | | $d_{外}=180mm$ | | $d_{外}=200mm$ | |
|---|---|---|---|---|---|---|---|
| 单位为 m³/h | 单位为 L/s | $v/(m \cdot s^{-1})$ | 100i | $v/(m \cdot s^{-1})$ | 100i | $v/(m \cdot s^{-1})$ | 100i |
| 162.0 | 45.0 | 2.76 | 4.47 | 2.18 | 2.545 | 1.77 | 1.550 |
| 165.6 | 46.0 | 2.83 | 4.67 | 2.23 | 2.640 | 1.81 | 1.605 |
| 169.2 | 47.0 | 2.89 | 4.84 | 2.28 | 2.740 | 1.85 | 1.675 |
| 172.8 | 48.0 | 2.95 | 5.05 | 2.33 | 2.860 | 1.89 | 1.740 |
| 176.4 | 49.0 | 3.01 | 5.20 | 2.38 | 2.960 | 1.93 | 1.805 |
| 180.0 | 50.0 | — | — | 2.43 | 3.080 | 1.96 | 1.855 |
| 183.6 | 51.0 | — | — | 2.48 | 3.180 | 2.00 | 1.920 |
| 187.2 | 52.0 | — | — | 2.52 | 3.400 | 2.04 | 1.990 |
| 190.8 | 53.0 | — | — | 2.57 | 3.520 | 2.08 | 2.060 |
| 194.4 | 54.0 | — | — | 2.62 | 3.640 | 2.12 | 2.125 |
| 198.0 | 55.0 | — | — | 2.67 | 3.760 | 2.16 | 2.20 |
| 201.6 | 56.0 | — | — | 2.72 | 3.880 | 2.20 | 2.28 |
| 205.2 | 57.0 | — | — | 2.77 | 4.020 | 2.24 | 2.35 |
| 208.8 | 58.0 | — | — | 2.82 | 4.120 | 2.28 | 2.42 |
| 212.4 | 59.0 | — | — | 2.91 | 4.240 | 2.32 | 2.50 |
| 216.0 | 60.0 | — | — | 2.96 | 4.370 | 2.36 | 2.58 |
| 219.6 | 61.0 | — | — | 3.01 | 4.480 | 2.40 | 2.66 |
| 223.2 | 62.0 | — | — | — | — | 2.44 | 2.73 |
| 226.8 | 63.0 | — | — | — | — | 2.47 | 2.80 |
| 230.4 | 64.0 | — | — | — | — | 2.52 | 2.89 |
| 234.0 | 65.0 | — | — | — | — | 2.55 | 2.95 |
| 237.6 | 66.0 | — | — | — | — | 2.59 | 3.03 |
| 241.2 | 67.0 | — | — | — | — | 2.63 | 3.12 |
| 244.8 | 68.0 | — | — | — | — | 2.67 | 3.20 |
| 248.4 | 69.0 | — | — | — | — | 2.71 | 3.30 |
| 252.0 | 70.00 | — | — | — | — | 2.75 | 3.38 |
| 255.6 | 71.00 | — | — | — | — | 2.79 | 3.48 |
| 259.2 | 72.00 | — | — | — | — | 2.83 | 3.56 |
| 262.8 | 73.00 | — | — | — | — | 2.87 | 3.64 |
| 266.4 | 74.00 | — | — | — | — | 2.91 | 3.73 |
| 270.0 | 75.00 | — | — | — | — | 2.94 | 3.81 |
| 273.6 | 76.00 | — | — | — | — | 2.98 | 3.90 |
| 277.2 | 77.00 | — | — | — | — | 3.02 | 3.99 |

注 100i：100m 管道长的水力损失，m。

# 参 考 文 献

［1］ 水利部农村水利司，中国灌溉排水发展中心．喷灌工程技术［M］．郑州：黄河水利出版社，2011．

［2］ 水利部农村水利司，中国灌溉排水发展中心．微灌工程技术［M］．郑州：黄河水利出版社，2012．

［3］ 水利部农村水利司，中国灌溉排水发展中心．节水灌溉工程实用手册［M］．北京：中国水利水电出版社，2005．

［4］ 李久生，张建君，薛克宗，等．滴灌施肥灌溉原理与应用［M］．北京：中国农业科学技术出版社，2003．

［5］ 郑耀泉，刘婴谷，严海军，等．喷灌与微灌技术应用［M］．北京：中国水利水电出版社，2015．

［6］ 周长生．温室喷灌［M］．北京：化学工业出版社，2005．

［7］ 张承林，郭彦彪．灌溉施肥技术［M］．北京：化学工业出版社，2006．

［8］ 郭彦彪，邓兰生，张承林．设施灌溉技术［M］．北京：化学工业出版社，2007．

［9］ 姚振宪，何松林．滴灌设备与滴灌系统规划设计［M］．北京：中国农业出版社，1999．

［10］ 余玲．塑料在节水灌溉中的应用［M］．北京：化学工业出版社，2002．

［11］ 夏开邦．塑料与农业节水［M］．北京：中国石化出版社，2002．

［12］ 水利部农村水利司，中国灌溉排水技术开发培训中心．喷灌微灌设备［M］．北京：中国水利水电出版社，2000．

［13］ ［美］R·J汉克斯，等．应用土壤物理·土壤水和温度的应用［M］．杨诗秀，等，译．北京：水利电力出版社，1984．

［14］ 水利部国际合作司，水利部农村水利司，等．美国灌溉工程手册［M］．北京：中国水利水电出版社，1998．

［15］ 奕永庆．经济型喷微灌［M］．北京：中国水利水电出版社，2009．

［16］ 奕永庆，沈海标，张波．经济型喷滴灌技术100问［M］．杭州：浙江科学技术出版社，2011．

［17］ 奕永庆，沈海标，劳冀韵．喷滴灌效益100例［M］．郑州：黄河水利出版社，2015．